Edition Centaurus – Neuere Medizin- und Wissenschaftsgeschichte

Reihe herausgegeben von
Wolfgang U. Eckart, Heidelberg, Deutschland

Die Reihe ist ursprünglich mit dem Titel „Neuere Medizin- und Wissenschaftsgeschichte" beim Centaurus Verlag erschienen.

Weitere Bände in der Reihe http://www.springer.com/series/15153

Katharina Dück

Materia prima

Zur Semantik des Begriffs
in naturkundlichen Sachschriften
des 16. Jahrhunderts

 Springer VS

Katharina Dück
Zentrale Forschung
Leibniz-Institut für Deutsche Sprache
Mannheim, Deutschland

Zugl. Dissertation Universität Heidelberg 2018

ISSN 2510-0882   ISSN 2510-0874   (electronic)
Edition Centaurus – Neuere Medizin- und Wissenschaftsgeschichte
ISBN 978-3-658-28736-8   ISBN 978-3-658-28737-5   (eBook)
https://doi.org/10.1007/978-3-658-28737-5

Die Deutsche Nationalbibliothek verzeichnet diese Publikation in der Deutschen National-
bibliografie; detaillierte bibliografische Daten sind im Internet über http://dnb.d-nb.de abrufbar.

Springer VS ist ein Imprint der eingetragenen Gesellschaft Springer Fachmedien Wiesbaden GmbH
und ist ein Teil von Springer Nature.
Die Anschrift der Gesellschaft ist: Abraham-Lincoln-Str. 46, 65189 Wiesbaden, Germany

Meinen lieben Eltern Lydia und Johann Dück und
meinem wunderbaren Mann Anton Dück gewidmet

Wer die Natur der Ding und Sachen will ergründen;
Kennt alle, kann er recht die Thür zu einem finden.[1]

[D]ie philosophi haben sich vber diese Creatur Gottes
Die sie primam materiam nennen
Vber jhre Krafft vnd Geheimnus der massen verwundert
Daß sie jhr viel vnnd schier allerley Namen geben haben
Denn sie nicht gewust
Wie sie es genug loben sollen.[2]

---

[1] Czepko von Reigersfeld, Daniel: Eines offenbahret alles. In: Ders. (2015): *Gedichte.* Vollständige Neuausgabe mit einer Biografie des Autors. Hrsg. v. Karl-Maria Guth. Berlin, S. 131.
[2] Ruland, Martin (1612): *Lexicon Alchemiae sive Dictionarium Alchemisticum, Cum obscuriorum Verborum, et Rerum Hermeticarum, tum Tophrast-Paracelsicarum Phrasium, Planum Explicationem continens.* Reprografischer Nachdruck v. 1964. Hildesheim, S. 322f.

Vorwort

Die vorliegende Studie „Materia prima – Zur Semantik des Begriffs in natur-kundlichen Sachschriften des 16. Jahrhunderts unter besonderer Berücksichtigung des Corpus Paracelsicums" wurde am 9.5.2018 an der Philosophischen Fakultät der Universität Heidelberg als Dissertation angenommen. Die Druckfassung der Arbeit entspricht im Einvernehmen mit den beiden Gutachtern, Prof. Dr. Peter McLaughlin und Prof. Dr. Wolfgang U. Eckart dem eingereichten Manuskript.

Zunächst danke ich meinem Doktorvater Professor McLaughlin, der als Wissenschaftsphilosoph sich bereit erklärte, dieses in der Philosophie (noch immer) ungewöhnliche Thema zu betreuen, und mir all die Jahre mit philosophisch-methodischem Rat und zahlreichen konstruktiv-kritischen Fragen zur Seite stand. Auch den Teilnehmerinnen und Teilnehmern seines wissenschaftsphilosophischen Kolloquiums danke ich für zahlreiche Anmerkungen und Anregungen.

Mein besonderer Dank gilt Herrn Prof. Dr. Joachim Telle, der von Anfang an, als ich vor vielen Jahren noch als Studentin sein Seminar aufsuchte und den Wunsch äußerte, anhand des Begriffs ‚Materia prima' herauszufinden, mit welcher Berechtigung ein Gegenwartsautor sich auf „die Alchemie" berufe, mein thematisches Interesse nicht nur mit Wohlwollen aufnahm, sondern auch gewillt war, es zu unterstützen. Zahlreiche Anregungen, kritische Hinweise, viele Literatur- und Quellenhinweise sowie Förderungen habe ich Professor Telle zu verdanken – viele hilfreiche Hinweise auch den Teilnehmenden seines literarhistorischen Kolloquiums am Germanistischen Seminar, dem „Mittwochskreis". Eine akademische und auch persönliche Lücke hinterließ Professor Telle 2013 nach seinem Tod, der den Mittwochskreis und die Verfasserin tief erschütterte. Diese abgeschlossene Arbeit erhält nicht mehr die Möglichkeit, seinem strengen Blick standhalten dürfen.

Sehr dankbar bin ich Professor Eckart, der nach dem Tod von Professor Telle das Zweitgutachten und die hilfreiche Betreuung meiner Arbeit übernahm.

Zur Fertigstellung dieser Arbeit hat wesentlich auch das Promotionsstipendium der Friedrich-Naumann-Stiftung für die Freiheit beigetragen, für die ich sehr dankbar bin; auch für die in jeglicher Hinsicht bereichernde Zeit als Stipendiatin.

Von allen Bibliotheken, in denen ich im Rahmen meiner Dissertations-zeit gearbeitet habe und die ich an entsprechenden Stellen erwähne, möchte ich vor allem die Forschungsbibliothek Gotha hervorheben. Im Rahmen des 1. Go-thaer Sommerseminars „Alchemische Handschriften und Drucke der Frühen Neuzeit" (2012) unter der Leitung von Prof. Dr. Martin Mulsow und Prof. Dr. Joachim Telle öffnete die Bibliothek den Teilnehmerinnen und Teilnehmern die Pforten zu alchemischen Handschriften und Drucken der Bibliothek selbst sowie zum alchemischen Nachlass Herzog Friedrichs I. von Sachsen-Gotha-Altenburg im Staatsarchiv Gotha und ermöglichte Zugang und Arbeit mit Material, das von der Historiographie bisher kaum oder gar nicht beachtet worden ist. Große Ab-schnitte der vorliegenden Dissertation basieren auf der Arbeit im Rahmen dieses Seminars, den Austausch mit den Teilnehmenden und der anschließenden Be-schäftigung mit dem Stoff darüber hinaus.

Abschließend danke ich meiner Freundin Melanie Kraus, die diese Ar-beit in all ihren Phasen korrigierte und nicht nur sprachlich beratend, sondern auch freundschaftlich aufbauend, mir stets eine große Hilfe war.

Mein größter Dank gilt meinen Eltern und meinem Mann, die mein Inte-resse und meine Arbeit an diesem Werk vor allem emotional unterstützten und zur Fertigstellung dieser Dissertation wohl am meisten beigetragen haben.

Inhaltsverzeichnis

1 Einleitung

1.1 These und Anlage der Arbeit

Die Suche nach einem Ursprung der Natur, ihrem Entstehen und Entfalten, verdichtet sich in einer sachliterarischen Kernzone frühneuzeitlicher Hermetik, dem
alchemischen Schrifttum,[3] das von Ficinos Übersetzung des *Corpus Hermeticum*
weitgehend unberührt geblieben ist, nicht selten im Begriff ‚Materia prima‘. Die
vorliegende Studie widmet sich dem umfangreichen Doktrinenschatz dieses
Begriffs im Spannungsfeld von Theorie und (wiederholbarer) Praxis in deutschsprachigen alchemisch-naturkundlichen Sachschriften des 16. Jahrhunderts und
soll neue Aspekte zur Debatte des Materialismus in der Frühen Neuzeit beitra-
gen. In der Studie erfasst und untersucht sind einerseits Texte sogenannter Meisterdenker, die in ihrer Zeit einen gewissen Einfluss hatten oder hinterlassen haben, als auch Zeugnisse solcher, die bisher wenig oder gänzlich unbeachtet geblieben sind, wobei dem Corpus Paracelsicum und der Strömung des
Paracelsismus besondere Beachtung gezollt wird. Insgesamt umfasst das unter-
suchte Textkorpus sowohl Handschriften als auch Drucke, die sich entweder
ausschließlich der Ersten Materie widmen oder in denen ‚Materia prima‘ ein
notwendiger Hilfsbegriff ist, oder in denen die jeweils vertretene Lehre oder
Weltanschauung vorausgesetzt oder rechtfertigt wird.

Das Textkorpus, welches den vorliegenden Untersuchungen zugrunde
liegt, ist heterogen und umfasst die gesamte Bandbreite naturkundlicher Gegenstandsbereiche, nämlich medizinisch-pharmazeutische, metallurgisch-technische,
metalltransmutatorische, physiko-theologische sowie mystisch-kaballistische. In
all diesen näher betrachteten Schriften hat der Begriff ‚Materia prima‘ jeweils
nicht nur wesentliche Bedeutung, sondern zeigt insgesamt ein beachtlich breites
Bedeutungsspektrum von sich gänzlich unterscheidenden oder eklektisch überlagernden, sich zum Teil wiedersprechenden naturkundlichen Materie-Konzepten.
Diese Begriffs-Landschaft von ‚Materia prima‘ in Bereichen der Naturkunde des
16. Jhs. wird mit dieser Studie zum ersten Mal in der Historiographie abgebildet.
Gleichzeitig erhebt die Arbeit nicht den Anspruch einer vollständigen Erfassung

---

[3] Telle, Joachim (2006): Zur Alchemiegeschichte vom Spätmittelalter bis zum Anfang des 17.
Jahrhunderts. In: Early Science and Medicine 11/3, S. 337 sowie Kühlmann, Wilhelm (1999):
Der >Hermetismus< als literarische Formation. Grundzüge seiner Rezeption in Deutschland. In:
Scientia Poetica 3/1999, S. 146.

© Springer Fachmedien Wiesbaden GmbH, ein Teil von Springer Nature 2019
K. Dück, *Materia prima*, Edition Centaurus – Neuere Medizin- und
Wissenschaftsgeschichte, https://doi.org/10.1007/978-3-658-28737-5_1

aller ‚Materia prima'-Vorstellungen dieser Zeit; sie bietet einerseits einen Überblick über gängige Konzepte der Ersten Materie, stellt andererseits auch wenig
verbreitete und auch skurrile Materia-prima-Anschauungen vor. Auch aus diesem Grund wird die Studie von einem Editionsteil flankiert, der von der Wissenschaftsgeschichte bisher nicht erfasste und schwer zugängliche Drucke und
Handschriften, die um den Begriff ‚Materia prima' arrangiert sind, ediert und
kommentiert vorstellt.

Die edierten Texte wiederum stützen ihrerseits den Hauptteil der Studie,
in welchem der multivalente Begriff ‚Materia prima' umfangreich untersucht
wird. Um den Verständniszugriff zu erleichtern, sind die einzelnen ‚Materia
prima'-Begriffe zu bedeutungsähnlichen Clustern gebündelt: Es sind ‚Materia
prima' als metaphysisches Seinsprinzip, ‚Materia prima' als praephysisches
Seinsprinzip sowie ‚Materia prima' als physisches Seinsprinzip. Dies ist eine
grobe, keine kategorische Einteilung, welche für den Begriff ‚Materia prima'
auch kaum möglich ist. Denn aufgrund der bereits erwähnten Begriffsüberlagerungen könnte so mancher ‚Materia prima'-Ausdruck auch mehreren Clustern
zugeordnet werden (siehe dazu die Ausführungen zur Methode). Trotzdem findet
sich ein ‚Materia prima'-Ausdruck in nur einem Cluster wieder. Auf etwaige
Multivalenzen jedoch wird an entsprechender Stelle hingewiesen. Den Bedeu-
tungsclustern schließt endlich ein zusammenfassendes Kapitel an, das die Multivalenzen des Begriffs ‚Materia prima' bewertet und in Zusammenhang mit den
theoretischen Vorstellungen der Naturkundler von der Ersten Materie stellt.

Hier schon muss festgehalten werden, dass klar unterschieden werden
muss zwischen Anschauungen zur (Ersten) Materie frühneuzeitlicher Philosophen, die sich größtenteils von philosophischen Betrachtungsweisen leiten ließen, und den Naturkundlern – welche sich nicht selten selbst Philosophen nann-
ten, sofern sie die Geheimnisse der Natur erkannt haben –, welche die Hypothesen der Erstgenannten durchaus kannten, diese Annahmen jedoch durch praktische Erfahrung, zum Teil in Laboratorien, zu bestätigen suchten. Auf dieser
Basis bildeten Naturkundler eigene Hypothesen über die Erste Materie sowie
auch einer durchaus allumfassenden Materie-Lehre aus, wie es beispielsweise
Theophrast von Hohenheim, genannt Paracelsus, in seinen Schriften entwirft. So
sind Naturkundler einerseits im Allgemeinen von den gängigen theoretischen
Materiekonzepten beeinflusst: Es gibt Bestrebungen, die atomistischen Lehren
des Demokrit, Epikur und Lukrez zu erschließen und für die Naturbetrachtung

fruchtbar zu machen. Auch die Lehre von der *prote hyle* des Aristoteles, nämlich die Erste Materie durch die geeignete Form zu jeder gewünschten Substanz zu wandeln, fand im Allgemeinen Anerkennung. Gleichzeitig wird das Prinzip auch konkret und nicht ideell aufgefasst (nämlich, dass aus der Form eines Körpers die Materie nicht isoliert werden kann, da diese nur der Möglichkeit nach existiere) und damit ein Rückgriff auf Platon vollzogen. Ebenfalls besteht reges Interesse an der neuplatonischen Emanationslehre, die im 16. Jh. umgearbeitet wird und Vorlage für Korpuskular-Darlegungen des frühen 17. Jh. bietet.

Andererseits sammeln Naturkundler neben diesen theoretischen Vorlagen auch eigene Erfahrungen in ihren Laboratorien und streben danach, theoretische Materie-Vorstellungen mit ihren praktischen Erfahrungen in Übereinstimmung zu bringen. Die laborantische Tätigkeit spielt – trotz oder gerade aufgrund der komplexen Vielschichtigkeit naturkundlicher Strömungen – gerade im Bereich der Alchemia practica eine zentrale Rolle. Erst die ‚Experienz‘, also die (tägliche) Erfahrung mit (alchemischen) Operationen, beweise die Nützlichkeit alchemischer Kunst: Nur das, was erprobt sei, könne dieser Kunst zugerechnet werden, wie es beispielsweise Andreas Libavius in der Vorrede zu seiner *Alchemia* festhält. Ähnlich heißt es auch im pseudo-paracelsischen *Coelum Philosophorum sive Liber Vexationum*, dass nämlich erst die tägliche Erfahrung erkennen lasse, was die (alchemische) Kunst hergebe und sei. Die Anweisungen des Verfassers sollen dem vergeblichen Arbeiten eines Laboranten sowie seiner Ungeschicklichkeit abhelfen, indem sowohl substanzielle als auch immaterielle Spezifika von Substanzen erläutert werden.

So ist gerade die als konkrete Substanz verstandene Materia prima für viele Naturkundler bedeutsam: In der praktischen Laborerfahrung mit Substanzen werden auch theoretische Vorstellungen von der Materia prima bestätigt oder auch widerlegt. Übertragen auf die Gegenstandsbereiche, in denen die Erste Materie eine Rolle spielt, kann somit eine solche praktische Einsicht eine Krankheitsätiologie, eine Metalltransmutation, das Entstehen von Mineralien und Gestein rechtfertigen oder auch die Weltschöpfung durch einen (chemisierten) Gott bestätigen. Schließlich kann für manchen Naturkundler die Materia prima auch als Ausgangssubstanz des ‚Opus magnum‘ sein Denken und Handeln voraussetzen. Und so viele Gegenstandsbereiche es gibt, in denen der Begriff ‚Materia prima‘ gebraucht wird, so viele Konkurrenz-Lehren gibt es, die sich überlagern, verflechten und vermischen und schließlich eben jenen multivalenten Gebrauch mit sich bringen. Das führt nicht selten dazu, dass eine präzise Benennung dessen, was Materia prima schließlich sei, kaum möglich ist. Gleichzeitig können sich hinter vermeintlicher Monotonie scheinbar ähnlicher Lehren aufgrund ähnlicher oder gleicher ‚Materia prima'-Begriffe mannigfaltige ‚Materia prima'-Konzepte verbergen.

Und weil der Begriff ‚Materia prima' dazu verwendet wird, bestimmte Lehren zu begründen und zu rechtfertigen, wird er dementsprechend semantisch eng an das Weltbild des Verfassers geknüpft. Je nach Kontext kann sich auch der Name für die Erste Materie oder den mit ihr identifizierten Stoff ändern. Das äußerst facettenreiche Spektrum der ‚Materia prima'-Nomenklatur reicht von Termini mit Bedeutung immaterieller Natur, welche die Erste Materie als Potenz im theologischen wie im neuplatonischen Sinne und damit als Entfaltungsprinzip begreift, wie ‚Chaos', ‚Mysterium Magnum' oder ‚Fiat' (diese sind in der vorliegenden Studie unter dem Cluster ‚Materia prima als metaphysisches Seinsprinzip' zusammengefasst), bis hin zu Termini, welche Materia prima mit einem konkreten Stoff identifizieren, etwa mit Quecksilber, metallischem Antimon, Gold oder auch Substanzmischungen, etwa von (ausschließlicher) Schwefel-Quecksilber-Mixtionen oder der paracelsischen Tria prima aus Salz, Schwefel und Quecksilber bestehend (solche finden sich im Cluster ‚Materia prima als physisches Seinsprinzip'), was als Indiz für die Experimentierfreudigkeit frühneuzeitlicher Naturkundler gewertet werden kann. Aber auch substanzähnliche Stoffe oder Vorformen von Substanzen wie Limbus, Yliaster oder Ens primum können Erste Materie sein (diese sind unter dem Cluster ‚Materia prima als praephysisches Seinsprinzip' subsumiert).

Besonders markant zeigt sich der Facettenreichtum des ‚Materia prima'-Begriffs auch in den Merkmalen, die ihr zugeschrieben werden. Dabei sollen ihre Charakteristika auch dazu dienen, die Erste Materie zu identifizieren, aus der ideellen Welt in das Diesseits zu holen, um damit experimentieren, d.h. hier Erfahrung in der Praxis zu sammeln, die Natur nachahmen und Naturphänomene beschleunigen und sie aus einem imperfekten Zustand schneller in einen perfekten überführen zu können. Nicht selten geschieht der Übergang von theoretischen Vorstellungen zu laborantischer Praxis unter Zuhilfenahme von Umformulierungen der ‚omnia in omnibus'-Vorstellung und sicher eines der Hauptcharakteristika der ‚Materia prima'-Vorstellungen, nämlich dass alle Dinge auch in allen Dingen enthalten seien. Dieser Gedanke schürt nicht nur Bedürfnisse nach

einer Erklärung der Welt, sondern auch jenes praktische Bedürfnis der Substan-
tiierung der Ersten Materie. Damit gehen mannigfache ihr zugeschriebenen
Kennzeichen einher. Besonders häufig trifft man auch auf das Merkmal der
‚Nigredo‘, den Urzustand aller Stoffe, als auch auf Uranfänglichkeit, Unvoll-
kommenheit, Ewigkeit, Vielgestaltigkeit, Ubiquität und den mit der Ubiquität der
Materia prima verbundenen Einheitsgedanken: Die Erste Materie sei überall und
in allem, weil sie das Eine aus dem Ganzen und deswegen auch das Ganze im
Einen sei.

1.2   Methodik

Da es Ziel dieser begriffsgeschichtlichen Untersuchung ist, den Begriff ‚Materia
prima‘ in seinen Facetten, in denen er in naturkundlichen Quellen des 16. Jhs.
zutage tritt, zu beschreiben, werden infrage kommende Quellen hinsichtlich ihres
‚Materia prima‘-Begriffs methodisch sowohl quantitativ als auch qualitativ erschlossen. Einerseits ist es für die vorliegenden Untersuchungen von Bedeutung,
von welchen anderen Begriffen ‚Materia prima‘ begleitet als auch charakterisiert
und vor allem mit ihr identifiziert wird. Andererseits ist es ebenso relevant, an
welchen Textpositionen – Titel, Haupttext, Marginalien etc. – der Begriff wie
häufig innerhalb eines Textes als auch innerhalb eines Œvres oder insgesamt im
Textmassiv naturkundlicher Schriften der Frühen Neuzeit auftritt, um abschätzen
zu können, welche Bedeutung der Autor seinem ‚Materia prima‘-Begriff beimisst
und auch, ob der Autor mit seiner Vorstellung alleinstehend oder die jeweilige
Lehre durchaus verbreitet ist.

Ausgehend von den Quellen wurde somit zunächst der Begriff ‚Materia
prima‘ innerhalb eines Textes identifiziert und in einem ersten Schritt textinhä-
rent erläutert, d.h. mit denjenigen Begriffen, welche der Verfasser selbst rund um
den Begriff ‚Materia prima‘ arrangiert hat, um die Authentizität und die Dignität
des jeweiligen Textes zu gewährleisten. Es sollte so wenig wie möglich mit gegenwärtigen Interpretamenten in die Texte eingegriffen werden, um sie so wenig
wie möglich zu verfremden, sondern ihren Reiz, ihre Wirkkraft sowie individuelle Textur zu erhalten und ihre sprachlichen und inhaltlichen Eigenheiten möglichst zu bewahren. Dadurch wurde den Begriffsanhängen wie Begriffsbeschrei-
bungen, Synonymen, Prädikaten etc. eine weitreichende Bedeutung beigemes-

sen. Sie ermöglichen schließlich die Einordnung des ‚Materia prima'-Begriffs in einen konkreten kommunikativen Handlungszusammenhang.

Dieser Handlungszusammenhang betrifft Ort, Zeit und Person(en). Der Ort betrifft in erster Linie den textlichen Raum oder vielmehr Rahmen und damit die Textsorte, in dem der ‚Materia prima'-Begriff gebraucht wird: bspw. in einem Prozess-, Probier- und/oder Arzneibuch oder einer physikotheologischen, astronomischen, naturphilosophischen, medizinisch-pharmazeutischen Schrift. Die Zeit meint hier vor allem diejenige, auf die der jeweilige Text Bezug nimmt (über den Gesamtrahmen des Textkorpus des 16. Jhs. hinaus), nämlich durch Verknüpfung mit antiken, arabischen bis (spät-)mittelalterlichen Traditionen oder zeitgenössischen Positionen. Dabei hängt der Zeit-Faktor nicht selten mit dem Personen-Faktor zusammen: Wer aus welcher Zeit und welcher Traditionslinie zitiert wird, ist hierbei von Belang. Auf diese Weise können individuelle Vorstellungen von ‚Materia prima' unter Zuhilfenahme von (Rück-)Bezügen auf Text- und Zeitgenossen konkret zugeordnet werden und eventuelle (außertextliche) Kommunikationen von Texten und Autoren in einen größeren Handlungszusammenhang gebracht werden.

Die Mikroanalyse der einzelnen Begriffe sowie deren direkter Vergleich mit denen anderer Autoren folgt den Methoden der Begriffsgeschichte als Hilfsdisziplin der Historischen Semantik in Anlehnung an Reinhart Koselleck[4] und vor allem an Dietrich Busse[5], unter besonderer Berücksichtigung Busses Kritik an Koselleck. Nach deren Untersuchungsmethode werden einzelne Lexeme als Ausgangs- und Bezugspunkt einer Analyse ausgewählt, die dann in Bezug zu einem zentralen Leitbegriff und dessen Bedeutungsfacetten – hier ‚Materia prima' – gesetzt werden. Solche Bezüge zwischen sich in ihren jeweiligen Wortbe-

---

[4] Koselleck, Reinhart (1979): Begriffsgeschichte und Sozialgeschichte. In: Ders. (Hg.): Historische Semantik und Begriffsgeschichte. (= Sprache und Geschichte 1). Stuttgart, S. 19-36; Koselleck, Reinhart (2003): Die Geschichte der Begriffe und Begriffe der Geschichte. In: Dutt, Carsten (Hg.): Herausforderungen der Begriffsgeschichte. Heidelberg, S. 3-16; Koselleck, Reinhart (2006): Begriffsgeschichten. Studien zur Semantik und Pragmatik der politischen und sozialen Sprache. Frankfurt/Main.

[5] Busse, Dietrich/Teubert, Wolfgang (1994): Ist Diskurs ein sprachwissenschaftliches Objekt? Zur Methodenfrage der historischen Semantik. In: Busse, Dietrich/Hermanns, Fritz/Teubert, Wolfgang (Hg.): Begriffsgeschichte und Diskursgeschichte. Methodenfragen und Forschungsergebnisse der historischen Semantik. Opladen, S. 10-28; Busse, Dietrich (2003): Begriffsgeschichte oder Diskursgeschichte? Zu theoretischen Grundlagen und Methodenfragen einer historisch-semantischen Epistemologie. In: Dutt, Carsten (Hg.): Herausforderungen der Begriffsgeschichte. Heidelberg, S. 17-38.

deutungen manifestierenden Begriffen und anderen Begriffen mit ihren jeweiligen Bedeutungen ergeben schließlich ein semantisches Gefüge, das sich wiederum analytisch erschließen lässt: So können beispielsweise gemeinsames Vorkommen von Begriffen, ihren jeweiligen Bedeutungen sowie die Häufigkeit eines solchen Vorkommens untersucht und bewertet werden. Diese Weise der Analyse findet in vorliegender Arbeit Niederschlag auf der Ebene der Bedeutungscluster.

Daneben ist nach dem von Busse entwickelten Konzept auch der konkrete kommunikative Handlungszusammenhang eines Begriffs (wie oben erwähnt) für die Analyse nicht unwesentlich, um eine von der konkreten Verwendungsweise von Wörtern unabhängige „höhere Bedeutung" auszuschließen.[6] Auch dieser Aspekt ist in die Analyse des Begriffs ‚Materia prima' eingeflossen und findet Niederschlag in betontem Einbezug von Ort, Zeit und Person(en) der Verwendung des ‚Materia prima'-Begriffs, um damit gerade dem konkreten Handlungszusammenhang in Bezug auf die (wiederholbare) Praxis eine größere Relevanz einzuräumen, als es bisher in der Historiographie geschehen ist.

1.3   Forschungsstand

Obwohl die Existenz einer Materia prima von vielen – jedoch längst nicht allen – Naturkundlern der Frühen Neuzeit anerkannt wurde und in zahlreichen naturkundlichen Schriften der Ausgangspunkt zu theoretischen Überlegungen über Entstehung und Zusammensetzung der Welt und auch zur praktischen Ausübung ist, um bspw. diese Weltbestandteile zu ergründen oder auch laborantische Operationen durchzuführen, an dessen Anfang nicht selten ebenso die Erste Materie steht, und damit sowohl in der Theorie als auch der Praxis in diversen Gegenstandsbereichen der Naturkunde eine wesentliche Rolle spielt, gibt es bis heute keine einzige umfangreiche Darstellung einer Einzelstudie über die ‚Materia prima'-Lehren in Früher Neuzeit.

Ein Grund dafür, dass der ‚Materia prima'-Begriff bisher nicht umfassend dargestellt wurde, könnte sein, dass die kosmologischen und kosmogonischen Vorstellungen vieler Naturkundler der Frühen Neuzeit oft unübersichtlich und nicht

---

[6]   Müller, Ernst/Schmieder, Falko (2016): Begriffsgeschichte und historische Semantik. Ein kritisches Kompendium. Berlin.

selten eklektisch die jeweiligen Schriften durchziehen und häufig auch recht widersprüchlich sind. Dazu kommt die nicht selten tecte Rede darüber, was Materia prima sei. So ist denn auch im Allgemeinen für die Materie-Lehren kein bestimmtes Jahr als Anfangspunkt einer neuen Anschauungsweise zu nennen – im Gegensatz zur Astronomie, Hydrostatik oder auch Mechanik[7]. So gehen gerade die naturkundlichen Materie-Lehren der Frühen Neuzeit schließlich in Gegenstandsbereiche der Physik, Chemie, Medizin, Pharmazie, Philosophie und Theologie ein[8] und werden schließlich den Zwecken der entsprechenden Disziplinen nach weiter umgeformt.

Verstreut finden sich allerdings durchaus Nennungen und kürzere Ausführungen über den Begriff ‚Materia prima' in der Frühen Neuzeit. Verdienstvolle Vorstöße in Bezug auf den ‚Materia prima'-Begriff bei Paracelsus haben Walter Pagel[9] und Kurt Goldammer[10] vorgenommen. Insofern der (paracelsische) ‚Materia prima'-Begriff den Paracelsismus tangiert, haben ihn an entsprechender Stelle auch Wilhelm Kühlmann und Joachim Telle in ihren umfangreichen Werken zum Paracelsismus[11] erwähnt. Auch hat Joachim Telle

---

[7] Dijksterhuis, Eduard Jan (1956): Die Mechanisierung des Weltbildes. Berlin/ Göttingen/ Heidelberg, S. 309.

[8] Ebd.

[9] Pagel, Walter (1961): The Prime Matter of Paracelsus. In: Ambix. The Journal of the Society für the Study of Alchemy and Early Chemistry, Bd. 9. Cambridge, S. 117-135; Pagel, Walter (1962): Das medizinische Weltbild des Paracelsus – seine Zusammenhänge mit Neuplatonismus und Gnosis. (= Kosmosophie. Forschungen und Texte zur Geschichte des Weltbildes, der Naturphilosophie, der Mystik und des Spiritualismus vom Spätmittelalter bis zur Romantik 1). Wiesbaden; Pagel, Walter/Winder, Marianne (1974): The Higher Elements and Prime Matter in Renaissance Naturalism and in Paracelsus. In: Ambix. The Journal of the Society für the Study of Alchemy and Early Chemistry, Bd. 21. Cambridge, S. 93-127.

[10] Goldammer, Kurt [1971a]: Bemerkungen zur Struktur des Kosmos und der Materie bei Paracelsus. In: Ders. (1986): Paracelsus in neuen Horizonten: Gesammelte Aufsätze. (= Salzburger Beiträge zur Paracelsusforschung 24). Wien, S. 263-287; Goldammer, Kurt [1971b]: Die Paracelsische Kosmologie und Materietheorie in ihrer wissenschaftsgeschichtlichen Stellung und Eigenart. In: Ders. (1986): Paracelsus in neuen Horizonten: Gesammelte Aufsätze. (= Salzburger Beiträge zur Paracelsusforschung 24). Wien, S. 288-320.

[11] Kühlmann, Wilhelm/Telle, Joachim (Hgg.) (2001): Corpus Paracelsisticum. Der Frühparacelsismus I. (= Dokumente frühneuzeitlicher Naturphilosophie in Deutschland). Tübingen; Kühlmann, Wilhelm/Telle, Joachim (Hgg.) (2004): Corpus Paracelsisticum. Der Frühparacelsismus II. (= Dokumente frühneuzeitlicher Naturphilosophie in Deutschland). Tübingen; Kühlmann, Wilhelm/Telle, Joachim (Hgg.) (2013): Corpus Paracelsisticum. Der Frühparacelsismus III. 2 Bde. (= Dokumente frühneuzeitlicher Naturphilosophie in Deutschland). Berlin/Boston.

im Rahmen seiner Studien über deutsche Alchemikerdichtungen[12] sich mit frühneuzeitlichen Vorstellungen zum Begriff ‚Materia prima' auseinander gesetzt. So finden sich auch hilfreiche Anstöße zum ‚Materia prima'-Begriff im ‚Alchemie'-Artikel Joachim Telles im „Ueberweg".[13]

In umfangreichen Darstellungen dagegen, bspw. zur Geschichte des Materialismus sucht man nach Ausführungen zum frühneuzeitlich-naturkundlichen ‚Materia prima'-Begriff indes vergeblich: In Friedrich Albert Langes ausführlicher zweibändiger „Geschichte des Materialismus und Kritik seiner Bedeutung in der Gegenwart"[14] finden die meisten deutschen Naturkundler der Frühen Neuzeit gar keine Erwähnung, geschweige denn ihre Lehren von der (Ersten) Materie. Über Paracelsus, der immerhin genannt wird, und seine Materie-Vorstellungen sowie die seiner Zeitgenossen im Allgemeinen schreibt Lange, dass es „phantastische Lehren der Astrologen und Alchymisten"[15] seien. Im Weiteren geht Lange darauf nicht mehr ein.

In Handbüchern wie dem „Historischen Wörterbuch der Philosophie"[16] stößt man bspw. im Artikel „Materie" ebenfalls auf den Begriff ‚Materia prima' in seinem Gebrauch im 16. Jh. und zwar nicht nur bei Naturphilosophen, sondern auch in naturkundlichen Grenzbereichen der Zeit. Allerdings werden hierin ausschließlich sogenannte Meisterdenker wie Gerolamo Cardano,[17] Giordano Bruno,[18] Theophrastus Bombastus von Hohenheim, genannt Paracelsus[19], Jacob Böhme[20] u.ä. besprochen; der ‚Materia prima'-Begriff wird allenfalls umrissen. Mit Schwerpunkt auf den Bereich der Alchemia transmutatoria (metallorum)

---

[12] Gesammelt in Telle, Joachim (2013): Alchemie und Poesie. Deutsche Alchemikerdichtungen des 15. bis 17. Jahrhunderts. Untersuchungen und Texte. 2 Bde. Berlin/Boston.

[13] Telle, Joachim (im Ersch.): Art. ‚Alchemie'. In Müller, Gernot Michael/Rudolph, Enno (Hgg.): Ueberweg. Grundriss der Geschichte der Philosophie. Die Philosophie der Renaissance und des Humanismus. Basel – der auf 3 Bände angelegte Ueberweg ist seit Jahren angekündigt und sollte 2017 erscheinen; bisher nicht erschienen. Meine Quelle ist das Manuskript dieses Artikels von Joachim Telle.

[14] Lange, Friedrich Albert ([1866] 1914): Geschichte des Materialismus und Kritik seiner Bedeutung in der Gegenwart. 2. Bde. Leipzig.

[15] Lange, Friedrich Albert ([1866] 1914): Geschichte des Materialismus und Kritik seiner Bedeutung in der Gegenwart, S. 195.

[16] Ritter, Joachim/Gründer, Karlfried (Hgg.) (1980): Historisches Wörterbuch der Philosophie. Darmstadt, Bd. 5, Sp. 870-924.

[17] Ebd., Sp 905.

[18] Ebd., Sp. 905f.

[19] Ebd., Sp. 913f.

[20] Ebd., Sp. 914.

findet man auch im „Lexikon des Mittelalters"[21] einen knappen Artikel zum
‚Materia prima'-Begriff mit einem einzigem Literaturhinweis auf das „Lexikon
der Magischen Künste"[22], worin der Begriff leider recht lückenhaft dargestellt
wird. Hilfreicher ist der ‚Materia prima'-Artikel in „Alchemie. Lexikon einer
hermetischen Wissenschaft"[23], der für einen ersten Zugang nicht ungeeignet ist.

Zu erwähnen ist überdies, dass es einige eigene Vorarbeiten zum
‚Materia prima'-Begriff gibt, die publiziert wurden bzw. im Erscheinen sind.
Bereits 2009 sind zwei kürzere Aufsätze über den ‚Materia prima'-Begriff bei
Paracelsus im Allgemeinen[24] und in der *Philosophia ad Athenienses*[25], einer
pseudo-paracelsischen Schrift, erschienen. Ebenfalls veröffentlicht wurde mein
Beitrag über den ‚Limbus'-Begriff im Corpus Paracelsicum.[26] Den Aspekt des
Einheitsgedankens in den ‚Materia prima'-Lehren des Paracelsus untersuche ich
in einem 2012 vorgetragenen und seitdem angekündigten Beitrag.[27] Mit
vorliegender Arbeit nun widme ich mich dem Begriff ‚Materia prima'
umfangreicher als dies bisher geschah, hinsichtlich Autoren sowie Texten – wie
oben bereits ausführlich dargelegt.

---

[21] Jüttner, Guido (1993): Artikel ‚Materia prima'. In: LexMA – Lexikon des Mittelalters, Bd. 6, Sp.
      380.
[22] Biedermann, Hans (^{3}2001): Art. ‚Materia prima'. In: Ders.: Lexikon der magischen Künste.
      Wiesbaden, Bd.2, S. 294-298.
[23] Figala, Karin (1998): Art. ‚Materia prima'. In: Alchemie. Lexikon einer hermetischen Wissen-
      schaft (wie Anm. 23), S. 237-240.
[24] Dück, Katharina (2009a): Innovatorisches in den prima-materia-Lehren des Paracelsus? In:
      Paracelsus – Ein Innovator? Überlegungen zur wissenschafts- und theologie-geschichtlichen
      Stellung Hohenheims. 57. Paracelsustag 2008. (= Salzburger Beiträge zur Paracelsusforschung
      57). Salzburg, S. 9-22.
[25] Dück, Katharina (2009b): Transformationen des paracelsischen Prima-Materia-Begriffes in der
      „Philosophia ad Athenienses". In: SPRACHREPORT 25/3, S. 12-16.
[26] Dück, Katharina (2018): Zum ‚Limbus'-Begriff als ‚Materia prima' im *Corpus Paracelsicum*. In:
      Nova Acta Paracelsica. Beiträge zur Paracelsusforschung 28, S. 83-100.
[27] Dück, Katharina (im Ersch.): ‚Totum unum et ex uno omnia' – Zum Einheitsgedanken in den
      Materia-Prima-Lehren des Corpus Paracelsicum. In: „Totum unum et ex uno omnia":
      Denkformen des Hermetismus in der frühen Neuzeit. (= Berliner Mittelalter- und
      Frühneuzeitforschung). Berlin.

Ein weg vnd steg ein gewißes Ende,
Die Rodt vnd weiße Tinctur volende,
Es ist Ein Stein vnd doch Kein Steinn,
In den do hengt die Kunst Alleinn,
Materiam primam thut man es nennen,
Der ist ghar Kluch der solchs thutt kennen.[28]

---

[28] Anonymus. In: *Johannes Krugers Prozessbuch* (um 1570): Gotha, FB, Chart. B 366, 25v.

2 Hauptteil: Erscheinungsformen von ‚Materia prima'

Martin Ruland verzeichnet zu Beginn des 17. Jhs. in seinem *Lexicon Alchemiae* nicht weniger als fünfzig Begriffe für ‚Materia prima' und gibt damit einen aufschlussreichen Einblick in das Facettenreichtum ihrer Nomenklatur. Gleichzeitig sind nicht wenige davon Decknamen für andere und zum Teil bedeutungsähnlich oder gar bedeutungsgleich. Aus diesem Grund werden in der vorliegenden Arbeit nicht alle detektierten Begriffe für die Erste Materie vorgestellt, sondern die großen Strömungen im Umfeld von Paracelsus sowie des Paracelsismus. Aber auch vom Paracelsismus abweichende bzw. unberührte ‚Materia prima'-Bergriffe wurden in die Studie aufgenommen, um das breite Spektrum des Begriffs besser abbilden zu können. Gegliedert wurden die ausgewählten Termini in den bereits oben erwähnten: Materia prima als physisches Seinsprinzip (Kapitel 2.1-2.3), Materia prima als praephysisches Seinsprinzip (Kapitel 2.4-2.6) sowie Materia prima als metaphysisches Seinsprinzip (Kapitel 2.7-2.9).

Eine der Schwierigkeiten dieser Gliederung besteht darin, dass die ‚Materia prima'-Begriffe für Autoren bereichsübergreifend relevant sind. Das bedeutet, dass ein- und derselbe ‚Materia prima'-Begriff wie beispielsweise die Tria prima in unterschiedlichen Gegenstandsbereichen der Naturkunde bzw. Alchemie wie der Alchemia technica, Alchemia medica, Alchemia transmutatoria metallorum und/oder Alchemia mystica[29] verwendet wird und es somit auch innerhalb eines Begriffs enorme Bedeutungsunterschiede gibt. Damit ist der jeweilige Begriff selbstverständlich kontextabhängig, derweil lässt er sich aber umso schwieriger eindeutig einem einzigen Cluster zuordnen. Die einzelnen ‚Materia prima'-Vorstellungen innerhalb eines Begriffs sind aufgrund mannigfacher Überschneidungen bis hin zum Eklektizismus der Materie-Vorstellungen teilweise kaum voneinander abzugrenzen, sodass strikte Clusterzuweisungen erschwert werden.

Daraus ergibt sich eine weitere Komplikation, nämlich dass sich die Bedeutungscluster zwar an sich voneinander unterscheiden, jedoch hinsichtlich mancher Begriffe nur schwer bis gar nicht voneinander abzugrenzen sind. So ist

---

[29] Bei der Einteilung der Naturkunde in diese vier Gegenstandsbereiche folge ich Joachim Telle (vgl. Anm. 10).

© Springer Fachmedien Wiesbaden GmbH, ein Teil von Springer Nature 2019
K. Dück, *Materia prima*, Edition Centaurus – Neuere Medizin- und
Wissenschaftsgeschichte, https://doi.org/10.1007/978-3-658-28737-5_2

beispielsweise das Kapitel 2.1 über die reine Quecksilber/Mercurius-Lehre dem Cluster ‚Materia prima als physisches Seinsprinzip' zugeordnet. In diesem Kapitel werden verschiedene Autoren mit ihren jeweiligen Vorstellungen von der Materia prima als Quecksilber bzw. Mercurius vorgestellt und hinsichtlich ihrer diversen Bedeutungsähnlichkeiten und Bedeutungsunterschiede analysiert. Dabei wird unter anderem deutlich, dass sowohl mit Quecksilber als auch mit Mercurius der gewöhnliche Stoff Quecksilber gemeint sein kann und damit eben einer Materia prima als physisches Seinsprinzip auch entspräche. Allerdings kann jeder der beiden Begriffe auch nicht die konkrete Substanz, sondern ein Prinzip der ‚Flüchtigkeit' oder ‚Verdampfbarkeit' im Allgemeinen oder als ‚Pater omnium metallorum' auch ein überhöhtes Prinzip des zur Vervollkommnung gebrachten Stoffs ‚Quecksilber' meinen, das in der konkreten Substanz Quecksilber in reinster Form vorzufinden sei, in einer anderen Form jedoch auch in anderen Stoffen. Dieser Tatbestand spräche dafür, in letzterem Fall ‚Materia prima' dem metaphysischen Seinsprinzip zuzuordnen. Trotzdem ist Materia prima als Quecksilber bzw. Mercurius nur unter dem Cluster ‚physisches Seinsprinzip' zusammengefasst.

Somit hat das Problem der Einteilung inhaltliche und formale Gründe: Inhaltlich ist die selbst als Wirkprinzip verstandene Materia prima in diesem Fall nur schwerlich von der konkreten Substanz zu trennen; formal scheint der Zugriff auf den Begriff ‚Materia prima' als ‚Quecksilber' bzw. ‚Mercurius' leichter zu sein, wenn er dem physischen anstatt dem metaphysischen Seinsprinzip untergeordnet wäre. Umgekehrt formuliert heißt das, dass man als Leser Materia prima als Quecksilber bzw. Mercurius eher in dem Cluster ‚Materia prima als physisches Seinsprinzip' suchen würde. Die Schwierigkeiten bei der Einteilung in die Cluster liegen in erster Linie in den bereits erwähnten Begriffsüberlagerungen, aufgrund derer so mancher ‚Materia prima'-Begriff mehreren Clustern zugeordnet werden kann. Trotzdem wurde ein ‚Materia prima'-Begriff jeweils nur einem Cluster zugeordnet, um die Begriffe einer groben Einteilung zu unterziehen. Auf etwaige Multivalenzen der jeweiligen Begriffe wird ausführlich in den entsprechenden Kapiteln eingegangen. Die Bedeutungscluster ermöglichen für eine erste Umschau eine sinnvolle Einteilung der in naturkundlichen Schriften im 16. Jh. vorkommenden ‚Materia prima'-Konzepte.

Diese Clustereinteilung findet sich jedoch nur in diesen einleitenden Worten zum Hauptteil der Arbeit und im Resümee, zugunsten eines begriffsorientierten und keines clusterorientierten Untersuchungsteils. Auf diese Weise konnten die Begriffsinhalte innerhalb eines Kapitels aufgefächert werden und darin Traditionen und Einflüsse, Begriffsüberschneidungen sowie Begriffserweiterungen bzw. Begriffsneuerungen thematisiert werden, anstatt in ein starres Clusterkonzept eingegliedert werden zu müssen. Gleichzeitig zeichnen verhältnismäßig lose die Hauptuntersuchungskapitel der Arbeit die ursprüngliche Gliederung nach, so dass die ersten drei Kapitel eine laborrelevante größtenteils physisch verstandene ‚Materia prima'-Begrifflichkeit nachzeichnen. Die mittleren drei Hauptuntersuchungskapitel 2.4-2.6 zeichnen eine Art vorphysisches Verständnis von der Ersten Materie nach und offenbaren eine nur bedingt experimentierfähige Materia prima. Daran anschließend zeigen die letzten drei Hauptuntersuchungskapitel 2.7-2.9 allumfassende zum Teil pantheistisch metaphysische Vorstellungen von der Materia prima, welche nicht nur die laborrelevanten, sondern alle in der Welt existenten, Stoffe umfasst. So ist die der Arbeit zugrunde liegende Gliederung der ‚Materia prima'-Begriffe in Cluster als Hilfestellung einer groben Kategorisierung zu sehen. Die Übergänge von metaphysischen in praephysische und von praephysische in physische Seinsbereiche fließend und zum Teil kaum voneinander abzugrenzen, so dass die Grenzen der jeweiligen Cluster durchlässig sind.

Darüber hinaus sei festgehalten, dass die Frühe Neuzeit auf naturkundlichem Gebiet – zumindest was den Bereich der Materie-Lehren anbetrifft – gewiss nicht mit einem Paukenschlag, der alles veränderte oder gar die sogenannte wissenschaftliche Revolution einleitete, sondern ganz im Gegenteil noch mit antiken sowie (spät-)mittelalterlichen Konzepten der Materie verhaftet war. Aristotelisches Gedankengut überlagert sich mit platonischen Tendenzen, stoische und gnostische Einflüsse finden genauso Eingang in naturkundliche Materie-Lehren im 16. Jh. wie hermetische. Vielfache Überlagerungen von theoretischen sowie praktischen Überlegungen (wie z.B. aus der antiken sowie arabischen Alchemie) spiegeln sich in den untersuchten Texten wider und bieten ein schillerndes Bild der Vorstellungen der Materia prima.

2.1   Reine Quecksilber-/Mercurius-Lehren

[Primärquellen: Anonymus (um 1520): *Tractatum de materia, forma & substantia* – Sendivogius (Ende 16. Jh.): *Colloqvivm oder Gespraech der Natur/ deß MERCVRII, vnd eines Alchymisten* – Anonymus (1550-1600): *Die Erste materia spricht*]

> *Mercurius ist in allen Chymistischen Buechern vorn vnd hinden/*
> *er hat alles gethan/*
> *macht jedermann viel zuschaffen/*
> *greifft manchem dieff in Seckel vnd in das Gehirn.*[30]

2.1.1   Einleitung

Kein anderer Begriff nimmt in naturkundlichen Schriften der Frühen Neuzeit im Bereich der Alchemia transmutatoria metallorum eine größere Rolle ein als ‚Quecksilber' bzw. der von ‚Quecksilber' kaum zu trennende Begriff ‚Mercurius'. Dieser meint trotz seines multiplen Gebrauchs und bei allen Deutungsschwierigkeiten, die sich schließlich auch aus seinen vielen Decknamen[31] ergeben, zunächst das gewöhnliche Quecksilber.[32] Darüber hinaus kann der Terminus ‚Mercurius' auch ein anderes,[33] nicht selten als ‚Pater omnium metallorum' überhöhtes „Prinzip der (idealtypischen) Metallität, des Flüssigen

---

[30]   Ruland, Martin (1612): *Lexicon Alchemiae* (wie Anm. 2), S. 331.

[31]   Zu den vielen Decknamen des ‚Mercurius' gehören: Aqua permamens, Ewiges Wasser, Aqua vitae, Munda aqua – reines Wasser (Ruland 1612, S. 198.), Wasser des Mondes, Wasser des Saturn (z.B. in der *Turba Philosophorum*, S. 204, Anm. 70), Jungfrauenwasser, Jungfrauenmilch, Milch (Milch jeder Art ist Deckname für Quecksilber; *Turba Philosophorum*, S. 194, FN 4), Gummi der Akazie (überhaupt das ‚Gummi aller Bäume', *Turba Philosophorum*, S. 194: „es kann also jeder Name eines Gummiharzes als Deckname benützt werden", ebd., S. 239, FN 2), Merum acetum – lauterer Essig (*Turba Philosophorum*, S. 198), Harn eines weißen Kalbs (*Turba Philosophorum*, S. 219), Galle eines jeden Tieres usw.

[32]   Telle, Joachim (2013d): Der „Sermo philosophicus". Eine deutsche Lehrdichtung des 16. Jahrhunderts über den Mercurius philosophorum. In: Ders.: Alchemie und Poesie (wie Anm. 12), S. 726.

[33]   Ruland kommentiert nicht nur kritisch den vielfachen Gebrauch und die damit verbundenen Schwierigkeiten des Terminus ‚Mercurius' (vgl. das Eingangszitat), sondern gibt auch Einblick in seinen Facettenreichtum (wie Anm. 2, S. 331-335); siehe auch Zedler, Johann Heinrich (1731-1754): Grosses vollständiges Universal-Lexicon aller Wissenschaften und Kuenste. Bd. 20, Sp. 976f. (‚Mercurius der Metallen') sowie Sp. 977f. (‚Mercurius Philosophorum').

und der Verdampfbarkeit"[34] meinen, wobei er dann meist als ‚Mercurius Philosophorum' bezeichnet wird. Die besonderen Eigenschaften des Quecksilbers machen es spätestens seit der griechischen Antike als Substanz, mit der zu laborieren sei, besonders attraktiv: Quecksilber ist bereits bei Raumtemperatur flüssig und oxidiert.[35] Auch bildet es mit anderen Metallen leicht Legierungen bzw. Amalgame.[36] Außerdem nimmt es aufgrund seiner Eigenschaft, flüssig zu sein, leichter Unreinheiten auf als andere Metalle. Gleichzeitig ähneln ihrerseits Metalle im flüssigen Zustand mit ihrem silbrig-metallischen Glanz dem Quecksilber und gehen auch selbst leicht Verbindungen mit dem Quecksilber ein. So verwundert es kaum, dass ‚Quecksilber' „als Basis der Metalle und Katalysator der Metallverwandlung"[37] in naturkundlichen Schriften vielerorts als ubiquitärer Grundlagenstoff nicht selten mit ‚Materia prima' identifiziert wird.[38]

Wesentliche Einflüsse, die ein enormes Schriftenmassiv mercurialer Lehren hinterließen, der Vorstellung des Quecksilbers als ‚Materia prima' Vorschub leisteten und bis ins 17. Jh. für ihre Dominanz im Bereich der Alchemia transmutatoria metallorum sorgten,[39] gingen nicht nur von Schriften der griechischen Antike aus, die nicht selten das theoretische Fundament für frühneuzeitliche Materie-Lehren boten, sondern auch von diversen alchemischen und naturkundlichen Sachschriften der arabischen Antike, die aufgrund lateinischer Übersetzungen und Bearbeitungen in der Frühen Neuzeit zahlreich im Umlauf waren. Und auch spätmittelalterliche Alchemica, die in der Frühen Neuzeit weit verbreitet waren, übten Einflüsse auf naturkundliche Schriften im 16. Jh. aus.

---

[34] Figala, Karin (1998): Art. ‚Quecksilber'. In: Alchemie (wie Anm. 23), S. 295-300 – hierin nennt Figala auch weitere Synonyme von Quecksilber wie ‚Argentum vivum', ‚Hydrargyrum', ‚Mercurius crudus' oder ‚Mercurius vulgaris', darunter auch Decknamen wie ‚Wolke', ‚flüssiges Silber', ‚Schaum des Wassers', ‚Jungfrauenmilch' etc.

[35] Schwedt, Georg (2009): Chemische Experimente in Schlössern, Klöstern und Museen. Aus Hexenküche und Zauberlabor. Weinheim, S. 18f.

[36] Ebd.; sowie Figala 1998: Art. ‚Quecksilber' (wie Anm. 34), S. 295.

[37] Kühlmann/Telle (2013): Corpus Paracelsisticum III/2 (wie Anm. 11), S. 1259.

[38] Jüttner, Guido (1995): Art. ‚Quecksilber'. In: LexMA – Lexikon des Mittelalters. 9 Bde. München/Zürich 1980-1998. Bd. 7, Sp. 358-359.

[39] Telle (2013d): Der „Sermo philosophicus" (wie Anm. 32), S. 726.

2.1.2 Mercurius als Materia prima im *Tractatum de materia, forma & substantia*

Wie bedeutsam diese Vorläufer für Alchemica der Frühen Neuzeit sind, lässt sich gerade am Begriff ‚Quecksilber' gut nachvollziehen und offenbart eine gewisse Kontinuität sowohl in der Begriffsübernahme als auch in der Begriffserweiterung, bzw. -bildung. Mithilfe von Exzerptsammlungen wie etwa dem um 1520[40] entstandenen *Tractatum de materia, forma et substantia*[41], der in der Forschung bisher mit dem Namen Dominicus Blanckenfeld[42] verbunden wurde,[43] werden in Patchworktektonik alchemische bzw. alchemisch gedeutete Fremdtexte als Essenz geboten – in diesem Traktat speziell zugunsten einer mercurialen Lehre mit verkappten Aristotelismen. Die Methode gleicht diversen anderen in der Frühen Neuzeit verbreiteten und als Form der Wissensvermittlung gebräuchlichen Florilegien[44] wie dem *Rosarium Philosophorum*[45] oder dem *Donum Dei*.[46]

---

[40] Bisher wurde das Traktat auf 1550 geschätzt, weil er in diesem Jahr Kurfürst Ottheinrich durch Dominikus Blanckenfeld dezidiert worden war. Allerdings lässt ein 1794 erschienener Druck (Linden, M[aximillian] J[oseph] Freiherr von (1794): Handschriften für Freunde geheimer Wissenschaften. Wien: Blumauer, S. 265-284) den Schluss zu, dass dieses Traktat bereits 1522 von Valentin Herworst in Erfurt abgeschrieben worden war. Dazu ausführlich siehe Editionsteil 2.3.

[41] *Tractatum de materia, forma et substantia* (1550): In: Cod. pal. germ. 467 („Ottheinrichsband" (1552), Universitätsbibliothek Heidelberg), Bl. 457ʳ-469ᵛ. – Edition des Textes siehe Anhang 2.3.

[42] Dominicus Blanckenfeld war Vertreter der Alchemia medica sowie Alchemia transmutatoria metallorum. In den 1530er Jahren war er Alchemiker am brandenburgischen Hof unter Kurfürst Joachim I. Nestor in Berlin. Zwischen 1537-1553 unternahm Blanckenfeld ausgedehnte Studienreisen unter anderem nach Italien und Ungarn, um seine alchemischen Fertigkeiten zu vervollkommnen. Über den weiteren Lebensweg ist kaum etwas bekannt (vgl. dazu Anselmino, Thomas (2003): Medizin und Pharmazie am Hofe Herzog Albrechts von Preußen (1490-1568). (= Studien und Quellen zur Kulturgeschichte der frühen Neuzeit 3). Heidelberg, S. 154-158). Das *Tractatum de materia, forma et substantia* ließ Dominicus Blanckenfeld 1550 Kurfürst Ottheinrich zukommen. Sein Verfasser ist er mit Sicherheit nicht, was er im Anschreiben an Ottheinrich auch nicht behauptet (siehe dazu Editionsteil 2.3).

[43] So beispielsweise Telle, Joachim (1974): Kilian, Ottheinrich und Paracelsus. In: Heidelberger Jahrbücher 18, S. 37-49, Anm. 20a; Telle, Joachim (1981): Kurfürst Ottheinrich, Hans Kilian und Paracelsus. Zum pfälzischen Paracelsismus im 16. Jahrhundert. In: Rudolph, Hartmut (Hg.): Von Paracelsus zu Goethe und Wilhelm von Humboldt. (= Salzburger Beiträge zur Paracelsusforschung 22). Wien, S. 134; Telle, Joachim (2013f): Ein Gedicht „Vom Rebis". In: Alchemie und Poesie (wie Anm. 12), S. 403.

[44] Vgl. dazu Rauner, Erwin u.a. (1987): Art. ‚Florilegium'. In: LexMA, Bd. 4, Sp. 566-572.

[45] *Rosarium Philosophorum*. Ein alchemisches Florilegium des Spätmittelalters. Faksimile der illustrierten Erstausgabe 1550. Hrsg. und erläutert von Joachim Telle, aus dem Lateinischen ins Deutsche übersetzt von Lutz Claren und Joachim Huber. 2 Bde. Weinheim 1992.

Das Spektrum der aufgenommenen Exzerpte gibt einen aufschlussreichen Einblick, nicht nur in die im Allgemeinen bevorzugte Autoritätenschaft des Verfassers, sondern auch in die quantitativ am häufigsten zitierten Autoren – damit
auch ihrer Gewichtung – und reicht von Dicta, die aus Schriften der griechischen
und römischen Antike stammen, wie denen von Homer (8./7. Jh. v. Ch.) [463^r],
Plato (428-348 v. Chr.) [463^v, 464^v, 467^v], Virgil (70-19 V. Chr.) [465^v] und
Ovid (43-17 v. Chr.) [461^v, 465^v], über Auszüge arabischer Sachschriftsteller der
Bereiche Alchemie und Medizin, wie die des Calid (ca. 668-704) [462^v], Rhazes
(865-925) [461^r, 464^r, 465^r, 465^v], Senior Zadith (900-960) [460^r, 464^r], Avicenna (980-1037) [460^v] sowie Hermes Trismegistus [465^r, 466^r, 466^v, 467^r], bis hin
zu Entlehnungen aus spätmittelalterlichen Alchemica wie der *Summa
perfectiones* des Geber latinus (13./14. Jh.) [459^v, 464^r, 465^r, 466^v] oder dem
Thesaurus Philosophieae von Ferrarius (14. Jh.) [460^r].[47]

Dabei sind die im Traktat enthaltenen zum Teil eng aneinander gereih-
ten Exzerpte von durchaus divergierenden Vorstellungen vom Quecksilber bzw.
Mercurius nicht nach Autoren und auch nicht nach alphabetisch geordneten
Schlüsselbegriffen sortiert. Vielmehr scheinen sie einem losen Ordnungsprinzip
alchemischer Prozessabläufe eines Opus alchemicum zu folgen, die einen
Tinkturgewinn[48] zum Ziel haben und Mercurius deren Materia prima sei. So
beginnt der Traktat mit einer knappen Skizzierung der Metallgenese, bei der die

---

[46] Telle, Joachim (1986a): Art. ‚Donum Dei'. In: LexMA. München, Bd. 3, S. 393f.
[47] Ausführliche Anmerkungen zu den einzelnen Autoren finden sich im Editionsteil.
[48] Der Begriff ‚Tinktur' (von lat. tingere – ‚färben') wird häufig synonym mit ‚Elixier' oder ‚Lapis
      Philosophorum' verwendet und meint im Bereich der Alchemia transmutatoria metallorum meist
      ein Endprodukt alchemischen Strebens (Telle, Joachim (2013i): *Vom Tinkturwerk*. Ein
      alchemisches Reimpaargedicht des 16. Jahrhunderts und seine Bearbeitungen von Andreas Ortel
      (1624) und J.R.V. (1705). In: Ders.: Alchemie und Poesie (wie Anm. 12, S. 462)), nicht selten
      ein Färbemittel/-pulver, das bspw. die Oberfläche eines Metalls färbt und damit ein anderes
      (Gold oder Silber) imitiert. Daneben gibt es zahlreiche ‚Tinctura'-Vorstellungen, wie z.B. als
      alchemo-medizinisches Präparat (vgl. dazu Paracelsus: *Große Wundarznei*, ed. Huser 1605,
      Buch 2, Traktat 3, S. 101-109 oder Paracelsus: *Archidoxen*, ed. Huser, Tl. 6, S. 45). Geßmann
      zufolge sei die Tinktur eine ätherische oder geistige Substanz, welche mit ihr durchdrunge-
      nen Stoffen ihre eigenen Eigenschaften verleihe (Geßmann, Gustav W. (^{2}1922): Die Geheim-
      symbole der Alchymie, Arzneikunde, Astrologie. Berlin, S. 64). Auch könne mithilfe der
      ‚Tinktur' eine Transmutation durchgeführt werden, nämlich durch die sogenannte „Projektion":
      Durch ein Aufwerfen der Tinktur auf unedle geschmolzene Metalle transmutierten sie zu edlen
      Metallen (Schneider, Wolfgang (1962): Lexikon alchemistisch-pharmazeutischer Symbole.
      Weinheim, S. 90f.). Ausführlich zum Begriff ‚Tinctur' siehe Krüger, Mechthild (1968): Zur Ge-
      schichte der Elixiere, Essenzen und Tinkturen (= Veröffentlichung aus dem Pharmaziegeschicht-
      lichen Seminar der Technischen Hochschule Braunschweig 10). Braunschweig.

„himlischen Crefften" in Bahnen einer Mikrokosmos-Makrokosmos-Lehre[49] auf die „Materia, der vnndersten dinger" einwirken, wo „solhe Crefften, vil höher vnd subtiler inn der aller behendest substantia deß Goldes" Einfluss haben, so dass „Alhimisten" „Jr werk" mit „deß Goldes Crafft" zu „schaffen" suchen,[50] deren „behennde Materia [...] Mann Jnn der Alhimia Mercurius Philosophorum den alle philosophj suechen", heiße.[51] Über die Prozessschritte der ‚Fäulung' [458ʳ], ‚Calcination' [458ᵛ], ‚Inbibition' [459ʳ], ‚Fixation' [ebd.], ‚Solvierung' [ebd.], ‚Coagulation' [ebd.], ‚Tingierung' [ebd.] und der ‚Reinigung' [ebd.] führe allein „dj Kunst" zur „Tinctur [...] dj vnuolkomne Metall allso nahen sind dem gold".[52]

Innerhalb dieser Arbeitsschritte nimmt der arkane potente Mercurius eine zentrale Rolle ein, wodurch der Verfasser des *Tractatum de materia, forma et substantia* sich als Anhänger der reinen Quecksilberlehre erweist. Zwar erwähnt er mehrfach auch den „Schwefl", der zusammen mit dem Mercurius die Grundstoffe der „vnuolkomen" Metalle bilde,[53] doch „ain volkomnen Methall", „dz ist Gold",[54] bestehe allein aus dem Mercurius, da er „lauter vnnd Rain, on allen Zuesatz" [462ᵛ] sei. Der „Schwefl der mueß den vnuolkommen Metallenn benommen werden, sollen sy gold werden"[55]. Damit wird Schwefel lediglich als Verunreinigung vollkommener Metalle wie Gold betrachtet, dessen sich Alchemiker durch diverse Operationen („das mann das gold auf dz aller besste vnd behenndest Rainiget auf seinen aigenn Mercurius"[56]) entledigen sollen, um den „Mercurius Philosophorum" [458ᵛ-459ʳ] zu erlangen, mit dessen Hilfe die „Merung deß golldes" [459ʳ] bewerkstelligt werden könne.

---

[49] Die ‚Mikrokosmos-Makrokosmos'-Lehre ist spätestens seit den zahlreichen Abschriften und Abdrucken der *Tabula Smaragdina* der Frühen Neuzeit eine gängige Vorstellung vieler Alchemiker, der zufolge die große Welt (Kosmos) und die kleine Welt (belebte Einzeldinge der Welt wie Tiere, Pflanzen, Menschen oder Mineralien) einander entsprechen und die eine sich aus der anderen erschließen lasse. Gleichzeitig haben vor allem die Vorgänge der großen Welt Einfluss auf die Vorgänge der kleinen Welt. – Zur ‚Mikrokosmos-Makrokosmos'-Idee im Allgemeinen siehe Finckh, Ruth (1999): Minor Mundus Homo. Studien zur Mikrokosmos-Idee der mittelalterlichen Literatur (= Palaestra 306). Göttingen.

[50] *Tractatum de materia, forma et substantia* (wie Anm. 45), Bl. 458ʳ.

[51] Ebd., Bl. 459ʳ.

[52] Ebd., Bl. 468ᵛ.

[53] Ebd., Bl. 468ʳ.

[54] Ebd.

[55] Ebd., Bl. 468ᵛ.

[56] Ebd., Bl. 459ʳ-459ᵛ.

Aller Eigenschaften entledigt sei der Mercurius „allain rain" und vom „aller feinsten", „aller lautersten", er sei von der „aller substilsten substantia"[57] und deswegen „dj Erst Materia"[58]. Als „solhe subtile substantia" könne der Mercurius von der Natur seine „forma des golldes" empfangen. Mit dieser Vorstellung erweist sich der Verfasser als Anhänger aristotelisch-scholastischer Materie-Lehren, auf deren Basis eine unbestimmte, eigenschaftslose Materie erst durch die bestimmte Form Wirklichkeit erfährt. Im *Tractatum de materia, forma et substantia* kommt dem Mercurius die Rolle der ‚Materia' zu. Das Gold soll dem Mercurius seine Form geben. Dabei werden mit der Form auch „vil anndere geister vnd Crefft"[59] auf die unformierte Materie ‚Mercurius' übertragen, damit schließlich eine Mehrung des Goldes erreicht werden könne. Auf welche Weise dies vonstattengehen soll, bleibt allerdings im Dunkeln.

Daneben findet auch der ‚Substantia'-Begriff Anwendung, nämlich sowohl für Mercurius, als auch für Gold, was zunächst irritierend ist, da sich Mercurius und Gold, wie eben beschrieben, darin unterscheiden, dass Mercurius Materia, während Gold Forma sei. In diesen jeweiligen Zuordnungen scheinen sie einander auszuschließen und keine gemeinsame Schnittmenge zu haben. Gleichzeitig ähneln sie sich darin, dass sowohl ‚Materia' als auch ‚Forma' bestimmte, ihnen jeweils fest zugeordnete Eigenschaften haben, die sie an sich unveränderlich machen. Die Substantia scheint jedoch ein veränderliches Seiendes zu sein, wenn sowohl Gold als auch Mercurius in ihre Kategorie fallen, das heißt als solche bezeichnet werden. Es muss also eine Schnittmenge geben, welche die Möglichkeit des Laborierens sein muss. Indem Gold eine Substantia ist, kann es reduziert werden, nämlich auf dessen Materia prima Mercurius. All seiner Eigenschaften entledigt ist Mercurius zwar eine Materia, die eine Form benötigt, aber auch eine Substantia, mit der zu laborieren sei, um substanzielle Veränderung herbeiführen, bspw. Gold vermehren zu können.

Vorbild dazu habe der Laborant in der Natur: Ein „Kornn, dz da soll frucht tragen dz mues Zu seiner Wurtzl Komenn"[60]. Durch bestimmte Prozesse wie „feulung Jnn der Erden", bei der „Crefft" aufgenommen werden würden, könne eine Pflanze mit Früchten wachsen und sich auf diese Weise „mehren",

---

[57] *Tractatum de materia, forma et substantia*, Bl. 459ᵛ.
[58] Ebd., Bl. 462ᵛ.
[59] Ebd.
[60] Ebd.

d.h. vervielfältigen. Der Alchemiker solle diese Prozesse der Natur nachahmen (‚Imitatio naturae'), indem er sie genau beobachten und ihre Wirkungsweisen erkunden und sie in laborantischen Operationen nachahmen solle.[61] Dabei gebe ihm seine Einsicht in die zyklischen Wandlungsprozesse der Natur („samen"/„Korn" – „wurtzl" – „frucht" – „samigkeit") die Fähigkeit dazu, indem er Metalle – vornehmlich Gold, weil in diesem der reinste ‚Mercurius' sei – mithilfe alchemischer Operationen auf ihren „Vrsprung" reduziere. So spielt das Verfahren der Reduktion auch hier – wie in vielen anderen alchemischen Sachschriften – eine wesentliche Rolle bei der Gewinnung der ‚Materia prima'. Es ist der erste Schritt bei der Zerstörung einer Substanz, um eine qualitätslose Erste Materie zu erhalten. Die entstandene eigenschaftslose Materie müsse anschließend mit Gold „Jnformiert" werden, um einerseits unvollkommene Metalle in vollkommene wandeln zu können und andererseits Gold vermehren zu können. So sei eine Wandlung deswegen möglich, weil ‚Mercurius' sowohl in den Körpern der „vnuolkommen Metallenn" als auch in denen der „volkommen" Metallen wie Gold und Silber vorhanden sei.[62] Damit wäre Mercurius das Ausgangsmaterial der Metalle, das sowohl seine Vollkommenheit anstrebt, als auch die Ursache für die Vollkommenheit von Körpern sei.

Im Zuge dieser Vorstellung, dass vornehmlich unvollkommene Metalle in das vollkommene und reine Metall Gold bzw. das fast vollkommene Metall Silber gewandelt werden sollen, wird eine qualitative, artifizielle Spezieswandlung angenommen und werden damit einmal mehr aristotelische Reminiszenzen offengelegt: Das der Möglichkeit nach Seiende erlaubt eine Überführung von Unvollkommenem mit der Potenz des Vollkommenen in eben dieses vollkommen Seiende. Schließlich sei etwas dann vollkommen, wenn es zu seinem Endzweck gelangt ist. Folglich enthalte die Materia prima als Ausgangsstoff zwar das Potenzial, sich in vollkommene Materie zu wandeln, sei selbst jedoch nicht vollkommen. Sie enthält ihren Endzweck in sich, doch ist sie nicht ihr Endzweck (‚Materia ultima', d.i. hier Gold) selbst.

Nicht ganz nachvollziehbar ist der Zusammenhang zwischen den Begriffen ‚Mercurius' und „Mercurius Philosophorum", der mit der „Tinctur" iden-

---

[61] Darauf weisen zahlreiche Vergleiche aus dem biologisch-pflanzlichen Bereich und auch aus dem der Fortpflanzung mit denen alchemischer Operationen hin, vor allem auf Bl. 458^r-459^r (ebd.).
[62] *Tractatum de materia, forma et substantia*, Bl. 460^v.

tifiziert wird,[63] die ihrerseits für gewöhnlich eine Substanz meint, die den mit ihr durchdrungenen Stoffen ihre Eigenschaften überträgt.[64] In keinem Fall sind ‚Mercurius' und ‚Mercurius Philosophorum' miteinander gleichzusetzen. Es scheint, dass der Mercurius Philosophorum der bereits durch die „forma" des Goldes geprägte Mercurius als Materia prima sei und damit Eigenschaften zur Vervollkommnung von Stoffen, wie die des Tingierens (also einen jeglichen Körper in Gold verwandeln zu können), besitze. Endgültig kann dies jedoch aus den zusammengestellten Exzerpten nicht erschlossen werden. Der Kompilator des *Tractatum de materia, forma et substantia* hat zwar themenverwandte Exzerpte mit Hang zur reinen Quecksilberlehre nebeneinander gestellt, doch sind die wenigsten Passagen inhaltlich kohärent, so dass eine in sich stimmige Lehre daraus gezogen werden könnte. Gleichzeitig fällt aber auch auf, dass die ‚Materia prima'-Passagen mit denen des ‚Mercurius' deckungsgleich sind, d.h. der Begriff ‚Materia prima' immer mit ‚Mercurius' identifiziert wird bzw. ebensolche Textstellen exzerpiert wurden, und dass die Attributzuschreibungen in großen Teilen gleich sind: Der „Mercurius" sei „Weisse", „Lautter", „Rain" und „on allen Zuesatz"[65]. Damit steht der Aspekt des laborantischen Praktizierens stets im Vordergrund, weniger die Theorie bzw. die bloße Anschauung von ‚Mercurius'. Es wird zur konkreten Nachahmung der Natur animiert (‚experientia') und damit nicht nur die Einsicht in natürliche Vorgänge (‚meditatio') hervorgehoben.

2.1.3 Mercurius als Materia prima in Sendivogius' *Colloqvivm*

Mit der Unterscheidung von ‚Mercurius' und ‚Mercurius Philosophorum', deren Mehrdeutigkeiten sowie Deutungsschwierigkeiten beschäftigt sich auch Michael Sendivogius[66] in seinem *COLLOQVIVM oder Gespraechs der Natur/ deß*

---

[63] *Tractatum de materia, forma et substantia*, Bl. 464ʳ.

[64] So verleiht die Goldtinktur den mit ihr durchdrungenen Stoffen die Eigenschaften des Goldes, bzw. verwandelt diese Stoffe in Gold. Durch ein Aufwerfen der Tinktur auf unedle geschmolzene Metalle transmutierten sie zu edlen Metallen (Schneider 1962, S. 90f.).

[65] *Tractatum de materia, forma et substantia*, Bl. 462ʳf.

[66] Der Naturforscher und Alchemiker Michael Sendivogius (eigentlich Michał Sędziwój) (1566-1636) war Verfasser von bestsellerartigen Alchemica wie *De lapide philosophorum tractatus duodecim* (1606) (ausführlich dazu siehe Kap. 2.2.3), auch im *Novum Lumen Chymicum* 1604 unter dem Pseudonym Divi Leschi Genus Amo (Anagram des Namens Sendivogius) publiziert. Veröffentlichte auch unter dem Pseudonym ‚Cosmopolitanus'. Einer Legende nach habe er am

MERCVRII, vnd eines Alchymisten.[67] Diese wohl in der zweiten Hälfte des 16. Jhs. verfasste und vielfach gedruckte[68] Schrift ist ebenfalls ein bedeutsames Zeugnis aus dem frühneuzeitlichen mercurialen Schriftenmassiv, in dem das Quecksilber mit der Ersten Materie identifiziert wird. Ausgangssituation des *Colloqvivms* ist eine sich auflösende Versammlung von „Chymisten", deren Ziel es war zu beraten, „wie man den LAPIDEM PHILOSOPHORVM breiten koennte"[69] – offensichtlich eine Anknüpfung an die *Turba Philosophorum,*[70] die als

---

Prager Hof – vor den Augen Rudolf II. – eine Silbermünze in Gold transmutiert. Weitere Informationen siehe Szydlo, Zbigniew (1993): The alchemy of Michael Sendivogius. His central nitral theory. Ambix 40, S. 129-146; Ders. (1994): Water which does not wet hands. The alchemy of Michael Sendivogius. London, Warschau (Polnische Akademie der Wissenschaften); sowie Figala, Karin (1998): Art. ‚Sendivogius', Michael. In: Alchemie (wie Anm. 23), S. 332.

[67] Sendivogius, Michael (1608): *Colloqvivm oder Gespraech der Natur/ deß MERCVRII, vnd eines Alchymisten.* In: Figulus, Benedictus (Hg.): *Thesaurinella Olympica aurea tripartita. Das ist: Ein himmlisch gueldenes Schatzkaemmerlein/ von vielen außerlesenen Clenodien zugeruestet/ darinn der vhralte grosse vnd hochgebenedeyte Carfunckelstein vnd Tincturschatz verborgen.* Frankfurt/Main, S. 96-107. Hier und im Weiteren wird nach dieser deutschen von Benedictus Figulus herausgegebenen Erstausgabe des *Colloqvivms* zitiert, die anonym erschienen ist. Allerdings weisen alle Indizien darauf hin, dass Michael Sendivogius der Autor des *Colloqvivms* ist: So steht dem *Colloquium* in einem Vorwort einerseits voran: „Qvisqvis sit tractatuli huius Auctor, amici Lector, quaerere desine […]. Ego quoque quis sim quod scias non opus." (p. A 2r) [„Höre auf zu fragen, lieber Leser, wer der Autor dieses kleinen Werkes ist […] Auch wer ich bin, ist nicht nötig für dich zu wissen."], andererseits passt gerade diese Bemerkung durchaus in das Bild eines bemüht anonym oder unter einem Pseudonym publizierenden Sendivogius. So erschien die lat. Erstausgabe *Dialogus Mercurii, Alchymistae et Naturae* unter Sendivogius' Pseudonym 'Divi Leschi Genus Amo' 1607 in Köln. – Zum paracelsischen Sachpublizist und Dichter Benedictus Figulus (1567-1624) siehe Telle, Joachim (2008a): Figulus, Benedictus. In: Killy Literaturlexikon, Bd. 3. Berlin, Sp. 440-441 sowie Telle, Joachim (1987): Benedictus Figulus. Zu Leben und Werk eines deutschen Paracelsisten. In: Medizinhistorisches Journal 22/4, S. 303-326.

[68] Siehe dazu Ferguson, John (1906): Bibliotheca Chemica: A Catalogue of the Alchemical, Chemical and Pharmaceutical Books in the Collection of the Late James Young of Kelly and Durris. 2 Bde. Glasgow, S. 365: „This famous dialogue, which forms part of the *Novum Lumen*, has been often printet". Ferguson zählt mehrere weitere bis ins 18. Jh. hineinreichende Drucke auf.

[69] Sendivogius: *Colloqvivm oder Gespraech der Natur/ deß MERCVRII, vnd eines Alchymisten,* S. 96.

[70] Siehe Ruska, Julius (1931): Turba Philosophorum. Ein Beitrag zur Geschichte der Alchemie. (= Quellen und Studien zur Geschichte der Naturwissenschaften und der Medizin 1). Berlin; sowie Kahn, Didier (2010): The „Turba Philosophorum" and its Frensch Version (15th C.). In: López-Pérez, Miguel/Kahn, Didier/Rey-Bueno, Mar (Hgg.): Chymia. Science and Nature in Medieval and Early Modern Europe. Cambridge, S. 70-114. – Die Ausgangssituation der sich auflösenden Turba-philosophorum-Versammlung scheint in der frühen Neuzeit nicht unbeliebt zu sein. Verwendet wird sie beispielsweise auch in der ‚scientia gigendi' gewidmeten Traumallegorie der *Visio Arislei.* – zur *Visio Arislei metrica* siehe Sven Limbeck (1999): Die »Visio Arislei«. Überlieferung, Inhalt und Nachleben einer alchemischen Allegorie. Mit Edition einer Versfassung. In: Kühlmann, Wilhelm/ Müller-Jahncke, Wolf-Dieter (Hgg.): Iliaster: Literatur

arabische Dicta-Sammlung alchemischer Autoritäten aus der Frühzeit der Rezeption griechischer Alchemie im Islam sich als Protokoll der ‚Dritten Pythagoreischen Synode' gibt, auf der Naturphilosophie und Alchemie diskutiert wurde.[71] Die *Turba Philosophorum* enthält keine abschließende Zusammenfassung oder Schlussfolgerung, die die naturkundlichen Vorstellungen der versammelten Autoritäten nivellieren.

Mit dem *Colloqvivm* scheint Sendivogius dort ansetzen zu wollen, wo die *Turba Philosophorum* aufhört: Trotz vieler Disputationen, bei denen

> viel deren [Chymisten] einhelliglich zugestimmet/ daß das Quecksilber oder Mercurius die erste Materi were/ andere aber den Schweffel vermeynt/ andere gleichfals ein anders an den tag gegeben. Jedoch war von dem Mercurio oder Quecksilber vornemlich gehandelt/ sonderlich auß Schrifften der Philosophen [Alchemiker]/ dieweil sie es fuer die wahre Materi dargeben/ wie auch für die erste Materi der Metallen.[72]

Demnach wird von den ‚Philosophen' (Alchemikern) zum einen festgehalten, dass der ‚Mercurius' mit dem ‚Quecksilber' identisch sei – als solcher wird er an dieser Stelle durchaus stofflich aufgefasst – und zum andern, dass er als „wahre Materi" nicht nur „die erste Materi" im Allgemeinen, sondern im Besonderen, in den Bahnen der Alchemia transmutatoria metallorum changierend, auch „die erste Materi der Metallen" sei. Damit kündigt sich bereits mit den ersten Zeilen ein Text an, der einer reinen Quecksilberlehre anhängt oder zumindest eine solche zu propagieren sucht. Entsprechend den Vorstellungen dieser Lehre hoffte man, das gesuchte Elixier[73] (hier den ‚Lapis Philosophorum') nur mithilfe des ‚Mercurius' in Kombination mit ‚Fermenten' (wie beispielsweise Gold oder Silber) gewinnen zu können.

---

und Naturkunde in der frühen Neuzeit. Festgabe für Joachim Telle zum 60. Geburtstag. Heidelberg: Manutius, S. 167-190.

[71] Telle, Joachim (1995): Art. ‚Turba Philosophorum'. In: Verfasserlexikon, Band 9, Sp. 1151-1157.

[72] Sendivogius: *Colloqvivm*, S. 96.

[73] Der Begriff ‚Elixier' ist einer der zentralen Termini im Bereich der Alchemia transmutatoria metallorum und wird für ein transmutationsbewirkendes Pulver gebraucht. ‚Lapis Philosophorum' (vgl. dazu auch Anm. 48) ist einer seiner Synonyme. Siehe dazu Ruland (wie Anm. 2), S. 197f.; sowie R. Schmitz: Art. ‚Elixier'. In: LexMA, Bd. 3 (1986), Sp. 1843-1845. – Ausführlich zum Begriff ‚Elixier' siehe Krüger, Mechthild (1968): Zur Geschichte der Elixiere, Essenzen und Tinkturen (wie Anm. 48).

Nachdem sich die Alchemikerversammlung aufgelöst hat, ohne eine „endtliche Conclusion vnd Schlußrede" anzubieten – womit der vorliegende Text suggeriert, eine Antwort auf die *Turba Philosophorum* geben zu können, „was doch dieser Disputation vnd Streits Endschluß seyn moechte"[74] –, wird aus der Masse der ‚Philosophen', die anschließend alle „ins [alchemische] Werk" treten, um „den „Lapidem Philosophorum" zu finden (und „zwar der eine in dieser der ander in einer andern Materi"[75]), ein Naturkundler erwählt, der auf der Suche nach der Ausgangssubstanz die Überzeugung vertritt, dass nur „auß dem [Mercur]io oder Quecksilber der Stein der Weisen zu breiten" sei, und bei seinen Labortätigkeiten begleitet. Diese führen ihn über diverse Phasen und Formen der Wissensvermittlung sowie Wissensaneignung, wie die theoretische Bildung mithilfe der „Buecher der Philosophen"[76] über eine ‚Visio', mit dem Topos eines ‚Traumgesichts' in Form eines alten Mannes als Traumführer („Senex") als einer anerkannten Erkenntnisform naturkundlicher Lehrtraktate,[77] sowie einer „Fantasey"[78] bis hin zur praktischen Laboriertätigkeit verbunden mit einer Art der Geistbeschwörung des ‚Mercurius' selbst, mit dem er schließlich in einen Dialog tritt.

Auf all diesen Ebenen des „Laborirn[s] vnd Arbeiten[s]" sowie der „tieffen schweren Gedancken", die sich der „Alchymist" um den ‚Mercurius'

---

74 Sendivogius: *Colloqvivm*, S. 96.
75 Ebd.
76 Explizit genannt wird „das Buch ALANI" (S. 97). Gemeint ist Rhazes' *De Aluminibus et Salibus*. Vgl. dazu die Edition von Ruska, Julius (1935): Das Buch der Alaune und Salze. Ein Grundwerk der spätlateinischen Alchemie. Berlin. – Weiter im Text (S. 105) wird noch das Buch *Der Schatz Alexanders des Großen* erwähnt, ein Buch, das seinem eigenen Mythos zufolge „der Schatz des Du'laqurnain und die Wissenschaft des Aristoteles und des großen Hermes" beinhalte und in einer Klostermauer gefunden wurde. Ausführlich dazu Ruska (1926): *Tabula Smaragdina*, S. 68-107.
77 Jammermann zufolge spielen ‚Traum' und ‚Vision' in naturkundlichen Schriften in der Frühen Neuzeit eine wichtige Rolle, wenn es um die „Autorisierung oder Verschleierung von Erkenntnis" geht. In einem solchen Traum oder einer Vision könne durch eine auf Schau ausgerichtete Weise Erkenntnis erlangt werden, die sich einem Suchenden auf herkömmliche diskursive Erschließung und Wahrheitsfindung nicht (vollständig) finden lässt. Vgl. Jammermann, Marco (2007): Traum und Vision bei Paracelsus. In: Salzburger Beiträge zur Paracelsusforschung 41, S. 24.
78 Sendivogius: *Colloqvivm*, S. 98. – Der Unterschied zwischen der im *Colloquium* angesprochenen ‚Visio' und der ‚Fantasey' scheint darin zu liegen, dass die ‚Visio' dem Entschlafenen aufgrund einer intensiven Beschäftigung („Laborirn vnd Arbeiten" sowie „tieffen schweren Gedancken") mit der Natur eine von außen nicht beeinflussbare Naturerkenntnis im Traum offenbart. Die ‚Fantasey' dagegen scheint eine willentlich herbeigeführte und damit beeinflussbare Erkenntnisform ohne größeren bzw. höheren Erkenntniswert zu sein.

macht, um sein Ziel (Gewinn des ‚Lapis Philosophorum') zu erreichen, wird er immer wieder auf die Erkenntnis gestoßen, dass es zumindest zwei unterschiedliche ‚Mercurii' gibt: den gewöhnlichen Mercurius und den „rechte[n] wahr[n] Mercurius", welcher der ‚Mercurius Philosophorum' ist. Denn „die alten Weisen vnnd Philosophi [haben] ein anders Quecksilber vnnd Mercurium,"[79] wie es der Traumführer dem Alchemiker eröffnet, während dieser ‚Mercurius' lediglich als gewöhnliches Quecksilber begreift und es für seine verschiedenen laborantischen Prozesse gebraucht wie „sublimieren" und „calcinieren [...] mit Saltz/ das ander mahl mit Schwebel"[80] sowie er es auch „zu reinigen auffs aller best mit Essig/ Salpeter vnd Vitriol"[81] versucht. Damit wird direkt die Crux um den Begriff ‚Mercurius' und die mit ihm verbundenen Deutungsschwierigkeiten ersichtlich, nämlich, dass es zumindest hier wenigstens zwei unterschiedliche Vorstellungen von ‚Mercurius' gibt.

Indes kommt der Laborant seinem Ziel trotzdem nicht näher, weil er die Botschaft des Traumführers nicht versteht und gleichzeitig allein vom gewöhnlichen Quecksilber ausgehend immer wieder an „sein Natur", d.h. dem Quecksilber innewohnenden „Arth" bzw. seiner Eigenschaften, scheitert: Es „rauchet auß vnd darvon", ist „fluechtig". Und obwohl er zumindest Rhazes *De aluminibus et salibus* als Quelle angibt und die entsprechende Stelle gelesen haben müsste, wo es heißt,

> dass es [das Quecksilber] kalt und feucht ist, und daß Gott aus ihm alle Minerale geschaffen hat; daher ist es ihr Ursprung [u]nd es ist luftartig, das Feuer fliehend, doch wenn es eine Weile im Feuer gestanden hat, wird es wunderbare und hohe Werke vollbringen[,][82]

so muss der „Alchymist" doch selbst – nicht ohne Schwierigkeiten – die Erfahrung[83] im Labor machen, dass sich das Quecksilber ebenso rauchig und flüchtig

---

[79] Sendivogius: *Colloqvivm*, S. 98.
[80] Ebd., S. 97.
[81] Ebd., S. 98.
[82] Zitiert nach der Übersetzung von Ruska (1935): Das Buch der Alaune und Salze (wie Anm. 76), S. 90-92, hier S. 90.
[83] Der Erfahrungsbegriff steht hier wie so häufig in naturkundlichen Schriften der Frühen Neuzeit dem bloßen Bücherwissen eines Schulgelehrten, der sein Wissen nur aus Büchern hat, gegenüber. – Prominentester Vertreter, der die Bedeutung der eigenständigen Erfahrung gegenüber dem reinen Studieren von Büchern immer wieder vehement verteidigte, ist wahrscheinlich Paracelsus. Vgl. dazu bspw. folgende Passage (eine von zahlreichen Stellen in seinem Werk): „vil von Kreuttern schreiben/ vnd nichts auß dem Brunnen der Artzney/ als nur

verhält, und kann zunächst für sich nur festhalten, dass „die Prima Materia deß Lapidis fluechtig seyn mueste"[84].

Er verwendet für seinen Herstellungsprozess des ‚Lapis Philosophorum' als Ausgangssubstanz und vermeintlicher „erste[r] Materie" denjenigen „Mercurius", den er mit dem gewöhnlichen Quecksilber identifiziert. Und weil dieser eben „fluechtig" ist, sieht er seinen Lösungsweg in der Vermischung dieser Ausgangsubstanz mit organischen Stoffen wie „Blut/ [...] Haar [...] Kraeutern/ Harm/ Essig vnnd dergleichen"[85], um das Quecksilber „fix" zu machen. Ungewöhnlich oder gar selten war diese Form des Laborierens in bestimmten Bereichen der (frühneuzeitlichen) Alchemie nicht. Ganz im Gegenteil: Die Experimentierfreudigkeit,[86] welche die gesamte Bandbreite der mineralischen, pflanzlichen, tierischen und schließlich auch der menschlich-organischen Stoffeswelt ausschöpfte, war vor allem in Bereichen der Alchemia transmutatoria metallorum durchaus verbreitet:[87]

> Und das sind ihre Methoden (rationes): Haare, Hirn und Speichel vom Menschen, Frauenmilch, Menschenblut, menschlicher Urin und Kot, Embryo, Menstrualblut und Sperma, Gebeine von Toten und Hühnereiern. (Sie haben) ähnlich mit allen (möglichen) tierischen Stoffen (gearbeitet) [...].[88]

---

[84]   allein vom hoerensagen [...] bawen/ vnd ist ein Sandt." Paracelsus: *Von den natürlichen Dingen*. In: Paracelsus (1589/1591): *Bücher vnd Schrifften*. Hg. von Johannes Huser, Tle. 1-10. Basel: Konrad Waldkirch (reprographischer Nachdruck Hildesheim 1971/1973). Bd. III, Tl. 7, S. 132.

[85]   Sendivogius: *Colloqvivm*, S. 97.

[86]   Ebd.

      Der hier im Besonderen und in naturkundlichen Texten der Frühen Neuzeit im Allgemeinen verwendete ‚Experienz'- bzw. ‚experimentum'-Begriff ist keinesfalls mit dem heute in den Naturwissenschaften gebräuchlichen ‚Experiment'-Begriff gleichzusetzen. Während heute unter ‚Experiment' im Allgemeinen eine Versuchsreihe, der eine Hypothese voransteht, verstanden wird, meinen naturkundliche Texte der Frühen Neuzeit mit ‚experimentum' meist eine praktische Demonstration einer Annahme. Die praktische Demonstration dient dazu, eine (vorherige) Annahme durch Beobachtung und Erfahrung zu bestätigen. Vgl. dazu Schipperges, Heinrich (1982): Zum Topos von >ratio et experimentum< in der älteren Wissenschaftsgeschichte. In: Fachprosa-Studien. Beiträge zur mittelalterlichen Wissenschafts- und Geistesgeschichte. Hg. v. Gundolf Keil. Berlin, S. 25-35; sowie Haage, Bernhard Dietrich (1996): Alchemie im Mittelalter. Ideen und Bilder – von Zosimos bis Paracelsus. Düsseldorf/Zürich, S. 166.

[87]   Einen sehr aufschlussreichen Einblick bietet die pseudoparacelsische *Aurora Philosophorum* aus dem 16. Jh. In: Paracelsus: *Chirurgische Bücher vnd Schrifften*. Hg. von Johannes Huser, Straßburg: Zetzner (reprographischer Nachdruck Hildesheim 1971/1973). Appendix, S. 78-92, hier vor allem S. 81-85.

[88]   *Rosarium Philosophorum* (wie Anm. 45), Bd. 2, S. 101.

Und so stellt sehr bald auch der „Alchymist" im *Colloquium* fest, dass die zunächst von ihm verwendeten pflanzlichen und tierischen Stoffe für das Quecksilber nicht die geeigneten Fermente sind, um den gesuchten ‚Lapis' zu gewinnen: „Da er aber durchauß/ ja im geringsten nichts außgerichtet/ ist jhm [dem Alchemiker] dieser Spruch eingefallen/ daß es [der Lapis Philosophorum] im Mist gefunden werde."[89] Diese Vorstellung knüpft unmittelbar an den Ubiquitätsgedanken der ‚Materia prima' an, nämlich, dass sie in allen Dingen sei, also auch im Geringsten. Denn gerade aus einem „geringen" Stoff könne aufgrund seiner fehlenden Komplexität der Substanz, die gesuchte Erste Materie durch laborantische Prozesse leichter extrahiert werden. Das „Geringste", d.h. die kleinste substanzielle Einheit ‚Materia prima', konnte also mit dem „Geringsten", nämlich den verachteten oder nicht zu beachtenden Exkrementen, identifiziert werden.[90] So beginnt der „Alchymist" seinen ‚Mercurius' mit „Koth von Thieren vnnd kleinen Kindern/ baldt auch hernach/ mit Vrlaub zureden/ inn seinem eygenen Koth"[91] zu fixieren und zeigt sich auf diese Weise der ‚Stercoristenfraktion'[92] nahe stehend.

Schließlich erscheint nach einer durch ‚Fantasey' hervorgerufenen Beschwörung des „Alchymisten" der personifizierte „Mercurius" auf dem Tableau und es entspinnt sich ein Gespräch zwischen beiden. Dabei übernimmt der Alchemiker den Part des „großmaechtigen Herrn" und „gewaltigen Philosophus", während der Mercurius die Rolle des Knechts spielt. Trotzdem ist er dem Laboranten „nicht vnterthaenig". Weil der „Alchymist" nämlich falsch laboriert, weswegen der Mercurius „krafftloß vnd matt" ist:

---

[89]   Sendivogius: *Colloqvivm*, S. 97.
[90]   Das Laborieren mit Fäkalien war in der Frühen Neuzeit durchaus umstritten. So spricht sich u.a. auch das *Rosarium Philosophorum* gegen die Verwendung organischer Stoffe aus, weil es „unmöglich [sei], mindere Mineralien durch die Kunst zu Metallen zu machen", ja solche, die es tun, werden als „Toren", „Narren" und „Betrüger" bezeichnet. *Rosarium Philosophorum* (wie Anm. 45), Bd. 2, S. 99.
[91]   Sendivogius: *Colloqvivm*, S. 98.
[92]   Alchemikerlager, das seine Ausgangssubstanz für den ‚Lapis Philosophorum' (vgl. dazu auch Anm. 753) in Exkrementen zu finden glaubte, bis hin zu solchen Vertretern, die ihre Ausgangssubstanz mit Kot identifizierten. – Bekannte kritische Bilddarstellung dieser Stercoristenfraktion zeigt beispielsweise die lateinische Handschrift aus dem 15. Jh.: Geber: *Liber transformationis*. In: Bayerische Staatsbibliothek München, Clm 25110, Bl. 21ᵛ, 22ʳ.

groß Vbels hat er mir zugefuegt/ dann er hat mich armen mit vielen widerwertigen Sachen vermischet/ deßwegen ich zu meinen Kraefften nicht kommen kann/ vnnd bin halb gestorben/ dann er hat mich biß auff den Todt gemartert.[93]

Die Vermischung mit den „vielen widerwertigen Sachen" erweist sich als falsche Methode, um den ‚Stein der Weisen‘ zu erlangen. Da nämlich Quecksilber aufgrund seiner Eigenschaft, flüssig zu sein, leicht Unreinheiten aufnimmt, bewirkt die Zugabe von Exkrementen den Verlust mercurialer „Kraeffte". Die Fäkalien, allen voran der „Sewkoth", nötigt den ‚Mercurius‘ seine „Natur abzulegen vnd zu verändern"[94].

So verfehlt der Alchemiker das gewünschte Ergebnis, denn der Mercurius bleibt dem sich selbst als „Philosophus"[95] bezeichnenden Alchemiker „vngehorsam". Immerhin laboriert der Alchemiker trotz mehrfachen Scheiterns weiter „auff das aller fleissigste/ sublimirt das Quecksilber/ distillirts/ calcinirts/ præcipitirts/ soluirts vnd loests auff mit viel wunderbarlicher Art vnd Manier/ auch mit mancherley Wassern"[96]. Der laborantische Anteil des Alchemikers am Gang seines Werks ist groß. Umso mehr verwundert ist er, dass er sein ‚Werk‘ nicht erfolgreich zum Endgeschehnis führen kann. Tatsächlich verändert der Mercurius schließlich auch seine Gestalt: Er wird zum „Sublimat", „Præcipicat", „Thurbith", „Amalgma", „Massa vnd Teyglin", „Milch", „Fleisch", „Blut", „Butter", „Oel" und „Wasser",[97] doch kommt er „jederzeit wider inn [sein] altes Wesen"[98]. Die Veränderung bleibt äußerlich.

---

[93] Sendivogius: *Colloqvivm*, S. 99.

[94] Ebd., S. 102.

[95] Ebd., S. 112 – Im *Colloqvivm* stehen die Begriffe „Alchymist" und „Philosophus" einander gegenüber und sind keinesfalls bedeutungsgleich (wie sonst häufig in frühneuzeitlichen Alchemica): Während der „Alchymist" hier nur vorgibt, die Materie beherrschen und alchemische Prozesse durchführen zu können, dabei aber „blind", ja „stockblind", ist und vom Mercurius „auß Eygenschafft [seiner] Natur verlacht vnn verspottet" und zu den „vnweisen Narren" gezählt wird, ist der „Philosophus" einer, der die alchemische Kunst beherrscht, dem die Materie „gehorsam" ist. Und auch wenn der Mercurius zu Beginn des Dialogs noch behauptet „O Herr/ jhr seydt ein herrlicher fuertrefflicher Mann/ ein groß erleuchteter Philosophus, mit ewerm Ansehen vnbertrefft jhr den Hermetem", so zeigt sich spätestens, wenn der Alchemiker den Mercurius fragt, wie er mit ihm umgehen solle und ob er der „Mercurius der Philosophen" sei und ob er aus ihm den ‚Lapis Philosophorum‘ bereiten könne, dass der Alchemiker eben kein „Philosophus" ist (S. 99ff.).

[96] Ebd., S. 100.

[97] Ebd., S. 103; z.T. Prozessergebnisse, zum Teil Decknamen des Quecksilbers.

[98] Ebd.

Den entscheidenden Hinweis des „Mercurius", welchen er dem „Alchymisten"
bereits in der Visio der Traumführer mitgegeben hatte, nämlich, dass er „das
Quecksilber oder Mercurius [sei], doch ist noch ein anderer"[99], versteht der
Alchemiker nicht, da er selbst „wandelbar vnd vnbestaendig" sei, „kommet von
einem ding zum andern/ von einer Materi inn die ander"[100] – wie es ihm der
Mercurius vorwirft. Die Vorstellung von jenem anderen, arkanen Mercurius, der
„bestaendig" und „fix" ist, ist die von einem in jederlei Hinsicht vollkommenen
Metall, dessen Eigenschaften allen Metallen in ihrer „innerllichen Wurtzel oder
Centro"[101] eigen, aber in Reinform nur in jenem Mercurius Philosophorum vor-
handen sind. Um diese Reinform und Vollkommenheit des Mercurius
Philosophorum zu verdeutlichen, bedient sich der Mercurius in seinen Erläute-
rungen einer „Christus-Lapis-Analogie"[102]:

> So ist das Hertz meines innerlichen Centri das aller fixest/ vnsterblich vnnd
> durchtringent: In jhm ist Rast vnnd Ruhe meines Herrn. Ich selbst aber bin der Weg/ der
> frembde vnnd einheymische Lauff: Ich bin allen meinen Gefreunden der aller getrewest/
> ich verlasse nit die jenigen/die mir nachfolgen/ mit jenen bleib ich/ mit jenen sterb ich/ ein
> vnsterblicher Leib vnd Ding bin ich. Ich sterbe zwar/ wann ich wird vmgebracht: Aber
> zum Gericht eines klugen Richters vffersteh ich wider.[103]

Durch die Analogie mit dem höchsten Wesen, hier Christus, präsentiert sich der
Mercurius als die vollkommenste Seinsform, die es nachzuahmen gelte und der
nachzufolgen sei.

Darüber hinaus schildert der Mercurius alchemische Spekulationen, die
in Verba metaphorica gehüllt werden, mithilfe von antithetischen Begriffspaaren
wie Flüchtigkeit/Beständigkeit, Männlichkeit/Weiblichkeit, Gift/Heilmittel sowie

---

[99] Sendivogius: *Colloqvivm*, S. 100.
[100] Ebd., S. 102.
[101] Ebd., S. 103.
[102] Siehe dazu bspw. Ganzenmüller, Wilhelm (1956a): Alchemie und Religion im Mittelalter. In:
Ders.: Beiträge zur Geschichte der Technologie und der Alchemie. Weinheim, S. 322-335, hier:
S. 331: „Das Buch der hl. Dreifaltigkeit macht besonders weitgehenden Gebrauch von dieser
Symbolik. In Wort und Bild stellt es Leiden und Auferstehung Christi als Sinnbild für die
einzelnen Teile der alchemistischen Prozesse, die Dreieinigkeit als Sinnbild des Steins der
Weisen dar." – In diesem Zusammenhang ebenfalls von Interesse Bergengruen, Maximilian
(2007): Nachfolge Christi – Nachahmung der Natur. Himmlische und Natürliche Magie bei
Paracelsus, im Paracelsismus und in der Barockliteratur (Scheffler, Zesen, Grimmelshausen). (=
Paradeigmata). Hamburg, v.a. S. 178-197.
[103] Sendivogius: *Colloqvivm*, S. 103.

Tod/Unsterblichkeit, die einmal mehr einen primordialen ‚Mercurius Philosophorum' charakterisieren, der Gegensätze aufgrund seiner Doppelnatur als Hermaphrodit[104] in sich vereint. Dabei sind seine innerstofflichen Potenzen diese: Er ist uranfänglich, weil seine Mutter (d.i. die Natur) ihn geboren habe, er jedoch älter als sie sei, weil er einen „vnsterblichen Leib" habe, er sei „der aller erste" „auß Sieben [Metallen]", „der auch alles in allem ist", er ist alles und „doch ein einiger/ vnd ist doch Nichts" – alles klassische Merkmale, die sonst nur dem uranfänglichen ‚Einen', der ‚Materia prima' vorbehalten sind. Auch aristotelische Traditionsgebundenheit bekundet der proteushafte ‚Mercurius', dadurch, dass er in sich die „vier Element" vereint und „selbsten doch kein Element" sei.

Hier rückt der arkane „Mercurius" sich in die Nähe der ‚Materia prima', ja identifiziert sich mit ihr über ihre Eigenschaften, die er sich selbst zuschreibt. Gleichzeitig erscheint der ‚Mercurius' hier nicht als Menschenwerk, sondern schließlich als Naturgeschenk. Es wird dem Alchemiker nicht gelingen, allein durch selbsttätige menschliche Einwirkung auf sein Laborieren das ‚Opus' zu vollbringen, ohne die Kräfte der Natur zu verstehen und sie wirken zu lassen. So bleibt der „Alchymist" erfolglos, weil er die Erkenntnisse, die ihm zum Teil in tecter Rede vermittelt werden, nicht versteht und schließlich erkennt,

> daß [er] nichts weiß/ aber [er] darffs nit sagen/ dann [er] verloehre [sein] Ansehen vnnd Lob/ vnd [seiner] Freund keiner hielte nichts mehr auff [ihn]/ doch will [er] sagen vnd thun/ als wenn [er] viel wueste/ sonst gebe [ihm] niemandt kein Stueck Brodts mehr/ dann viel deren sind/ die grosse Gueter von [ihm] hoffen.[105]

Der Natur, die den „Alchymisten" als „Narr", „grosser Philosophischer Dreck vnd Vnflat" und „aberwitzige Ganß" beschimpft, kann er indes nichts vorma-

---

[104] Der „Hermaphrodit" gehört zum gängigen Bildinventar bereits altdeutscher Alchemica. Vgl. dazu bspw. das *Buch der Heiligen Dreifaltigkeit* (Berlin, Staatliche Museen – Kupferstichkabinett, Cod. 78 A 11) oder *Sol und Luna* (Ed. Telle, Joachim (1980): Sol und Luna. Literar- und alchemiegeschichtliche Studien zu einem altdeutschen Bildgedicht. Mit Text- und Bildanhang. (= Schriften zur Wissenschaftsgeschichte). Hürtgenwald.). Siehe auch Aurnhammer, Achim (1986): Zum Hermaphroditen in der Sinnbildkunst der Alchemisten. In: Meinel Christoph (Hg.): Die Alchemie in der europäischen Kultur- und Wissenschaftsgeschichte der frühen Neuzeit. (= Wolfenbütteler Forschungen 32). Wiesbaden, S. 179-200.
[105] Sendivogius: *Colloqvivm*, S. 106.

chen. Und so bleibt das Resümee für diesen Laboranten, dass er nur durch Betrug „viel der Geldt" machen kann oder „ein Strick wirdt folgen"[106].

Im *Colloquium* wird das Laborieren mit Fäkalien zugunsten einer reinen
Quecksilberlehre verurteilt, indem ein Alchemiker von seiner gesuchten und
selbst beschwörten Substanz, dem ‚Mercurius‘, vorgeführt wird, weil der Alchemiker von Anfang an zwar alle möglichen Wege auf der Suche nach dem ‚Lapis
Philosophorum‘ auszuschöpfen vermeint, sich dabei jedoch nicht müht, die Natur zu erforschen und so zu laborieren, wie es ihr „gefaellig vnd dienstlich"
sei.[107] Der „Alchymist" ist nicht an der Vollendung der Natur interessiert, ihre
„natürlichen" Prozesse zu beschleunigen, versteht die Natur und ihre Prozesse
jedoch auch nicht: Er vermag nicht den Unterschied zwischen dem gewöhnlichen
Quecksilber und dem ‚Quecksilber der Philosophen‘ zu erkennen, weswegen er
die Ausgangssubstanz und ‚Materia prima‘ des Werks schlussendlich auch nicht
findet. Damit verweist der Text auf eine gängige Anschauung frühneuzeitlicher
Naturkunde: Wer die Natur nicht genau beobachte und ihr auf den Grund gehe,
und das heißt hier, die ‚Erste Materie‘ zu erkennen und auch durch natürliche
Prozesse herzustellen, der werde auch nicht die Vorgänge der Natur nachahmen
und beschleunigen können, und verfehlt schließlich das gesuchte Elixier (hier
den ‚Lapis Philosophorum‘). Das damit verbundene Scheitern offenbare sich im
bloßen Interesse des „Alchymisten" an Geld und weltlichem Ansehen.

2.1.4 Quecksilber/Mercurius als Materia prima in *Krugers Prozessbuch*

Die vorgestellten Mercurius-Lehren mag das einem ganz und gar praxisorientier-
ten Laborieren gewidmete und in der Historiografie bisher kaum beachtete[108]

---

[106] Sendivogius: *Colloqvivm*, S. 107.
[107] Ebd., S. 106.
[108] Zu *Krugers Prozessbuch* siehe Dück, Katharina (im Ersch.): Die Acht Regeln der alchemischen
Kunst in Johannes Krugers Prozessbuch (um 1570). Zu einem Zeugnis frühneuzeitlicher
Laborpraxis. In: Mulsow, Martin/Telle, Joachim (Hg.) unter der Mitarbeit von Katharina Dück:
Alchemie und Fürstenhof. Gotha. Ansonsten wurde Johannes Krugers *Prozessbuch* bisher nicht
erschlossen; erwähnt lediglich von Telle (1980): Sol und Luna (wie Anm. 104), S. 11, 124, 136
und im Überlieferungsverzeichnis von Telle, Joachim (2013h): „Vom Stein der Weisen". Eine
alchemoparacelsistische Lehrdichtung des 16. Jahrhunderts. In: Ders.: Alchemie und Poesie (wie
Anm 12), Bd. 1, S. 424-425 sowie aufgenommen in die verzeichnende Erschließung von
Humberg, Oliver (2005): Der alchemistische Nachlaß Friedrichs I. von Sachsen-Gotha-

Prozessbuch[109] des Johannes Kruger[110] flankieren. Die in der zweiten Hälfte des 16. Jhs. entstandene Handschrift ist ein beeindruckender Beleg einer offenbar intensiven, laborantischen Auseinandersetzung naturkundlichen Interesses mit diversen kursierenden Lehren aus dem Bereich der Alchemia practica mit Vorliebe für die Transmutationsalchemie und auffallend häufiger Nennung von Quecksilber als Ausgangssubstanz und Materia prima. Die Handschrift wirft ein nicht zu unterschätzendes Schlaglicht auf das Streben nach Normierung und Wiederholbarkeit frühneuzeitlicher Experimentierpraxis[111], worauf unter anderem auch zahlreiche Randbemerkungen neben den Prozessen hinweisen wie „wen man in guthe tzeichen arbeiten soll"[112] oder „[d]iese solutio gefelt mihr vnd ist die sicherligste"[113] – Indizien, die *Krugers Prozessbuch* als ein ‚Arbeitsbuch' aus dem Labor ausweisen.[114]

Als ein „teures wehrdes Buch der lobligen vnd Godtligen kunst der Alchimey" verspricht das Prozessbuch „vihl trefflig[e] gewisse[e] vnd warhafftig[e] ghute arbeitt vnd experimenta, die vihl leutte gearbeittet haben vnd Recht gefundenn"[115] und enthält Zeichen-/Charakter- bzw. Speciestabellen sowie Erörterungen, „wie man die species Erkennen soll"[116], Auflistungen „Alchimisti-

---

Altenburg. (= Quellen und Forschungen zur Alchemie I). Elberfeld, S. 70f. Ebenfalls erwähnt wird das Kruger'sche Prozessbuch im Zuge der Ausführungen über Johann Schauberdt bei Kühlmann/Telle (2013): Corpus Paracelsisticum III/2 (wie Anm. 11), S. 860.

[109]   *Krugers Prozessbuch*, Forschungsbibliothek Gotha, Chart. B 366.

[110]   Johannes Kruger, von Beruf wahrscheinlich Organist, war der Erstbesitzer des *Prozessbuchs* bis mindestens 1574. Dessen Zweitbesitzer ab 1580 war Johannes Schauberdt, ebenfalls Organist. Die womöglich überraschende Berufsgruppe der beiden Besitzer ist Indiz dafür, dass in der Frühen Neuzeit in verschiedenen Schichten der lesefähigen Bevölkerung es Anhänger der Alchemia (practica) gab [vgl. dazu Telle 2013h: „Vom Stein der Weisen" (wie Anm. 108), S. 423f.]. – Zu Johannes Kruger siehe Dück (wie Anm. 108); zu Johann Schauberdt siehe: Kühlmann/Telle (2013): Corpus Paracelsisticum III/2 (wie Anm. 11), S. 859-926.

[111]   Vgl. zum ‚Experiment'-Begriff Anm. 86.

[112]   *Krugers Prozessbuch* (wie Anm. 109), Bl. 38a-38b.

[113]   Ebd., Bl. 73v.

[114]   Ganzenmüller nennt eine solche alchemische Handschrift „Laboratoriumsnotizbuch", das eine Mischung zwei verschiedener Arten alchemischer Handschriften sei, nämlich aus „1. Abschriften alchemistischer Werke mit oder ohne Angabe des Verfassers" und „2. Sammlungen von Rezepten unter Verzicht auf systematischen Zusammenhang" und „wohl auf die selbstständigeren unter den praktisch tätigen Alchemisten zurückzuführen ist". In ein solches ‚Laboratoriumsnotizbuch' trug man „sowohl erprobte Rezepte als auch theoretische Stücke" ein. Ganzenmüller, Wilhelm (1956c): Quellen zur Geschichte der Chemie. In: Ders. (wie Anm. 102), S. 372-374. Ganzenmüller nennt hier auch einige Beispiele für ‚Laboratoriumsnotizbücher'.

[115]   *Krugers Prozessbuch*, Bl. Ir.

[116]   Ebd., Bl. 64v.

sche[r] wertter"[117] sowie deren alchemische Zeichen. Neben Lehrgedichten, die im 16. Jh. weit verbreitet waren, wie das alchemo-paracelsistische Reimpaargedicht *De Lapide Philosophorum*[118], sind in *Krugers Prozessbuch* auch Texte kompiliert worden, deren Verfasser bisher nicht identifiziert werden konnten, wie bei *Die erste Materia spricht*[119]. Bei letzterem Text konnte eine zweite Überlieferung[120] ausfindig gemacht werden. Allerdings unterscheiden sich die Überlieferungen am Textende voneinander: Während die Version im Gothaer Exemplar in einer Abschrift durch Johannes Kruger abrupt und offenbar korrumpiert endet, enthält die Version des Leidener Exemplars in der Abschrift durch Valentin Hernworst sechs weitere Zeilen.

Verfasst ist der Text aus der Sicht einer personifizierten Ersten Materie, die knapp und beredt über ihre Genese, ihre materielle Zusammensetzung sowie das Laborieren mit ihr spricht. Diese Aspekte werden im Text spannungsreich zwischen den Elementen Erde und Himmel entfaltet, indem die Erste Materie sich auf der einen Seite als Adressaten an das „Erdtreich" gleich zu Beginn ihrer Rede wendet mit der Bitte: „Hor auff mich tzwpeinigenn"[121] – eine Bitte, die ein vorausgehendes laborantisches Scheitern impliziert und darauf verweist, dass die Erste Materie nicht leicht zu finden sei. In Anbetracht dessen, dass mit der ersten Information über die Materia prima ihr am weitesten verbreitetes Charakteristikum mitgeteilt wird, nämlich dass sie „[i]n allen corpern vnd dingen"[122] sei, scheint das laborantische Scheitern um so erstaunlicher zu sein. Denn dieser Umstand suggeriert eine vermeintlich leichte Verfügbarkeit bzw. Zugänglichkeit des gesuchten Stoffs. Gleichzeitig sei die Erste Materie – gerade weil sie in allen

---

[117] *Krugers Prozessbuch*, Bl. 65v.
[118] Siehe dazu die Untersuchung von Telle 2013h: „Vom Stein der Weisen" (wie Anm. 108).
[119] Anonymus: *Die Erste materia spricht*. In: *Krugers Prozessbuch* (wie Anm. 109), Bl. 82v-83r. – Siehe Editionsanhang unter 2.1.
[120] Universitätsbibliothek Leiden, Cod. Voss. Chem. F. 29, Bl. 34v, Abschrift durch Valentin Hernworst. Das Codex ist zwischen 1522 und 1533 angelegt worden (vgl. Telle, Joachim (2013g): Neptun unter Alchemikern. Ein deutsches Lehrgedicht „Vom alchemischen Stein" des Görlitzer Juristen Georg Klet (1508). In: Ders.: Alchemie und Poesie (wie Anm. 12), S. 348) und damit wohl älter als *Krugers Prozessbuch*. Darauf weist auch die um sechs Zeilen längere und sprachlich durchaus harmonischere Version (ursprünglich scheint der Text ein in Reimen verfasstes Lehrgedicht zu sein) von *Die erste Materia spricht* hin. Zur Handschrift siehe P[etrus]. C[ornelis]. Boeren (1975): Codices Vossiani Chymici. Leiden (Bibliotheca Universitatis Leidensis. Codices Manuscripti XVII), S. 83-90.
[121] *Die Erste materia spricht* (wie Anm. 119), Bl. 82v.
[122] Ebd.

Dingen sei – auch „vntzerstorlig". So könne ihr Körper nicht „durch das Feuer vertzeret" werden, so dass sie beim Laborieren „vnuerseret" bliebe.

Auf der anderen Seite ist es der „Hymmeltaw", der die Erste Materia „genuchsam" mache, „das der geist bey [ihr] gewonen kann"[123]. Hierbei auszuschließen sind göttlicher Einfluss als auch der Einfluss der Sterne und damit auch eine Microcosmos-Macrocosmos-Lehre, bei der die oberen Sphären die unteren Sphären beeinflussen. Es handelt sich hierbei um die laborantische Operation einer „sublimirung"[124] (Sublimation): Dabei solle die Erste Materie mithilfe des „Feuer[s]" langsam erhitzt werden, damit sie „tzarth" „vertzert" werde. Dadurch werde ein Wechsel eines festen in einen gasförmigen Aggregatzustand herbeigeführt und es entstehe der erwähnte „geist", der schließlich als der genannte „Himmelstaw" (Sublimat) in ein Auffanggefäß abfließen kann und als „medicin"[125] bezeichnet wird. Zurück bleibt der unsublimierte Stoff. Folglich ist mit „geist" der sublimierte Stoff gemeint, in der Vorstellung, dass er als gasförmiger Bestandteil bereits vor der Sublimation in der Ausgangsmaterie und nach der Sublimation im Sublimat enthalten ist („gewonen kann").

Woraus allerdings die im Text sprechende „Erste materia" substanziell bestehe, und ob diese mit der Ausgangssubstanz der Sublimation identisch sei, wird explizit nicht gesagt. Einziger Hinweis auf die Zusammensetzung ist die an die Beschreibung des laborantischen Prozesses anschließende knappe Schilderung des natürlichen Prozesses, wie die (gesuchte?) Materie in der Natur entstehe, nämlich indem der aus der griechischen Antike ererbten Vorstellung folgend[126] „erden, mith Wasser putrificir[t]" werde, damit die Erste Materie („ich") nach der „schwartz[en]" Nigredo-Phase, ihre „metallisch[e] arth" annehmen und „mith Jm eins" werden könne. Diese Indizien lassen den Schluss zu, dass es sich bei der gesuchten Materia prima um das Zinnober handeln könnte: Als natürlich gebildetes Mineral von festem Aggregatzustand wird das in der Frühen Neuzeit bekannte Zinnober (Quecksilbersulfid) durch ein Sublimationsverfahren – wie das im Text erwähnte – zu Quecksilber.

---

[123] *Die Erste materia spricht*, Bl. 82v.
[124] Ebd.
[125] Ebd., Bl. 82v.
[126] Vgl. dazu Aristoteles: *Meteorologie / Über die Welt*. In: Ernst Grumach, fortg. von Helmut Flashar (Hg.): Werke, Bd. 12: Übersetzt von Hans Strohm. Darmstadt 1970, Buch IV, Kap. 7-9: S. 104-106. Hierin wird formuliert, wie Quecksilber aus einer Mischung aus den Elementen Erde und Wasser entstehe.

Demnach würde der im Text geschilderte natürliche Prozess dem laborantischen chronologisch voranstehen. Im Labor würde dann als Ausgangssubstanz Zinnober für das Sublimationsverfahren verwendet werden, an dessen Ende aus ihm die Materia prima Quecksilber als „medicin" stünde. Auch die Ansprache der personifizierten „Ersten materia", die das „Erdtreiche" bittet, es möge aufhören sie „tzwpeinigenn", ergebe insofern Sinn, als dass die Erde darum gebeten werde, die Materia prima nicht länger in ihrem natürlichen festen Zustand zu halten. Somit wird der Spannungsbogen, der sprachlich mit „Erdtreiche" und „Hymmeltaw" gezogen wird, auch inhaltlich durchgeführt: Dem natürlichen Prozess der Entstehung des Zinnobers wird die laborantische Gewinnung des sublimierten Quecksilbers, in dem der „geist" innewohnt und der als „medicin" bezeichnet wird, gegenübergestellt.

An dieser Stelle unterbricht der Text in *Krugers Prozessbuch* scheinbar mitten in der Beschreibung. Bereits der Schluss ist offenbar korrumpiert, was sich im Vergleich mit dem Leidener Exemplar bestätigt: Während es in Krugers Prozessbuch heißt, dass die Materia prima „metallisch[e] arth" an sich nehme und „mith Jm einß" werde, heißt es im Leidener Exemplar, dass die Materia prima, nachdem sie „metallische arth" an sich genommen habe, sie „in eine grose arczeney gekarth"[127] werde. Betrachtet man jedoch im Leidener Exemplar den Schluss des Textes, in dem die aufgeführten Vorgänge als „gross[e] wunder" und „willkorlich[e] geborth" bezeichnet werden, und wer mehr von der „natur heymlickeit vnd Metall bestenthlickeit" hören möchte, der „leze der philozophj wort",[128] wird vor allem eines deutlich, dass nämlich Kruger sich allein für den Prozess der Sublimation interessiert hatte und ihn in seinem Prozessbuch festhalten wollte. Denn auch die im Leidener Exemplar erwähnte vierfache „solution" sowie „putrificirth[e] fuchtigkeit"[129] findet bei Kruger keine Erwähnung.

Gleichzeitig steht *Die Erste materia spricht* in *Krugers Prozessbuch* nicht für sich alleine, sondern eingebettet zwischen weiteren Textausschnitten über Quecksilber. So wird darin über seine Eigenschaft der „subtiligkeit" oder seine an die „gestalt des Wassers" erinnernde Konsistenz oder als das „weiße [...] Elexir" und auch als „Mercurius" referiert.[130] Schließlich sei es „ein

---

127 *Die Erste materia spricht*, Bl. 34v.
128 Ebd., Bl. 34v.
129 Ebd.
130 *Krugers Prozessbuch*, Bl. 83r.

Artzeney, das do enthelt das menschlige geslechte, das es vertreibt vberflußigkeit des leichnams"[131] – also eine Universalmedizin, die nicht nur Krankheiten fernhalte, sondern ein langes, wenn nicht gar ewiges, Leben verspreche. In diesen Textausschnitten wird das Quecksilber nicht mehr mit der Materia prima identifiziert, jedoch verdichtet sich dadurch der Verdacht umso mehr, dass es sich in *Die Erste materia spricht* um Quecksilber als Materia prima handelt.

2.1.5   Schlussbemerkung

Wie die vorangegangenen Beispiele zeigen, kann der Einfluss sowohl der antiken als auch der arabischen sowie der spätmittelalterlichen Alchemie für die der Frühen Neuzeit nicht genug beachtet und auch geschätzt werden. Sie bilden sowohl für die theoretische Begriffsbildung sowie für die Praxis ein bedeutendes Fundament, das Ausgangspunkt für Weiterführungen und Neuerungen ist, wie es vor allem das *Tractatum de materia, forma & substantia* vor Augen führt. Zwar bleiben die Endgeschehnisse des Laborierens nicht selten im Dunkeln, doch die Grundannahmen zur Theorie und Praxis, deren Ausgangsmaterie das ‚Quecksilber' oder eben der von ihm nicht immer zu trennende ‚Mercurius' ist, werden meist weitreichend erläutert. Als Materia prima ist der Stoff Quecksilber bzw. Zinnober (Quecksilbersulfid) oder auch der sublime vervollkommnete oder auf die vermeintlich wesentlichen Kräfte des Quecksilbers konzentrierte ‚Mercurius Philosophorum' mehr oder weniger dynamisch. Dies hängt davon ab, welche Bedeutung der Natur oder ihrem vermeintlichen Schöpfer zukommt, doch ist der Stoff meist der seiner Bestimmung nach zielgerichtet Agierende.

Die Rolle des Alchemikers wechselt mit der Bedeutung eines (weiteren) vorhandenen (christlichen) Schöpfers und auch mit der Rolle der Materie selbst. Als Naturkundiger arbeitet und wirkt der Alchemiker beim Opus alchemicum selbst mit, präpariert die Materie, agiert aber zum Teil lediglich als Helfer der Prozesse. So wird das ‚Werk' manchmal nicht vom „Künstler" (der Alchemie) vollbracht und vollendet, sondern vom Schöpfer, der Natur oder von den der Materie innewohnenden Kräften der Natur. Sofern letzteres zutrifft, ist aufgrund dieser Selbsttätigkeit der Materie sie nicht manipulierbar, wie es das *Colloquium*

---

[131]   *Krugers Prozessbuch*, Bl. 83r.

eindrücklich vorführt. Dass nicht allein Theorie, sondern gerade die Praxis bei
der Suche nach der Materia prima von Bedeutung war, offenbart sich in Prozess-
büchern wie dem Krugerschen. Hierin zeigt sich eindrücklich, wie die zur Ver-
fügung stehenden naturkundlichen Lehren der Frühen Neuzeit gesammelt und in
der Laborpraxis überprüft werden. Auch hier wird die Selbsttätigkeit der Materia
prima hervorgehoben – nicht zuletzt, indem man sie selbst zu Wort kommen
lässt.

2.2   Zwei-Prinzipien-Lehren

[Primärtexte: Ulrich Rülein von Calw: *Ein nützlich Bergbüchlin* – Michael Sendivogius (1606): *Von
dem Rechten wahren Philosophischen Stein* – Bernardus Trevisanus (1582): *Hermetische
Philosophia*]

> EIn stein wird funden ist nicht theur/
> Aus dem zeucht man ein flüchtigs fewr
> Dauon der stein selbst ist gemacht/
> Von weis vnd roth zusammen bracht.[132]

2.2.1   Einleitung

Wie schon beim ‚Quecksilber'-Begriff[133] im Rahmen reiner Quecksilbertheorien
kann man auch bei arabisch-mittelalterlich ererbten[134] Schwefel-Quecksilber-
Lehren in naturkundlichen Schriften der Frühen Neuzeit eine multiple Verwendung des ‚Schwefel'/‚Sulphur'-Begriffs sowie des ‚Quecksilber'/‚Mercurius'-
Begriffs mit facettenreichen Bedeutungen beobachten. Aus den jeweiligen
Schriften geht nicht immer deutlich hervor, ob es sich jeweils um die gewöhnlichen Stoffe Schwefel und Quecksilber oder um deren Prinzipien ‚Sulphur' und

---

[132] Basilius Valentinus (1599): *De prima materia lapidis philosophici*. Zitiert nach Telle, Joachim
(2013c): „De prima materia lapidis philosophici". Zu einer deutschen Lehrdichtung im Basilius-
Valentinus-Alchemicacorpus. In: Ders.: Alchemie und Poesie (wie Anm. 12), S. 679.
[133] Siehe hierzu das Kapitel 2.1 über die reine Quecksilber-/Mercurius-Lehre.
[134] Telle (2013c): „De prima materia lapidis philosophici" (wie Anm. 132), S. 662.

‚Mercurius' und damit hypothetischen Substanzen oder deren Kräfte – sogenannte ‚Virtutes' – oder Extrakte der jeweiligen Stoffe handelt, die man zum Teil auf
andere Stoffe für übertragbar hielt. Die Stoffe vereinigen Oxidierbarkeit (Schwefel) und Schmelzbarkeit (Quecksilber) als Eigenschaften, die allen Metallen
gemeinsam sind, sodass die Schwefel-Quecksilber-Lehre vornehmlich in der
Alchemia technica sowie der Alchemia transmutaroria metallorum Anwendung
findet.[135] So mancher Alchemiker glaubte zudem, dass die verschiedenen Metalle
aus einem unterschiedlichen Mischungsverhältnis dieser beiden Stoffe entstehen
würden bzw. zusammengesetzt seien[136] und in einer idealen Mixtur der beiden
Stoffe das Metall Gold ergeben würden.[137] Problematisch dabei war das Men-
genverhältnis, denn dieses war unbekannt und sollte in der Laborpraxis bestimmt
werden.[138]

    Das theoretische Schwefel-Quecksilber Fundament, auf dem Alchemi-
ker spätestens seit dem 9. Jh. bauen,[139] bildet wohl die aristotelische
Meteorologica, in der er die Metallgenese schildert als im Erdinnern stattfinden-
de Prozesse aus wasserdampfigen sowie rauchartigen Ausdünstungen.[140] Den
Schwefel teilt er den durch trockene, rauchartige Ausdünstungen entstandenen
Mineralien zu, das Quecksilber den durch wasserdampfige Ausdünstungen entstandenen Metallen. Vielfach modifiziert finden sich Similien dieser aristotelischen Vorstellungen in naturkundlichen Schriften der Frühen Neuzeit. Indes eine
nähere Verwandtschaft zur Schwefel-Quecksilber-Lehre der arabischen Alchemiker, über welche die Schwefel-Quecksilber-Lehre an das Mittelalter und
schließlich an die Frühe Neuzeit vermittelt wurde, besteht nur insofern, als dass
Schwefel und Quecksilber Träger bestimmter Qualitäten seien.[141] Erst im *Corpus
Gabirianum* (8.-10. Jh.) wurde die Zusammensetzung aller Stoffe auf Schwefel

---

[135] Ganzenmüller, Wilhelm (1956b): Paracelsus und die Alchemie des Mittelalters. In: Ders.:
       Beiträge zur Geschichte der Technologie und der Alchemie. Weinheim, S. 309.
[136] Ebd.
[137] Limbeck (1999): Die »Visio Arislei« (wie Anm. 70), S. 173.
[138] Haage (1996): Alchemie im Mittelalter (wie Anm. 86), S. 29.
[139] William R. Newman zufolge ist *Das Buch des Geheimnisses der Schöpfung* (‚Kitab sirr al-
       khaliqa') von Balinus (9. Jh.) die früheste bekannte Beschreibung der Zwei-Prinzipien-Lehre aus
       Quecksilber und Schwefel. Siehe Newman, William R. (1998): Art. ‚Prinzipien'. In:
       Priesner/Figala: Alchemie, S. 288.
[140] Aristoteles: *Meteorologie* (wie Anm.126), 378a-378b.
[141] Dijksterhuis (1956): Die Mechanisierung des Weltbildes (wie Anm. 7), S. 235.

und Quecksilber, bzw. deren jeweilige Prinzipien ,Sulphur' und ,Mercurius',
zurückgeführt.[142]

In der frühneuzeitlichen Laborpraxis gibt es keine feste bzw. einheitliche Theorie von der Zusammensetzung der Dinge aus einer Mischung aus
Schwefel und Quecksilber. Die Betrachtungsweisen innerhalb der Schwefel-
Quecksilber-Lehren überschneiden sich vielfach und zeichnen sich vielmehr
durch eine Zuschreibung der zahlreichen Eigenschaften aus, die auf die beiden
Stoffe projiziert werden, sowie den Umstand, dass sich diese jeweils zugeschriebenen Eigenschaften gegenseitig ergänzen: Während ,Schwefel' auf der Folie
metallogenetischer Lehren konventionelle Vorstellungen wie ein aktives, männliches Prinzip und/oder die aktive Form, die Elemente Feuer und Luft, die Qualitäten cliditas sowie siccitas, die rote Farbe oder die Seele oder Decknamen bzw.
Sinnbilder wie z.b. ,Löwe' oder ,Sol' (wobei ,Sol' auch für das Metall Gold
metaphorisch gebraucht wurde) sowie weitere Begriffe alchemischer Spekulation
repräsentierte, verband man mit ,Quecksilber' konventionsgemäß Charakteristika
wie ein passives, weibliches Prinzip und/oder die passive Materia, die Elemente
Erde und Wasser, die Qualitäten frigiditas sowie humiditas, die weiße Farbe oder
den Körper oder entsprechende Decknamen bzw. Sinnbilder wie beispielsweise
,Adler' oder ,Luna' (,Luna' konnte aber auch Deckname für Silber sein).[143]

Um diese Eigenschaften schließlich im Rahmen laborantischer Prozesse
herausarbeiten zu können, war die stoffliche Reduktion beider Substanzen in ihre
Materia prima der erste Schritt. Dabei sollten die festen und groben Stoffbestandteile von den flüchtigen subtilen getrennt werden, um Schwefel und Quecksilber
möglichst rein zu erhalten, um dann in einem richtigen Mischungsverhältnis
Gold generieren zu können.[144] So gibt es neben den rein prozesshaften Beschreibungen der rechten ,Coniunctio' von Schwefel und Quecksilber auch zahlreiche
metaphorische bis hin zu sexualistisch aufgeladenen Deutungen[145] dieser Vereinigung.

---

[142] Haage (1996): Alchemie im Mittelalter, S. 28. – Vgl. auch Anm. 139.
[143] Telle, Joachim (2013b): Das pseudoparacelsische Adler/Löwe-Sinnbild unter deutschen
Lehrdichtern. In: Ders.: Alchemie und Poesie (wie Anm. 12), S. 913.
[144] Ullmann, Manfred (1973): Die Natur- und Geheimwissenschaften im Islam. Leiden, S. 261.
[145] Haage (1996): Alchemie im Mittelalter, S. 30.

2.2.2   Schwefel/Quecksilber-Prinzip als Materia prima bei Ulrich Rülein von Calw

In seinem metallurgisch-technischen Werk *Ein nützlich Bergbüchlin*[146] sieht der Montanist und Arzt Ulrich Rülein von Calw[147] den „gemeine[n] vrsprung der ertz" wie „Silber/ golt/ tzin/ kupfer/ eysen oder bleyertz" im „Metallisch ertz"[148]. Dessen „geburt" zeichne sich durch „ein wircker vnn ein vnderworffen ding/ oder materien"[149] aus. Der „wircker" sei der Teil der Materie, der eine Wirkung verantwortet bzw. erzeugt. Der „wircker", nicht nur des Erz', sondern auch „aller ding die geboren werden", sei „der himel mit seinem lauff/ scheyn/ vnd einflus".[150] Groß werde der Einfluss des Himmels durch den „lauff des firmaments vnd widerlauff der siben Planeten", womit die aus der Antike ererbte Lehre von den Planetenmetallen aufgegriffen wird, der zufolge jeder Metallgruppe einer der antiken sieben Planeten zugeteilt wurde. Dabei beeinflussten die Planeten jeweils die ihnen zugewiesenen Metalle[151] in ihrer Genese, indem sie die den jeweiligen Planeten zugeschriebenen Eigenschaften sowie Qualitäten wie „werme/ kelte/ feuchtung/ vnn truckenheyt"[152] in Form von Fernwirkung auf das Metall übertrugen.

Die „vnderworffen materie" sei als Gegenpart des ‚Wirkers' die Wirkung empfangende Materie. Sie sei die „gemeine materie aller metal", über welche Alchemiker der Ansicht seien, dass es sich bei ihr um „schweffel vnd queck-

---

[146]   Rülein von Calw, Ulrich (1527): *Ein nützlich Bergbüchlin von allen Metallen/ als Golt/ Silber/ Zeyn/ Kupfer ertz/ Eisen stein/ Bleyertz/ vnd vom Quecksilber.* Erffurd [Sächsische Landesbibliothek – Staats- und Universitätsbibliothek Dresden, Signatur 3.A.8150].

[147]   Jentsch, Frieder (2005): Art. ‚Rülein von Calw, Ulrich'. In: Neue Deutsche Biographie (NDB). Band 22. Berlin, S. 222; Keil, Gundolf/Mayer, Johannes G./Reininger, Monika (1995): „ein kleiner Leonardo". Ulrich Rülein von Kalbe als Humanist, Mathematiker, Montanwissenschaftler und Arzt. In Keil, Gundolf (Hg.): Würzburger Fachprosa-Studien. Beiträge zur mittelalterlichen Medizin-, Pharmazie- und Standesgeschichte aus dem Würzburger medizinhistorischen Institut [Festschrift Michael Holler], Würzburg (= Würzburger medizinhistorische Forschungen 38), S. 228-247.

[148]   Rülein von Calw (1527): *Ein nützlich Bergbüchlin* (wie Anm. 146), ohne Paginierung, erstes Kapitel, erster Absatz.

[149]   Ebd.

[150]   Ebd.

[151]   So beispielsweise „das golt von der Sonnen", das „silber von dem Monde", das „tzyn von Jupiter", das „kupfer von Venere", das „eysen von Marte", das „bley von Saturno", das „quecksilber von Mercurio", weswegen die „metall gar offt von Hermete vnd von andern weysen mit diesen namen genent werden", ebd.

[152]   Ebd.

silber" handle. Diese beiden müssen „durch den lauf vnd einflus des Himels [...]
vereynigt vnd gehertiget werden zu einem metallischen corper oder zu einem
ertz"[153]. Daran anschließend führt Rülein weitere Vorstellungen von
Alchemikern an, wie Schwefel und Quecksilber zu einem „ertz" werden: So
würden bspw. durch den Einfluss des Himmels Schwefel und Quecksilber aus
der „tieffe der erden" gezogen und in „gengen und klufften/ durch wirckung der
planeten [...] vereyniget vnn zu einem ertz gemacht".[154] Doch auch hier bestehe
die Entstehung eines metallischen Erz' darin, dass auf Materie wirkende und die
Wirkung und Qualitäten empfangende Materie von Schwefel und Quecksilber
zusammenkommen müssen. So gibt erst die äußere Einwirkung einer fernwir-
kenden Prägung, d.h. hier einer Qualitäts- und Merkmalsübertragung, der
primordial empfangenden Materie von Schwefel und Quecksilber eine Wirklichkeit.

Rülein verbindet beide angeführten Vorstellungen miteinander und ergänzt sie durch eigene Gedanken. So kämen ihm zufolge „ertz oder metall" zum
einen aus der „fettigkeit der erden" – diesen Teil nennt Rülein „materien des
ersten grads" – und zum andern aus dem „dunst odder bradem", welche er „materien des andern [d.i. zweiten] grads" nennt.[155] Mit der Einführung des ‚Gradus'-
Begriffs teilt er nicht die Materie in zwei Teilbereiche, wie er noch Mitstreiter zu
zitieren sucht, sondern trennt die Entstehung von Materie in zwei aufeinander-
folgende Schritte und nimmt damit keine räumliche, sondern eine chronologische
Gliederung von Materie vor. Die Einigung der Stoffbestandteile und damit der
Genese der endgültigen Materieform versteht er wiederum entsprechend den
Vorstellungen seiner Vorgänger konventionell in Form einer in der Alchemie
gängigen Denkfigur der Unio oppositorum:

> Item/ yn der vermischung oder vereynigung des quecksilbers vnd schweffels ym ertz/ helt sich
> der schweffel/ als der menlich same/ vnn das quecksilber als der weiblich same/ yn der
> geberung oder enpfahung eines kindes/ Also ist der schweffel als ein sonderlicher geeygneter
> wircker der Ertz oder Metal.[156]

---

[153] Rülein von Calw: *Ein nützlich Bergbüchlin*, erstes Kapitel, zweiter Absatz.
[154] Ebd.
[155] Ebd.
[156] Ebd.

Die prozesshaft-chemischen aufeinander folgenden Abläufe der Substanzmi-schung von Quecksilber und Schwefel im Erz analogisiert Rülein mit biologi-schen Keim- und Wachstumsgeschehnissen. Dahinter verbirgt sich die unter Naturkundlern gängige Artkonstanz-Doktrin, dass Ähnliches auch Ähnliches hervorbringe.[157] Demnach oxidierten Metalle und seien schmelzbar, weil sie selbst aus Schwefel (Oxidierbarkeit) und Quecksilber (Schmelzbarkeit) bestün-den. Folglich bringe die „vermischung oder vereynigung" qualitativ keinen neu-en Stoff zustande, sondern die „geberung" bringe ein „kind" zustande, dass die Eigenschaften der Eltern „quecksilber" und „schweffel" vereinige und im ent-sprechenden Mischungsverhältnis enthalte.

Dass der Schwefel ein „geeygneter wircker der Ertz oder Metal" sei, ist für Rülein nur folgerichtig, weil der Schwefel der gasförmige Teil der Materie sei. Er ist es, der als aktiver Bestandteil und „menlich same" der Materie Einflüs-se des Himmels auf den aufnehmenden und festen sowie passiven Teil der Mate-rie, nämlich das Quecksilber als den „weiblich same", überträgt, während letzter diese Einflüsse des „wirckers" empfängt. In diesem Gedankengang ist auch der Kern Rülein'scher Vorstellung von Materie enthalten: Materie sei in seinen Be-standteilen nicht homogen. Auch wenn die Betrachtungsweise einer Materie als einer „vermischung oder vereynigung des quecksilbers vnd schweffels" dies nahezulegen scheint. Doch haben Schwefel und Quecksilber jeweils ihre ganz eigenen für sie charakteristischen Eigenschaften und Aufgabenbereiche: Wäh-rend Schwefel der „Wircker" der Materie sei, sei Quecksilber der Wirkung emp-fangende Teil der Materie. Damit ist Materie und die ihr vorausgehende Unio oppositorum für Rülein heterogen.

Diese Heterogenität sowie Reziprozität der Materiebestandteile hat konkrete Auswirkungen sowohl für die Genese der Materie, im speziellen der Metallerze, als auch für den Bergbau im Allgemeinen. Aufgrund des unter-schiedlichen Mischungsverhältnisses von Schwefel und Quecksilber entstehen bei der Metallgenese unterschiedliche Wirkkräfte der beiden Stoffe als auch unterschiedliche Empfängnisbereitschaft der Wirkkräfte durch das Quecksilber. Je „klarer", „ausgeleuterter" oder „bestendiger" also die beiden Kontrahenten im

---

[157] Zur Artkonstanzformel und ihrem Doktrinenschatz siehe Goltz, Dietlinde/Telle, Joa-chim/Vermeer, Hans J. (1977): Der Alemistische Traktat „Von der Multiplikation" von Pseudo-Thomas von Aquin. Untersuchungen und Texte. In: Sudhoffs Archiv. Zeitschrift für Wissen-schaftsgeschichte. Beiheft 19, S. 25 sowie S. 66f.

Verlauf einer Metallgenese seien und wie stark die Einflüsse der jeweils zuständigen Planeten des Himmels, desto „besser" das werdende Metall.[158] Schließlich bildet diese Schwefel-Quecksilber-Lehre Rüleins auch den theoretischen Unterbau seiner montanistischen Vorstellungen: Die Stollen, die das „naturliche gefes" der Metallgenese seien, sollen nämlich so angelegt werden, dass „der einflus des Himels vnd die geschicklichkeit der materien" möglichst stark gefördert werden können,[159] d.h., dass die Stollen offen in entsprechende Himmelsrichtungen sein sollen. Auf diese Weise solle der höchste Metallertrag aus einem „gepirg" eingefahren werden können.[160]

2.2.3 Mercurius und Sulphur als laborantische Materia prima bei Sendivogius

Auch in der von Michael Sendivogius[161] 1604 verfassten und von Isaac Habrecht[162] 1606 ins Deutsche übersetzten Schrift *Von dem Rechten wahren Philosophischen Stein*[163], welche „Zwoelff Tractaetlein oder Capitel von dem Stein der Weysen" enthält, entwirft Sendivogius einen von den Prinzipien ‚Schwefel' und ‚Quecksilber' geleiteten ‚Materia prima'-Begriff. Im Gegensatz zu Rülein sind seine Vorstellungen allerdings nicht der Alchemia technica, sondern der Alchemia transmutatoria metallorum zuzurechnen. Doch steht das Laborieren auch bei ihm ganz im Sinne einer ‚Imitatio naturae'-Praktik. Diese ist

---

[158] Rülein von Calw: *Ein nützlich Bergbüchlin*, viertes Kapitel ff. – So ist beispielsweise das Gold entstanden aus dem „aller kleristen vnd ausgeleuterstem schwefel/ also sere gereiniget vnn geleutert yn der er den durch dy wirckung des Himels fuernemlichen der Sonnen/ dz keyne fettickeit ynn yhm ist […] vnn aus dem aller besten digisten quecksilber/ auff das hoechste gereiniget/ also sehr das sein lauter schweffel vnn der wirckung kein hindernis ynn yhm findt […]." Ebd., fünftes Kapitel, erster Absatz.

[159] Ebd., zweites Kapitel, erster Absatz.

[160] Ebd.

[161] Zu Michael Sendivogius (1566-1636) siehe ausführlich Anm. 66.

[162] Isaak Habrecht (1589-1633) war Arzt und Publizist medizinischer sowie astrologischer und alchemischer Schriften. Weitere Informationen siehe Wißner, Adolf (1966): Art. ‚Habrecht, Isaak'. In: Neue Deutsche Biographie (NDB). Band 7. Berlin, S. 400.

[163] Sendivogius, Michael (1606): *Von dem Rechten wahren Philosophischen Stein. Zwoelff Tractaetlin in einem Wercklin verfasset vnd begriffen/ in dem derselbig/ sampt seiner bereitung/ auß dem Vrsprung der Natur/ auch erfahner Handarbeit*. Übers. von Isaak Habrecht. Straßburg. – Die Erstausgabe ist 1604 in lateinischer Sprache in Prag unter dem Titel *De Lapide Philosophorum. Tractatus duodecim, é Naturae Fonte, et Manuali Experientia depromti* erschienen.

darauf ausgerichtet, die Prozesse der Natur, die auf ihre Vervollkommnung hin ausgerichtet seien, zu beschleunigen, wobei sich hier einmal mehr aristotelisch gefärbte Naturanschauungen mit pantheistischen verflechten. Einerseits werden alle Bewegungen und Veränderungen der „vortrefflichen Natur" teleologisch betrachtet. Die Natur trage ihren Zweck in sich, weil sie „biß auff den hoechsten vnnd eussersten zweck"[164] arbeite. Ihr Ziel sei es, „durch einen beharrlichen lauff zu etwas bessers [zu] kommen/ vnnd ein volkommene Ruhe [zu] haben [...]/ nach deren sie mit aller macht trachtet". Anderseits habe der „allmaechtige" christliche Schöpfergott diese Natur „vor aller zeit erschaffen und in dieselbig einen Geist verschlossen"[165]. Die Natur habe nicht nur ihren Anfang in ihrem Schöpfer, sondern auch ihr Ziel und trage seinen Geist in sich.[166] Gleichzeitig komme die Gesamtheit aller körperlichen Gegenstände und die mit ihr verbundenen Vorgänge „auß derselbigen Einigen Natur her/ vnnd ist nichts in der gantzen Welt ausserhalb der Natur"[167], womit der christliche Schöpfergott weltimmanent wäre und die Natur ihre Wirkkräfte durch seinen Geist in sich trage.

Die Vorstellung einer prozessualen als auch omnipräsenten und omnipotenten Natur macht sie denn auch für die „Philosophische [d.i. alchemische] Kunst" attraktiv: Denn eine auf Prozesse gründende, jederzeit durch ihre Omnipräsenz erfahr- und vergleichbare Natur, die nicht monolithisch aus voneinander untrennbaren Teilen besteht, kann mithilfe von genauer Beobachtung dieser Prozesse nachgeahmt (‚Imitatio naturae') werden. Dabei wird nahezu selbstverständlich angenommen, dass die der omnipotenten Natur innewohnenden (göttlichen) Wirkkräfte auch im imitierten Prozess wirken. Deswegen könne auch der Alchemiker nur als Nachahmer der Natur und ihrer Vorgänge „auffs hoechste kommen"[168] und die Kenntnis darum, „was die Natur sei", zeige ihm den „wahren weg"[169] an. So ist auch der zwar künstlich, aber im natürlichen Verfahren durch die „Chymische Kunst" hergestellte „Philosophische Stein", dessen „ver-

---

[164] Sendivogius: *Von dem Rechten wahren Philosophischen Stein*, S. 2.
[165] Ebd., S. 4.
[166] Ebd.
[167] Ebd.
[168] Ebd., S. 3.
[169] Ebd., S. 4.

festigung" Ziel dieser Kunst sei, schließlich und endlich eine „natuerliche Tinctur".[170]

Diesem Endprodukt und ‚summum bonum' alchemischen Strebens, dem ‚Philosophischen Stein', liege als Ausgangssubstanz der „Philosophi Mercurium" zugrunde, der im dritten Traktat der Schrift mit der „erst Matery der Metallen"[171] identifiziert wird. Dieser ‚Mercurius Philosophorum' sei die „erste vnnd vornemeste" Merterie, bestehe aus einer Vermischung aus „Feuchte/ mit Waerme der Lufft"[172] und sei „in Form vnd Gestalt/ wie ein fett Wasser das an ein jedweder ding/ es seye rein oder vnrein sich anhenget"[173]. Zum einen werden hier unter Rückgriff auf die aristotelische Qualitäten- und Elementenlehre[174] dem Mercurius Philosophorum als Materia prima Quecksilbereigenschaften attestiert hinsichtlich seiner stofflichen Beschaffenheit wie auch seiner Reaktionsfähigkeit, nämlich aufgrund des flüssigen Aggregatzustandes sich leicht mit jeglichen Stoffen (ob Metall oder nicht) zu verbinden, seien sie rein oder unrein.

Zum anderen wird mit dem Zusatz „Philosophi" auf einen arkanalchemischen Stoff verwiesen, der keine gewöhnliche Substanz ist. Vielmehr handelt es sich hierbei um konzentrierte Wirkkräfte „in dem Coerper nur wie ein nohtwendiges Fuencklein, welches von seinem Coerper verwahret wirdt/ vor aller vbermaeßiger Hitz/ Kaelte/ etc."[175]. Dieses „nohtwendige Fuencklein" sei „das erste punctum der Natur"[176], das „in den gemeinen Metallen" nicht zu finden sei, weil diese „todt" seien, „vnsere aber seind lebendig/ vnn haben einen Spiritum, diese muß mann in alle weg nemmen"[177]. Diese Lebendigkeit der Materie kommt von ihrer Imprägnierung durch die ersten Bestandteile der Natur, nämlich die Elemente, mit „Krafft vnd Tugend"[178]: Analog zur Erschaffung der Natur durch den Willen Gottes, indem er jede seiner Einbildungen „einverleibt"

---

[170] Sendivogius: *Von dem Rechten wahren Philosophischen Stein*, S. 3. – Zum Begriff ‚Tinctur' siehe Anm. 48.
[171] Ebd., S. 12.
[172] Ebd., S. 11f.
[173] Ebd., S. 13f.
[174] Speziell zur Zusammensetzung des Quecksilbers aus den Qualitäten und Elementen nach Aristoteles vgl. Aristoteles: Meteorologie (wie Anm. 126), S. 106 (Buch IV, 385b). Hiernach enthalte Quecksilber Wasser, sowie einen großen Anteil an Luft – vergleichbar dem Öl und anderen „klebrigen Flüssigkeiten".
[175] Rülein von Calw: *Von dem Rechten wahren Philosophischen Stein*, S. 12.
[176] Ebd., S. 13.
[177] Ebd.
[178] Ebd., S. 14.

habe (d.h. in dem Fall, diesen Einbildungen Körper gibt), erschaffe auch die Natur sich selbst Samen[179], die nichts anderes als „ihr [der Natur] woellen inn den Elementen"[180] seien.

Diese Generierung der Dinge sowie der Metalle ist dabei prozessual. Ihr liegt eine – für die Frühe Neuzeit nicht unübliche – aristotelisch gefärbte Vorstellung zugrunde. Die durch die Kraft des Naturwollens entstandenen, vom „Allerhoechste[n] geordnet[en]"[181] vier Elemente, welche die ersten Bestandteile zu sein scheinen, setzen ihre „Krafft vnd Tugendt in das Centrum der Erden". In diesem „Centrum" befindet sich der ‚Archaeus', der als „Anfaenger" und „Natur Knecht"[182] durch Sublimations- und Destillationsprozesse der Erde mithilfe von „Wärme des jmmerwehrenden motus"[183] eine Vermischung erzeugt von Erde und Luft (durch die ‚Poros'/,Lufftloecher' der Erde) sowie Wasser, wenn der Wind durch eben jene ‚Poros' der Erde „troepfflecht zu Wasser/ auß deme alle ding geboren werden"[184], und aus dem sie „wachsen"[185]. Dieser „feuchte vapor oder dampff" ist „das Sperma aller [...] dinge" – auch das des Metalls, wie Sendivogius deutlich betont – sowie die „erste materi [...]/ welche nuhr ein dunst ist"[186].

Die Erste Materie, die Sendivogius hier auch synonym mit ‚Sperma'/,Samen' verwendet, entsteht also erst nach den uranfänglichen Vermischungsprozessen in der Erde von eben dieser mit Luft und Wasser und ist schließlich ein „feuchter vapor oder dampff", auch als „flüssige Lufft oder Dunst" bezeichnet. Deswegen sei die ‚Materia prima' vom Alchemiker auch nicht „in einem ding/ welches hart", sondern in einem solchen, das „weich" sei, zu suchen. Damit greift Sendivogius alteingeschliffene bis auf Aristoteles zurückreichende und in montanistischen Schriften der Frühen Neuzeit[187] die weit verbreitete Vorstellung von der Zusammensetzung des ‚Quecksilbers' bzw.

---

[179] Sendivogius verwendet in dieser Schrift die Begriffe ‚Samen' und ‚Sperma' synonym.
[180] Sendivogius: *Von dem Rechten wahren Philosophischen Stein*, S. 7.
[181] Ebd., S. 11.
[182] Ebd.
[183] Ebd., S. 14.
[184] Ebd.
[185] Ebd., S. 16.
[186] Ebd., S. 15.
[187] Vgl. dazu Rülein: *Ein nützlich Bergbüchlin* (wie Anm. 146): „[...] das ertz oder metall wirdt gewirckt/ aus der Fettickeit der erden/ als aus seiner materien des ersten grads/ auss dem dunst oder braden/ von einem teil/ als aus seiner materien des andern grads/ welche bede alhie quecksilber genat werden." (erstes Kapitel, nicht paginiert).

‚Mercurius' auf, nämlich dass das Quecksilber aus einer Mischung von Wasser und Luft bestehe und in der Erde entstehe. Dabei identifiziert Sendivogius diesen „feuchten vapor" zunächst allein mit ‚Mercurius Philosophorum' als einzigen Bestandteil der metallurgischen ‚Materia prima'.

Dabei kommt der Erde als Ort des Geschehens eine wesentliche Rolle zu: Weil diese „Feuchtigkeit mit warmer Lufft vermischet [...] an ein jedweder ding/ es sei rein oder vnrein sich anhenget"[188] – auch hier werden Quecksilbereigenschaften aufgegriffen, nämlich, dass es zum einen mit anderen Metallen leicht Legierungen bzw. Amalgame bildet und zum anderen es aufgrund seines flüssigen Aggregatzustands auch leicht Unreinheiten aufnimmt –, komme es an einem Ort häufiger vor als an anderen. Dies liege daran, dass „die Erde an einem orth mehr offen/ luck vnd porosa [...] ist/ vnd ein stärckere an sich ziehende Krafft hat/ als an einem anderen".[189] So entstehen an unterschiedlichen Orten aufgrund unterschiedlicher Gegebenheiten auch unterschiedliche Stoffe (hier sind im engeren Sinne Metalle gemeint), gleichwohl alle Stoffe bzw. Metalle „nuhr ein einiger samen"[190] hätten.

Nicht selten haben Alchemiker[191] in der Frühen Neuzeit angenommen, dass jede Substanz auch ihren eigenen (von Gott) zugewiesenen ‚Samen' habe, der seines Entfaltungspotenzials entsprechend auch über spezifische Wirkkräfte sowie Eigenschaften verfüge. Allerdings ermöglicht diese Vorstellung keine Möglichkeit zur qualitativen Stoffeswandlung. Wohingegen der von Sendivogius (und anderen Vertretern der Transmutationsalchemie) vertretene Gedanke, dass zumindest allen Metallen der gleiche ‚Same' zugrunde liege, die Wandlung einer Substanz in eine andere ermöglicht, sofern der Ausgangsstoff und ‚Materia prima' gefunden und das Metall darauf zurückgeführt (‚reductio') werden könne. Deswegen vertraten gerade Transmutationsalchemiker die Vorstellung eines ubiquitären und omnipotenten ‚Samens'; sie waren daran interessiert, aus „niede-

---

[188] Sendivogius: *Von dem Rechten wahren Philosophischen Stein*, S. 13f.
[189] Ebd., S. 14. – Bereits in dieser früheren Schrift von Sendivogius zeichnet sich der herausragende Stellenwert ab, den er dem Element ‚Luft' beimisst. Diese Bedeutung vertieft er in seinen beiden Hauptwerken *Novum Lumen Chymicum* (1604) sowie *Tractatus de Sulphure* (1616).
[190] Sendivogius: *Von dem Rechten wahren Philosophischen Stein*, S. 16.
[191] Von solchen Alchemikern berichtet Sendivogius im Folgenden: „Es vermeinen etliche Saturnus habe einen andern Samen/ als Sol/ wie auch ein jedes Metall einen besondern/ aber solches ist alles eittel/ Es ist nuhr ein einiger samen/ es findet sich eben das im Saturno was in Gold: eben inn Luna was in Marte ecetera" (ebd., S. 16).

ren" bzw. „unreinen" Substanzen „höhere" bzw. „reine" wie bspw. Gold herzustellen.

    Nach den oben erwähnten Sublimationsvorgängen im Erdinnern und
bevor der ‚Mercurius Philosophorum' sich in andere Metalle (wozu auch das
Quecksilber gehört) wandelt, verbinde sich dieser zunächst mit seinem „schat-
ten/nemlich de[m] Sulphur"[192], womit nun auch Sendivogius auf die
allgemeinplätzige arabisch-mittelalterliche Schwefel-/Quecksilber-Lehre zu-
rückgreift. Bei ihm seien die Metalle nun aus einer Zusammensetzung von
arkanem (Sendivogius benutzt das Wort „verborgen"[193]) ‚Sulfur' und ‚Mercurius
(Philosophorum)'[194] zusammengesetzt. Sobald nämlich jener „Dunst oder
Dampff/ (den die Philosophi Mercurium Philosophorum nennen)"[195] durch
„warme vnd reine oerter kommet", wo „die fettigket deß Sulphurs an den Waen-
den haenget/ so accommodiert derselbige […] Mercurium Philosophorum […]
vnnd vereiniget sich mit derselben Fettigkeit/ welche er hernach mit sich subli-
miert […] vnnd wirdt alsdann ein […] feißte".

    Dabei seien Mercurius Philosophorum sowie Sulphur deutlich von den
gewöhnlichen Stoffen Quecksilber bzw. Schwefel zu unterscheiden:

> Vnnd ob schon der Metallen Leib auß dem Mercurio geschaffen ist/ welches von dem
> Mercurio der philosophorum zu verstehen/ so soll man doch denen kein gehoer geben/
> welche vermeinen/ das der gemein Mercurius der Samen der Metall seye vnd nemen also
> ein corpus an statt des samens/ vnd bedencken nicht das auch der gemein bekannt
> Mercurius seinen Samen in sich habe.[196]

Um diesen Unterschied zu verdeutlichen, erläutert Sendivogius ihn am Beispiel
des menschlichen Körpers: Wenn der Körper des Menschen der gewöhnliche
Mercurius sei, dann wäre der Samen, aufgrund dessen der Mensch sich vermehrt,
im seinem Körper „verborgen". Wolle man also einen Menschen generieren, so

---

[192] Sendivogius: *Von dem Rechten wahren Philosophischen Stein*, S. 13.
[193] Ebd., S. 26.
[194] Hier muss man mit der Begrifflichkeit vorsichtig sein: Während mancher Alchemiker bereits
      unter ‚Mercurius' einen arkanen Stoff im Gegensatz zum gewöhnlichen Quecksilber vermutete
      (siehe dazu Kapitel 2.1 über die reine ‚Quecksilber'/‚Mercurius'-Lehre), gebraucht Sendivogius
      den Begriff ‚Mercurius' mit gewöhnlichem Quecksilber synonym; deutlich daran, dass er den
      Begriff ‚Mercurius' immer wieder um die Prädikate „gemein" oder „gemein bekannt" ergänzt.
      Für die „verborgene" Ausgangsmaterie verwendet er den Begriff ‚Mercurius Philosophorum'.
[195] Sendivogius: *Von dem Rechten wahren Philosophischen Stein*, S. 17.
[196] Ebd., S. 25f.

dürfe man nicht den gewöhnlichen Mercurius, der eben der gesamte Körper wäre, sondern den Samen, der „ein zusamen geronnener vapor Wassers" sei, dafür nehmen.[197] Und weil viele „Chymisten" diesen Unterschied nicht verstehen und die „Metallischen Coerper/ es sey Mercurius, Gold/ Saturnus, oder Luna" für ihre Prozesse als Ausgangsbasis nehmen würden, scheitern sie, weil sie nicht begreifen würden, dass „aus einem zerstueckten Menschlichen Leib kein Mensch gezeuget"[198] werden könne und der Samen aufgrund der falschen Prozeduren zerstört werde.

Und so können nach dieser Akkommodation von ‚Sulphur' und ‚Mercurius Philosophorum' durch weitere Sublimations- und Vermischungsprozesse unterschiedliche Metalle entstehen. Deren Generierung wiederum davon abhänge, wo sich in der Erde die „feiste" – d.i. die „conjunction" aus ‚Mercurius Philosophorum' und ‚Sulphur' – mit welchen Qualitäten vermengt: „Denn je mehr ein orth gereiniget ist/ ja schoener werden die Metall"[199]. Demnach entstehe Gold dann, wenn die Erde besonders „subtil rein/ vnnd feucht" sei (nach entsprechenden Prozessen) und ihre ‚Poros' („Luftloecher"/„Lufftgaenge") sich mit der Feuchte füllen und die „feiste" sich mithilfe weiterer Sublimationsprozesse auch mit diesen feuchten ‚Poros' in der reinen Erde vermischen.[200] Dabei sei Auslöser dieser immerzu andauernden der Vervollkommnung ihrer Erze hin strebenden Reinigungs-, Destillations- und Sublimationsprozesse der Erde jener „jmmerwehrende motus"[201]. Durch ihn bleiben die erwähnten Prozesse stets in Bewegung und bewirken das Wachsen der Erze ihrer Vervollkommnung entgegen.

---

[197] Sendivogius: *Von dem Rechten wahren Philosophischen Stein*, S. 26.
[198] Ebd.
[199] Ebd., S. 17.
[200] Ebd. – Gereinigt werde die Erde dadurch, dass der mercuriale „Dunst" aus dem ‚Centrum' in die oberen Schichten der Erde „außdampffet/ vnd im gehen oder fortweichen die ort reiniget" (S. 17). Und je mehr Wasser einen ‚Poros' passiere, desto reiner werde die Erde (S. 19). Dieser Reinigungsprozess der Erde, den Sendivogius auch eine „langwirige destillation" (S. 18) nennt, finde unaufhörlich statt bis ein Ort vollkommen rein sei und Gold hervorbringe. Nicht selten wird der natürliche Prozess der Reinigung im Labor mithilfe alchemischer Operationen wie der „Purificatio" nachgeahmt und kann verschiedene Arbeitsschritte meinen, beispielsweise die Destillation, die Sublimation, die Lösung (durch Filtration oder Kristallisation), das Verbrennen, das Verrauchen u.a. Die Reinigung kann bei der Bereitung des ‚Lapis philosophorum' auch die ‚Nigredo'-Phase bedeuten (Schneider 1962 (wie Anm. 48), S. 84).
[201] Sendivogius: *Von dem Rechten wahren Philosophischen Stein*, S. 14.

Deswegen sei im Labor nach Vorbild der Natur jener Konjunktionsprozess von ‚Mercurius Philosophorum' und ‚Sulphur' nachzuahmen. Denn nur, wenn „beyde gebuerlich zusamen gethan werden/ so bringets ein newe form oder gestalt herfuer"[202]. Die Herausforderung für den (alchemischen) „Kuenstler" liege aber darin, dass „die erste Materia der ding nicht gesehen (wirdt)/ sie ist verborgn in der Natur/ oder in den Elementen"[203]. Kein Sterblicher dürfe sich einbilden, er könne die ‚Materia prima' machen: „Die erste metery deß Menschens ist [aus] Erde/ vnnd kann kein Mensch auß derselben einen Menschen machen/ Gott allein kann dasselbige."[204] Lösungsansatz, um Metalle generieren zu können, sei die ‚Materia secunda' heranzuziehen. Aus dieser „zweyten matery/ welche all bereit erschaffen ist", könne jener Samen der Natur künstlich, d.h. mithilfe der alchemischen Kunst, gezeugt werden, wenn denn der (alchemische) „Kuenstler" die entsprechenden Prozeduren durchzuführen weiß, was den Ort, das Geschirr, Verfahren wie bspw. die ‚Separatio puri ab impuro'[205] und das ‚Regimen ignis'[206] betrifft –, indem er nämlich das ‚Männliche' (‚Sulphur') sowie das ‚Weibliche Prinzip' (‚Mercurius Philosophorum') lerne zu vereinigen.[207] Und weil die ‚Samen' die „Werckzeuge" der Natur seien, mit deren Hilfe sie wirke und generiere, und ein jedes Ding im Innersten einen solchen primordialen ‚Samen' trage, könne der (alchemische) „Kuenstler" mit ihnen auch laborieren, sofern er sie kenne, finde und – wie die Natur – mit ihnen wirke, d.h. laboriere. Denn immerhin erscheine „die zweite [Materie] aber vnderweilen den Kindern der [alchemischen] Kunst"[208].

Die Idee der sich immerzu reinigenden, sublimierenden und destillierenden Erde, die dadurch immer reinere Metalle hervorbringe, braucht zum einen die Vorstellung von wachsenden Metallen, die ihrer Vervollkommnung hin streben, und zum anderen die von der Möglichkeit der Metallwandlung, dass sich ein Metall in ein anderes wandeln kann. Diese Vorstellung schließlich benötigt die Anschauung einer einzigen alle Metalle einigenden ‚Materia prima', die Sendivogius in der Unio des ‚Sulphurs' mit ‚Mercurius Philosophorum' erblickt,

---

[202] Sendivogius: *Von dem Rechten wahren Philosophischen Stein*, S. 26f.
[203] Ebd., S. 28.
[204] Ebd., S. 27.
[205] Ebd.
[206] Ebd., S. 13.
[207] Ebd., S. 26.
[208] Ebd., S. 28.

und indem er diese im Rahmen natürlicher Vorgänge in der Erde ausbuchsta-
biert, ermöglicht dies ihm als Nachahmer der Natur (zumindest theoretisch) die
(Entstehens-)Prozesse zu imitieren und das reinste der Metalle, nämlich Gold,
durch die Beschleunigung dieser Prozesse zu generieren.

Sendivogius vertritt in seiner transmutationsalchemischen Schrift *Von
dem Rechten wahren Philosophischen Stein* eine für seine Zwecke modifizierte
Schwefel-/Quecksilber-Lehre, indem er die Genese der ‚Materia prima' mit
‚Mercurius Philosophorum' beginnen lässt, sie dann in einem zweiten Schritt
vom ‚Sulphur' wesenhaft ergänzen lässt. Dadurch kann er zum einen zwischen
‚Materia prima' und ‚Materia secunda' unterscheiden und auf die fehlende
Wahrnehmung der zwar unkörperlichen und auch nicht sichtbaren Ersten Materie, jedoch auf die körperliche und laborantisch brauchbare Zweite Materie hinweisen.[209] Aufgrund dieser Unterscheidung kann Sendivogius auch die beiden
Begriffe ‚Mercurius Philosophorum' und ‚Mercurius' (i.S.v. ‚Quecksilber') voneinander abgrenzen, weil erster die uranfängliche ‚Materia prima' sei, während
zweiter sich auf die ‚Materia secunda' bezieht. Zum anderen kann Senidvogius
seine Idee von den ‚Poros' etablieren, ein Begriff, der in späteren Schriften an
Bedeutung gewinnen wird. Denn die für die Generierung der ‚Materia secunda'
wesentliche Konjunktion von ‚Mercurius Philosophorum' und verborgenem
‚Sulphur' finde schließlich in den ‚Poros' statt.

2.2.4   Unio von Sulphur und Mercurius als Materia prima bei Bernardus Trevisanus

Bei der Entfaltung seines ‚Mercurius'-Begriffs und der mit diesem verbundenen
Konjunktion von ‚Mercurius Philosophorum' und dessen „schatten" ‚Sulphur'
zum ‚Samen'/‚Sperma' und ‚Materia prima' sowie der durch diese Konjunktion
entstehenden ‚Materia secunda' war Sendivogius möglicherweise von der Lehre
des ‚doppelten Mercurius' des Bernardus Trevisanus beeinflusst.[210] Einerseits

---

[209] Geyer, Hermann (2001): Verborgene Weisheit: Johann Arndts „Vier Bücher vom Wahrem
Christentum" als Programm einer spiritualistsch-hermetischen Theologie. (= Arbeiten zur
Kirchengeschichte 80/III). Berlin/New York, S. 93.
[210] Zu Bernardus Trevisanus sowie weiterführender Literatur siehe Telle, Joachim (2008b): Art.
‚Trevisanus, Bernardus'. In: Killy Literaturlexikon. Bd. 1, S. 477; Werke von Bernardus

verblüfft die inhaltliche Nähe zum wirkmächtigen Hauptwerk des Bernardus, *De Chemia*, in welchem er den sogenannten ‚doppelten Mercurius', eine Verbindung aus ‚Sulphur' und ‚Mercurius', mit der ‚Materia prima' identifiziert, andererseits erwähnt Sendivogius Bernardus im *Rechten wahren Philosophischen Stein* als einzigen Alchemiker: „[…] die Philosophi haben kein solche primam materiam gemeinet/ sondern alleine die materiam secundam, wie Graff Bernhardt sehr wol darvon redet/ doch nicht gar lautter/ dann er redet von den vier Elementen/ aber er hat eben dises sagen wollen […]."[211]

Allerdings gibt es mindestens einen wesentlichen Unterschied zwischen Sendivogius und Bernardus: Während Sendivogius annimmt, dass allen Metallen eine einzige Materia prima zugrunde liege und Metalle sich deswegen auch ineinander (um)wandeln ließen, vertrat Bernardus die Lehre von der Invarianz der Arten, dass nämlich „[…] ein jedes ding hat sein eigen weg/ vnd seine eigene materiam [primam], daruon sichs generirt/ nicht dz ein jedes auß jedem werde"[212]. Jedes „ding" habe nicht nur seine eigene Materia prima, sondern – und darum geht es Bernardus für die theoretische Grundlage seiner Praxis – produziere auch nur seinesgleichen, womit er sich auf die Autorität der *Turba Philosophorum* beruft, in der es heißt: „Wisse/ von Menschen wirdt nichts geboren/ denn ein Mensch/ von Voegeln nichts als Voegel/ von Bestien nichts als Bestien/ vnd daß sich die Natur nicht verwandelt/ denn in jhres gleichen/ vnn kein ander ding etc."[213]

Diese Vorstellung benötigt Bernardus, um seine „tägliche Erfahrung" zu bestätigen, „daß nichts von einer frembden Natur sich generir[t]/ sondern daß ein jedes ding seines gleichen hat/ daruon es sich außbreitet/ vnnd ferner generiert/ vnd wirt denn auß demselben kein ander ding"[214]. Das bedeutet, dass wenn man

---

Trevisanus verzeichnet bei Ferguson, John (1906): Bibliotheca chemica (wie Anm. 68). Bd. 1, S. 100-104.

[211] Sendivogius: *Von dem Rechten wahren Philosophischen Stein*, S. 15.

[212] Bernardus Trevisanus (1582): *Von der Hermetischenn Philosophia/ das ist vom Gebenedeiten Stain der weisen/ der hocherfarnen vnd fuertrefflichen Philosophen.* Straßburg: Christian Muellers Erben, p. G iii recto.

[213] Ebd., G v recto. – In der *Turba Philosophorum*-Ausgabe von Ruska ließ sich diese Stelle ermitteln als ein Exzerpt des Diamedis: „Wisset, alle Erforscher dieser Lehre, daß nichts aus dem Menschen kommt außer ein Mensch, noch aus den Vierfüßlern außer etwas ihnen Ähnliches, noch aus den Vögeln außer etwas ihnen Ähnliches. […] Denn die Natur wird durch die Natur nicht verbessert außer durch die eigene Natur […]." Siehe Ruska, Julius (1931): *Turba Philosophorum* (wie Anm. 70), S. 215.

[214] Bernardus: *Von der Hermetischenn Philosophia*, p. G iii recto.

Metall generieren wolle, man als Ausgangssubstanz nicht irgendein Konglomerat z.b. aus den vier Elementen Feuer, Wasser, Luft und Erde verwenden – wie es viele „unwissende" tun –, sondern seine „erste Materia" auch im Metall beziehungsweise im sogenannten ‚metallischen Samen' suchen müsse. So ist die „erste Materia der metallen [...] Sulphur vnd Mercurius, durch natürliche mittel natuerlicher Hitz volkocht/ vnnd zue Metal gemacht/ Darum sollen sie wieder in jhr erste materiam gebracht werden/ so muessen sie wider zue Sulphure vnd Mercurio gemacht werden"[215]. ‚Mercuris' und ‚Sulphur' jeweils für sich genommen seien „nicht die materia prima". Erst in der „Coniunction" zum Samen entfalten sie ihre „potentiam" „in actum", was man mit „Huelff vnser kunst" auch erreichen könne. Und sollten sich ‚Sulphur' und ‚Mercurius' nicht miteinander zur ‚Materia prima Metallorum' verbinden, so werde daraus auch kein Metall.

2.2.5   Schlussbemerkung

Die Quecksilber-Schwefel-Lehre gilt nicht nur für Metalle im Rahmen einer Alchemia transmutatoria metallorum, sondern auch im Rahmen einer Alchemia technica, sofern sie wiederum die Metalle bzw. Mineralien betrifft. Als nicht übertragbar wird die Lehre von ihren Vertretern auf allgemein menschlich-organische Vorgänge gehalten, da sich der Mensch im Gegensatz zu den Minera-lien nicht reduzieren und die Struktur des Menschen wieder (neu) zusammenset-zen lasse. Schwefel und Quecksilber bzw. ‚Sulphur' und ‚Mercurius (Philosophorum)' stehen für Charakteristika wie Schmelzbarkeit und Oxidierbarkeit, die den Metallen auch im Allgemeinen eigen wären. Die eigent-liche dynamische Metallgenese, die Alchemiker im Labor nachzustellen in der Lage seien, beginne mit einer Unio oppositorum des Kontrahentenpaars, in der eine tiefergehende Erkenntnis von der Natur und der Welt lägen, nämlich die Aktivierung der stoffeigenen Wirkkräfte und/oder ihrer Transformationsmög-lichkeiten. Schließlich gibt es in der frühneuzeitlichen Laborpraxis keine durch-weg einheitliche allgemeingültige Lehre von der Zusammensetzung der Ersten Materie aus Schwefel/Sulphur und Quecksilber/Mercurius. Die Lehren über-

---

[215]   Bernardus: *Von der Hermetischenn Philosophia*, Seite ohne Paginierung zwischen F v-G.

schneiden sich vielfach, Impulse werden gegenseitig aufgenommen und im Rahmen eigener Vorstellungen von der Welt und ihren Funktionalitäten weiterentwickelt.

2.3   Drei-Prinzipien-Lehren

[Primärtexte: Paracelsus: *Opus Paramirum*; Paracelsus: *Die große Wundartzney*; Paracelsus: *Von der grossen Wundartzney*, Paracelsus: *Liber Meteororvm*; Ps.-Paracelsus: *De Pestitlitate*; Ps.-Paracelsus: *De natura rerum*; Thurneisser: *Magna Alchimia*; Anonymus: *Aureum vellus*]

> Der Alchymisten anfaengliche Ding sind drey.
> 1 Saltz. 2. Schwefel 3. Mercurius:
> Das ist/ Leib/ Seel/ vnnd Geist/
> Darauß werden alle Ding/ die sind
> vnd kann man zeigen in allen Dingen/
> vund in diese werden auch alle Ding resoluiret.[216]

2.3.1   Tria prima als Materia prima bei Paracelsus

Als Vorläufer seiner ‚Tria prima'-Lehre hat Paracelsus[217] die arabisch-mittelalterliche Sulphur-/Mercurius-Lehre[218] aus metallogenetisch relevanten

---

[216] Ruland (1612): *Lexicon Alchemiae* (wie Anm. 2), S. 383.
[217] Zu Theophrastus Bombast von Hohenheim, genannt Paracelsus, (1493/94-1541) siehe Schipperges, Heinrich (1974): Paracelsus. Der Mensch im Licht der Natur (= Edition Alpha 4). Stuttgart, sowie Ders. (1983): Paracelsus: das Abenteuer einer sokratischen Existenz. Freiburg i. Br.; Telle, Joachim (Hg.) (1991): Parerga Paracelsica. Paracelsus in Vergangenheit und Gegenwart. Stuttgart, Ders. (1994): Paracelsus als Alchemiker. In: Dopsch, Heinz/Kramml, Peter F. (Hg.): Paracelsus und Salzburg. Salzburg, S. 157-172; Benzenhöfer, Udo (Hg.) (1993b): Paracelsus. Darmstadt, Ders. (1997): Paracelsus. Reinbek bei Hamburg, Ders. (2006): Art. ‚Theophrast von Hohenheim'. In: Eckart, Wolfgang Ulrich/Gradmann, Christoph (Hg.): Ärzte Lexikon. Von der Antike bis zur Gegenwart. Heidelberg, S. 320f.; Fellmeth, Ulrich/Kotheder, Andreas (Hgg.) (1993): Paracelsus. Theophrast von Hohenheim. Naturforscher, Arzt, Theologe. Stuttgart; Meier, Pirmin (1993): Paracelsus. Arzt und Prophet. Zürich; Kühlmann, Wilhelm (2010): Art. ‚Paracelsus'. In: Killy Literaturlexikon, Bd. 9. als Online-Resource: <www.degruyter.com/view/ VDBO/vdbo.killy.48>.

Gegenstandsbereichen sowie deren Transformationsformen angefochten, zugunsten seiner um das Sal erweiterten Vorstellung einer primordialen Trias von Sulfur (Schwefel), Mercurius (Quecksilber) und Sal (Salz). Später – nach Paracelsus' Tod – soll allein die Nennung dieser ‚Tria prima' zum Bekenntnis einer Anhängerschaft werden,[219] obwohl die Urheberschaft der ‚Tria prima'-Lehre nicht eindeutig geklärt ist: Der verdiente Paracelsusforscher Walter Pagel sieht mit Hooykaas[220] sowie Ganzenmüller[221] in der ‚Tria prima'-Lehre ein „originales Lehrstück des Paracelsus"[222]. Die *Summa perfectionis* des Geber latinus, in der ‚Merkur', ‚Sulphur' und ‚Arsen' als „Tria principia" und Grundbestandteile der Metalle genannt werden, schließen Hooykaas und Ganzenmüller als Vorlage der paracelsischen ‚Tria prima'-Lehre aus. Ganzenmüller führt gleichzeitig an, dass die „seit ältester Zeit" weit verbreitete Vorstellung einer dreifachen Zusammensetzung der Körper für Paracelsus nicht unbedeutend gewesen sei. Als mittelalterliche Vertreter zieht er beispielsweise das *Rosarium Philosophorum*[223] sowie das *Buch der Heiligen Dreifaltigkeit*[224] heran.

Dagegen führt Gundolf Keil[225] an, dass Hohenheim über die Tradierungswege von Michael Scotus[226] und Konrad von Megenberg[227] seine

---

[218] *Das Buch des Geheimnisses der Schöpfung* (‚Kitab sirr al-khaliqa') von Balinus (9. Jh.) ist Newman zufolge die früheste bekannte Beschreibung der Zwei-Prinzipien-Lehre aus Schwefel und Quecksilber. Siehe Newman, William R. (1998): Art. ‚Prinzipien' (wie Anm. 139). – Zur Zwei-Prinzipien-Lehren siehe ausführlich Kapitel 2.2.

[219] Benzenhöfer, Udo (1993a): Paracelsus: Leben – Werk – Aspekte der Wirkung. In: Ders. (Hg.): Paracelsus. Darmstadt, S. 15.

[220] Hooykaas, Reijer (1949): Chemical Trichotomy before Paracelsus? In: Archives internationales d'histoires des sciences 28, S. 1063-1074.

[221] Ganzenmüller, Wilhelm (1956b): Paracelsus und die Alchemie des Mittelalters (wie Anm. 135), S. 300-3015.

[222] Pagel, Walter (1962): Das medizinische Weltbild des Paracelsus (wie Anm. 9), S. 105.

[223] *Rosarium Philosophorum*. Ein alchemisches Florilegium des Spätmittelalters (wie Anm. 45).

[224] Siehe zum *Buch der Heiligen Dreifaltigkeit* (vgl. Anm. 104) Ganzenmüller, Wilhelm (1939): Das Buch der heiligen Dreifaltigkeit. Eine Deutsche Alchemie aus dem Anfang des 15. Jahrhunderts. In: Ders.: Beiträge zur Geschichte der Technologie und der Alchemie. Weinheim, S. 231-272; Telle, Joachim (1983): Art. ‚Buch der Heiligen Dreifaltigkeit'. In: LexMA, Vol. 2, Sp. 812-813; Ders. (2004a): Art. ‚Buch der Heiligen Dreifaltigkeit'. In: Verfasserlexikon, Bd. 11, Sp. 1573-1580.

[225] Vgl. die Ausführungen sowie die Literaturhinweise bei Keil, Gundolf (1995): Mittelalterliche Konzepte in der Medizin des Paracelsus. Anmerkungen zur Verwendbarkeit des Hohenheimers als personalautoritative Berufungsinstanz. In: Zimmermann, Volker (Hg.): Paracelsus. Das Werk – die Rezeption. Beiträge des Symposiums zum 500. Geburtstag von Theophrastus Bombastus

‚Tria Prima'-Lehre durchaus der Vorlage von Frater Ulmannus' *Buch der Heiligen Dreifaltigkeit* entlehnt habe. Es ist nicht unwahrscheinlich, dass Paracelsus sich hiervon zur Idee einer Trichotomie hatte anregen lassen oder zumindest sich in seinem Konzept durch die Kenntnis des *Buchs der Heiligen Dreifaltigkeit* bestätigt sah.[228] Allerdings fehlt im *Buch der Heiligen Dreifaltigkeit* eine eindeutige[229] Nebeneinanderstellung der Trias von ‚Sulphur', ‚Mercurius' und ‚Sal'[230] als Grundlage – und auch ‚Materia prima' – aller existenten Dinge, um eine solche Lehre unmittelbar übernehmen zu können. Der Verfasser des *Buchs der Heiligen Dreifaltigkeit* scheint vielmehr Vertreter der gängigen Sulphur-Mercurius-Lehre zu sein.[231] Es stellt sich dementsprechend nach wie vor so dar, dass sich kein „sicheres Vorbild [...] der paracelsischen Trichotomie [...] nachweisen [lässt]"[232] und Paracelsus auch weiterhin als Urheber der ‚Tria prima'-Lehre bestehend aus Sulphur, Mercurius und Sal gelten kann.

　　　Auch für das paracelsische ‚Sal'[233] im Besonderen hatte es auf alchemischen Tradierungswegen diverse Vorläufer gegeben. Im Allgemeinen war ‚Sal'

---

von Hohenheim, genannt Paracelsus (1493-1541) an der Universität Basel am 3. und 4. Dezember 1993. Stuttgart, S. 191; siehe auch die dazugehörigen Literaturhinweise.

[226] Gundolf Keil folgt hier Willem Frans Daems (1982): „Sal" – „Merkurius" – „Sulfur" und das „Buch der heiligen Dreifaltigkeit". In: Nova Acta Paracelsica X, S. 189-207 sowie Meier, Pirmin (1993): Paracelsus, Arzt und Prophet (wie Anm. 217), S. 98, S. 107-109, S. 17-37 und S. 76-80.

[227] Hier folgt Gundolf Keil Mayer, Johannes Gottfried (1995): Konrad von Megenberg und Paracelsus. Beobachtungen zu einem Wandel in der volkssprachlichen naturwissenschaftlichen Literatur des Spätmittelalters. In: Würzburger Fachprosastudien. Beiträge zur mittelalterlichen Wissenschafts- und Geistesgeschichte (= Würzburger medizinhistorische Forschungen). Würzburg, S. 322-335.

[228] Vergleiche dazu die hilfreichen Bemerkungen von Kuhn, Michael (1996): De nomine et vocabulo: der Begriff der medizinischen Fachsprache und die Krankheitsnamen bei Paracelsus (1493-1541). (= Germanistische Bibliothek: Reihe 3, Untersuchungen; N.F., Bd. 24). Heidelberg, S. 114f., Anm. 203.

[229] Daems (1982) schlägt (in seinem Aufsatz „Sal" – „Merkurius" – „Sulfur" (wie Anm. 226), S. 203) vor, die Begriffe „carvunculus", „boden" sowie „terra" mit „Sal" gleichzusetzen, was sicher eine gerechtfertigte Analogie wäre, jedoch keine Identität. Ein endgültiger Nachweis einer solchen Identität steht noch aus.

[230] Pagel (1962): Das medizinische Weltbild des Paracelsus (wie Anm. 9), S. 105.

[231] Telle (1983): Art. ‚Buch der Heiligen Dreifaltigkeit' (wie Anm. 224), Sp. 812-813.

[232] Pagel (1962): Das medizinische Weltbild des Paracelsus, S. 106.

[233] Einige solcher Tradierungswege des ‚Sal' bietet Priesner, Claus (1998): Art. ‚Salz(e)'. In: Alchemie (wie Anm. 23), S. 319-321; umfangreicher und detaillierter Telle, Joachim (2013e): Die Dichtungen im *Dritten Aufgang der mineralischen Dinge* von Johann Hartprecht unter besonderer Berücksichtigung eines Lehrgedichtes *Vom Salz*. In: Alchemie und Poesie (wie Anm. 12), S. 931-987, v.a. auf S. 948ff. Besonders beachtenswert sind auch die Anmerkungen.

in den Salzalchemien („Halchymia') nicht selten eine Gattungsbezeichnung der-
jenigen Stoffe, die dem gemeinen Salz in rein äußerlichen Merkmalen vergleichbar waren, wobei ‚Sal' nicht mit gewöhnlichem Natriumchlorid (Kochsalz)
gleichgesetzt wurde. Als Stoff wurden dem ‚Sal' meist Eigenschaften wie Feuerfestigkeit, Unschmelzbarkeit, Solidität sowie Passivität zugeschrieben. Relevant
für Paracelsus und die Formulierung sowie Konzeptualisierung seines ‚Sal'-
Begriffs waren wahrscheinlich die (spät-)mittelalterlichen ‚Sal'-Vorstellungen
von ‚terra' sowie ‚faex'.[234] Der paracelsische ‚Sal'-Begriff dagegen unterscheidet
sich von den zeitgenössischen ‚Sal'-Formulierungen dadurch, dass das ‚Sal' für
ihn nicht bloß eine Substanz von vielen oder die einer bestimmten Gattung von
Stoffen mit ähnlichen Eigenschaften zugehörige Substanz sei, sondern neben
‚Sulphur' und ‚Mercurius' eine von denjenigen drei primaterialen Grundsubstanzen, aus denen alles entstehe und auf die sich alle Stoffe zurückführen lassen.

In seinem *Liber Meteororvm* gibt Parcelsus an, dass „sich dieser
Philosophey niemands verwundern [solle]/ das dreyerley seindt", denn wenn

> wir recht bedencken die Zahl/ so hatt Gott Drey fuer sich genommen/ vnd auß Dreyen alle
> ding gemacht/ vnd alle ding in Drey gesetzt. Dann der Vrsprung dieser Zahl ist auß Gott
> am ersten/ das ist/ der Anfang ist Drey in der Gottheit. Nuhn ist das Wort auch dreyfach
> gewesen/ dann die Trinitet hatts gesprochen/ vnd das Wort ist der anfang Himmels vnd
> Erden vnd aller Creaturen.[235]

Paracelsus' Trias orientiert sich demnach an der göttlichen „Dreyheit". Deutungen der „Drey" und damit der ‚Tria prima', welche in „alle ding [...] gesetzt"
seien, gibt es indes viele. Eine überblicksartige Zusammenstellung der breiten
Identifikationspalette verschiedener Paracelsus-Forscher, was ‚Tria prima' alles
sein könnten, bietet Daems[236]: Sie seien „hypothetische Einflüße", „Bildungs-
prinzipien", „Bildungsimpulse", „Qualitäten" oder „Modalitäten der Kraftent-
wicklung", „Prozesse", „Weltenkräfte und Akte", „formierende Kräfte" oder
„Substanzen", „Grundsubstanzen", „Urstoffe" und einiges mehr. Daems selbst

---

[234] Siehe dazu die Anmerkungen von Pagel, Walter (1968): Paracelsus: Traditionalism and
Mediaeval Sources. In: Medicine, Science and Culture. Historical Essays in Honor of Owsei
Temkin, S. 51-75, Anm. 1; sowie Ders. (1984): The Smiling Spleen. Paracelsianism in Storm
and Stress. Basel, v.a. S. 37-54.
[235] Paracelsus: *Liber Meteororvm*. In: Paracelsus: *Bücher vnd Schrifften* (wie Anm. 83), Tl. 8, S.
185.
[236] Daems (1982): „Sal" – „Merkurius" – „Sulfur" (wie Anm. 226), S. 190-191.

schließt sich Rudolf Steiners Angebot an, die ‚Tria prima' im Sinne eines analogen Dreigliederungsprinzips von ‚Wurzel/Sal – Blatt/Merkur – Blüte/Sulphur' zu betrachten.[237] Jedoch findet sich im paracelsischen Werk eine solche oder ähnliche Analogie der ‚Tria prima' mit einer „dreigliedrige[n] Pflanze"[238] nicht.

Folgt man dem Wortumfeld des ‚Tria prima'-Begriffs in Paracelsica, ist es naheliegend, die ‚Tria prima' mit Sartorius von Waltershausen[239], Sudhoff[240], Goldammer[241], Dijksterhuis[242], Schipperges[243] sowie Kühlmann/Telle[244] stofflich zu deuten: So sind beispielsweise die ‚Tria prima' dem *Opus Paramirum* zufolge vom christlichen Schöpfergott Cratio ex nihilo als „die drey Ersten"[245] erschaffen worden und damit zwar aus dem Nichts, aber selbst kein hypothetisches „Nichts", sondern mindestens ein konkretes „Etwas", welches in „dreyerlei" „getheilt" sei.[246] Diese „dreyerlei" sowie deren „Arth vnnd […] Natur vnnd Eigenschafft" können mithilfe alchemischer Prozeduren wie „Transmutirung/ Fixirung/ Exaltirung/ Reducirung/ Perficirung/ vnnd andern" nachgewiesen und dadurch könne mit ihnen Erfahrung gemacht werden.[247] Diese Möglichkeit einer Erfahrung mit den „dreyerlei" zu machen, läge daran, dass die ‚Tria prima' zum einen in allen Dingen seien und zum anderen als Substanzen eben diese Dinge zusammensetzen:

> Drey sind der Substantz/ die do einem jedlichen sein Corpus geben: Das ist/ Ein jedlich Corpus/ steht in dreyen dingen. Die Namen dieser dreyen dingen sind also/ Sulphur,

---

[237] Daems (1982): „Sal" – „Merkurius" – „Sulfur", S. 198f.

[238] Ebd.

[239] Sartorius von Waltershausen, Bodo (1935): Paracelsus am Eingang der deutschen Bildungsgeschichte (= Forschungen zur Geschichte der Philosophie und der Pädagogik). Leipzig, S. 41.

[240] Sudhoff, Karl (1936): Paracelsus. Ein deutsches Lebensbild aus den Tagen der Renaissance. Leipzig, S. 87.

[241] Goldammer, Kurt (1953): Natur und Offenbarung (= Heilkunde und Geisteswelt 5). Hannover-Kirchrode, S. 53; sowie Goldammer, Kurt [1971a]: Bemerkungen zur Struktur des Kosmos und der Materie bei Paracelsus (wie Anm. 10), S. 270.

[242] Dijksterhuis (1956): Die Mechanisierung des Weltbildes (wie Anm.7), S. 313.

[243] Schipperges, Heinrich (1974): Paracelsus (wie Anm. 217), S. 100-104.

[244] Kühlmann/Telle (2001): Corpus Paracelsisticum I (wie Anm. 11), S. 247.

[245] Paracelsus: *Opus Paramirum* (wie Anm. 83), S. 75.

[246] Ebd., S. 68.

[247] Ebd., S. 71.

Mercurius, Sal. Diese drey werden zusammen gesetzt/ als dan heists ein Corpus/ vnd ihnen wirt nichts hinzu gethan/ als allein das Leben/ vnd sein anhangendes.[248]

Dieser Locus classicus der paracelsischen ‚Tria prima'-Passagen lässt kaum
Zweifel daran, dass Paracelsus seine ‚Tria prima' vornehmlich stofflich und nicht
ideell denkt: Die ‚Tria prima' aus „Sulphur, Mercurius, Sal" seien jeweils
„Substantz" und Grundlage eines jeden „Corpus". Dabei bestehe nicht nur ein
„jedlich Corpus" aus „Sulphur, Mercurius, Sal", sondern diese „Drey"
„[er]geben" erst „zusammen gesetzt" einen „Corpus" und damit entstehen Körper aus den ‚Tria prima'. Dieses Axiom – nämlich, dass eine Verbindung aus
denjenigen Grundstoffen bestehe, aus denen sie auch entstehe – findet sich bereits in korpuskulartheoretischen Vorstellungen voraristotelischer Zeit.[249] Allerdings ist unklar, ob und bei wem sich Paracelsus von diesen Vorstellungen hat
eventuell beeinflussen lassen. Gleich ist jedenfalls sowohl bei Paracelsus als
auch in den antiken korpuskulartheoretischen Lehren der Gedanke vorhanden,
dass eine solche Verbindung auch in ihre Grundstoffe zerlegt werden könne.

Zur erwähnten Zerlegung gehört beispielsweise die Reduktion von Stoffen mithilfe eines Verbrennungsprozesses und wird als fester Bestandteil alchemischer Operationen der ‚Kunst Spagyrica'[250] zugerechnet. Die alchemische
Scheidekunst beweise schließlich, dass die Substanzen ‚Sulphur', ‚Mercurius'
und ‚Sal' sich in allen Körpern befänden und Körper sich auf diese „drey ding"
reduzieren lassen, wie es Paracelsus am Beispiel der Holz-Verbrennung ausführt:

Nun die ding zuerfahren/ so nempt ein anfang vom holtz: Dasselbig ist ein Leib/ Nun laß
brinnen/ so ist/ das do brinndt/ der Sulphur, das da raucht/ der Mercurius, das zu Eschen
wirdt/ Sal […] Also finden sich da drey ding/ nit mehr/ nit weniger/ vnd ein jedlich ding
gescheiden vom andern.[251]

Paracelsus veranschaulicht hier exemplarisch am „holtz", welche und auf welche
Weise die spezifischen Eigenschaften von „Sulphur", „Mercurius" und „Sal" bei
einer Stoffscheidung durch Verbrennung zutage treten würden. Weil ‚Sulphur',

---

[248] Paracelsus: *Opus Paramirum*, S. 73.
[249] Siehe dazu die Ausführungen von Dijksterhuis (1956) (wie Anm. 7), S. 233.
[250] „Darumb so lehrn Alchimiam, die sonst Spagyria heist: die lehrnet das falsch scheiden von dem
        gerechten", Paracelsus: *Opus Paramirum*, S. 82.
[251] Paracelsus: *Opus Paramirum*, S. 74.

‚Mercurius' und ‚Sal' in den Dingen der Schöpfung „vnsichtbar"[252] – d.h. für das bloße Auge nicht sichtbar – seien, könne man sie mithilfe eines Verbrennungsprozesses nachweisen: „Dann durch das Fewer muessen alle ding erfaren/bewert vn erfunden werden [...]."[253] Dabei zeigen sich unter anderen die Spezifika der ‚Tria prima' Brennbarkeit (das, was „brinndt", ist der „Sulphur"), Raucherzeugung (das, was „raucht", ist der „Mercurius") und Feuerfestigkeit (das, was „zu Eschen wirdt", ist das „Sal"). So sei allein ein solcher Verbrennungsprozess „der grundt/ das wir die drey Substantzen erkennen vnd erfahren: Das nicht auß vnsern koepffen/ noch auß hoeren sagen/ sondern auß der Erfahrenheit der Natur zerlegung/ vnd Erfahrung solcher eigenschafft ergründung"[254].

Diese Erfahrung und die dabei erlangte Erkenntnis über die Zusammensetzung der Dinge seien für Paracelsus als Naturkundler zu verallgemeinern auf alle Dinge der Schöpfung. Und besonders für Paracelsus als Arzt sind die Ausweitung dieser Erkenntnis und deren Konsequenzen auf den Menschen bedeutsam. Denn der Arzt solle wissen, dass man „den menschen in den dreyen solt erkennen/ gleich so wohl als das holtz [...]"[255]. Das ist der Kern der Erkenntnis eines Arztes über das ‚Heimliche' seines Objekts, nämlich, dass der Mensch wie auch die Dinge der Schöpfung aus den ‚Tria prima' zusammengesetzt seien. Die paracelsische ‚Tria prima'-Vorstellung ist demnach eine alles umfassende Lehre, welche die Trias von ‚Sulphur', ‚Mercurius' und ‚Sal' als primordiale Grundlage der gesamten materiellen Welt annimmt. Die Kenntnis darüber, dass „alle ding/ die drey ding haben"[256], ist für Paracelsus schließlich die Voraussetzung für die Praxis eines Arztes:

> Am aller ersten/ muß der Artzet wissen/ dz der Mensch gesetzt ist in drey Substantz. Dann wiewol der Mensch auß Nichts gemacht ist/ so ist er aber in Etwas gemacht: dasselbig Etwas ist getheilt in dreyerley: diese drey machen den gantzen Menschen/ vnnd sind der Mensch selbst/ vnd er ist Sie/ auß denen vnnd in denen/ hatt er all sein gutts vnd boeses/ betreffend den Physicum corpus.[257]

---

[252] Paracelsus: *Opus Paramirum*, S. 73.
[253] Paracelsus: *Die große Wundartzney* (wie Anm. 83),Tl. 11, S. 81.
[254] Paracelsus: *Opus Paramirum*, S. 72.
[255] Ebd., S. 73.
[256] Ebd., S. 74.
[257] Ebd., S. 68. – Ähnlich auch in Paracelsus: *Die große Wundartzney*, S. 81: „Der Mensch ist gesetzet auß dreyen Hauptstucken/ auß dem Sulfure, Liquore [Mercurius], vnd Sale: Die drey

Es gilt analog zum oben erwähnten korpuskulartheoretischen Axiom auch hier: Wenn der Arzt weiß, woraus der Mensch besteht, weiß er demzufolge auch, woraus er entsteht und umgekehrt. Der Mensch als Ganzes sei identisch mit dem, woraus er entstanden sei und woraus er aktuell bestehe. Entsprechend zu diesem Gedankengebäude eines grundlegenden ‚Tria-prima'-Entwurfs konzipiert Paracelsus seine Vorstellung von Gesundheit, Krankheit und Heilung: „Dann gleich ist es ein wissen/ wie der Mensch gesundt ist/ vnd wie er kranck ist oder wirdt. Dann wie ein kranckheit wird vom gesunden/ also wirdt auch von kranckheit der gesund."[258] Die Suche nach der Krankheitsursache fällt bei Paracelsus folglich mit der Suche und der Erkenntnis der ‚Materia prima' zusammen. Die Kenntnis dessen ermöglicht die Aussicht auf Heilung im Krankheitsfall, denn erst „[...] auß denen [nämlich den Tria prima] vnnd in denen/ hatt er all sein gutts vnd boeses/ betreffend den Physicum corpus"[259]. Paracelsus' Vorstellung ist, dass eine Krankheit allein durch die Abwesenheit einer oder aller „Substantzen" der ‚Tria prima' entstehe oder ein Missverhältnis in ihrer Zusammensetzung im Menschen herrsche. Die Aufgabe eines Arztes sei demnach, sich die Erkenntnis praktisch anzueignen, „welche Substantz die Kranckheit mache"[260].

Von besonderer Relevanz in diesem Zusammenhang ist, dass Paracelsus sich gegen die in der Frühen Neuzeit herrschende Humoralpathologie des Galen und die Qualitätenlehre aristotelischer Provenienz wendet:

> Jetzt hast du den menschen/ das sein leib nichts ist als allein ein Sulphur/ ein Mercurius/ ein Sal: In denen dreyen [dingen] steht sein gesundtheit/ sein kranckheit/ vnnd alles was ihme anliget. Vnnd wie do allein Drey seindt/ Also sind die drey/ vrsach aller kranckheiten/ vnnd nicht vier Humores, Qualitates, oder dergleichen.[261]

Paracelsus' zufolge sind „Sulfur", „Mercurius" und „Sal" als Zusammensetzer des menschlichen Leibs auch dessen Krankheitsursachen. Sie seien sowohl verantwortlich für Gesundheit, als auch für Krankheit und alles, was den Menschen darüber hinaus betreffe, denn in der Tria prima „alle heimligkeit ligen/ vnd

---

sind der Leib deß Menschen/ in dem ein jeglichs Glid stehet. Der Sulphur gibt greiflich/ der Liquor gibt den safft/ vnd das Sal Coaguliert zuesammen den Physicum Corpus. [...] ein jeglichs nach seinem Gewicht/ vom Schoepffer geschaffen [...]."

[258] Paracelsus: *Opus Paramirum*, S. 68.
[259] Ebd.
[260] Ebd., S. 81.
[261] Ebd., S. 75.

grundt/ werck vnd Cura"[262]. Dabei sei eben auch das unterschiedliche Mischungsverhältnis von Sulphur, Mercurius und Sal in den Dingen im Allgemeinen sowie im menschlichen Körper im Besonderen wesentlich. Das Mischungsverhältnis der Trias ermögliche den Dingen individuelle Spezifität. Die ‚Tria
prima' „bestimmen in allen Dingen die stoffliche Zusammensetzung; nach ihnen
richtet sich, was in einem Gegenstand an Festigkeit, Verbrennbarkeit und
Verfliegbarem vorhanden ist, und wie sich diese zueinander verhalten"[263].
Schließlich komme auch das richtige Mischungsverhältnis aus der Erfahrung des
Arztes.

Gleichzeitig seien genauer betrachtet die ‚Tria prima' als Materia prima
des Menschen von der Materia prima aller übrigen Dinge der Schöpfung zu
unterscheiden, denn „der mensch sein prima materiam hat in limbo, der Sulphur,
Mercurius vnd Sal gewesen ist der 4. Elementen/ zusammen gefasset in einen
Menschen"[264]. Der Limbus[265] sei (im *Opus Paramirum*) derjenige „Corpus", in
dem alle nicht sichtbaren Dinge einer außerräumlichen und vorzeitlichen Welt,
zu denen die Tria prima gehören, im Rahmen der Welterschaffung durch den
christlichen Schöpfergott im menschlichen Körper „gefast" und „sichtig" gemacht worden. Die unsichtbaren Dinge wurden – so „wie sie gewesen sind" – im
Limbus in die zeitliche Welt überführt, die „erkantlich/ sichtlich vnn
mercklich"[266] sei. Im Menschen erfahren damit die Tria prima sowohl ihre
Schöpfung als auch ihre Begrenzung durch den Limbus, in dem Sal, Sulphur und
Mercurius als auch „Himmel vnd Erden/ ober vnnd vnder Spaer/ die vier Ele-
ment/ vnd was in jhr ist"[267] manifestiert werden und auf das Ganze des menschlichen Körpers wirken.

Diese ‚Limbus'-Vorstellung ist eng mit der paracelsischen
‚Mikrokosmos-Makrokosmos'-Lehre[268] verknüpft, nämlich, dass der Mensch als

---

[262] Paracelsus: *Opus Paramirum*, S. 92.
[263] Pagel, Walter (1962): Das medizinische Weltbild des Paracelsus, S. 8.
[264] Paracelsus: *Opus Paramirum*, S. 76.
[265] Zum Begriff ‚Limbus' (sowie zur Unterscheidung von ‚Limbus minor' und ‚Limbus major')
      siehe Kapitel 2.4.
[266] Paracelsus: *Opus Paramirum*, S. 76.
[267] Ebd., S. 204.
[268] Die ‚Mikrokosmos-Makrokosmos'-Vorstellung gehört zu den zentralen Denkfiguren des
      Paracelsus: „[...] der Mensch ist nach Himmel vnnd Erden gemacht/ dann er ist auß jhnen
      gemacht. So er nuhn auß jhnen gemacht ist/ so muß er seinen Eltern gleich sein/ als wol als ein
      Kindt/ das seins Vatters alle Glidmaß hatt. [...] Darumb auß dem volgt/ das der Artzt das wissen

die kleine Welt dem Kosmos als der großen Welt entspreche, weil erster ein
Auszug und Konzentrat aus letzterem sei, sodass sich die eine Welt aus der anderen erschließen lasse.[269] Deswegen bestehe zwischen Mensch und Kosmos substanzielle Gleichheit, die auch Ursache für die möglichen Erkenntnisse des Menschen über die Natur sei: Dadurch, dass der Mensch alles, was in der Natur sei,
durch den göttlichen Schöpfungsakt des Limbus und der darin enthaltenen Tria
prima auch in sich selbst trage, habe der Mensch die Möglichkeit, Erkenntnis
über die Schöpfung sowie ihre „heimligkeit[en]" zu erlangen: „Dann dieweil der
Mensch auß jhnen geboren ist/ so hatt er das Erb/ zuwissen alles das jenig/ das
im Himmel vnd Erden ist."[270] Hieraus leitet Paracelsus eine weitere Aufgabe
eines Arztes her:

> Der den Limbum erkent/ der weiß was der Mensch ist. Also sol der Artzt geboren werden.
> [...] so muß der Artzt die beide Sphaer vnten vnd oben erkennern/ in Jhrem Elemnt vnnd
> wesen/ eigenschafft vnd Natur. So er nun die kennet/ so weiß er was dem Menschen
> gebrist in seinen noeten.[271]

Dieser Vorstellung entsprechend, nämlich dass die Tria prima in Form und Art
des Limbus im Menschen als Mikrokosmos dem Makrokosmos entspreche, baut
Paracelsus seine Krankheitsätiologie auf: Was die Krankheit im Mikrokosmos
des menschlichen Körpers verursache, eröffne „die [alchemische] kunst/ die
solchs dahin bringet vnd sichtig macht"[272], mithilfe des Wissens um der Entsprechung sowie der nötigen Erfahrung. Die alchemo-medizinische Kunst bringe
zum Vorschein, was dem Körper fehle, wenn man die Krankheit dem Körper von

---

soll das im Menschen sind Sonn/ Monn/ Saturnus, Mars, Mercurius, Venus vnn all Zeichen/ der
Polus Arcticus vnd Antarcticus, der Wagen/ vnn alle Quart in Zodiaco." (Paracelsus: *Opus
Paragranum*, Tl. 2, S. 126f.) Gleichheit bestehe vor allem hinsichtlich der Stofflichkeit des
Kosmos mit der des Menschen. Letzterer bestehe aus der Quintessenz des Weltstoffes, dem
,Limbus'. Die ,Mikrokosmos-Makrokosmos'-Vorstellung ist allerdings keine originär
paracelsische Idee. Sie findet sich in zahlreichen Abschriften und Abdrucken der *Tabula
Smaragdina* der Frühen Neuzeit. – Zur ,Mikrokosmos-Makrokosmos'-Idee bei Paracelsus siehe
zusammenfassend Müller-Jahncke, Wolf-Dieter (1995): Makrokosmos und Mikrokosmos bei
Paracelsus. In: Zimmermann, Volker (Hg.): Paracelsus. Das Werk – die Rezeption. Beiträge des
Symposiums zum 500. Geburtstag von Theophrastus Bombasuts von Hohenheim, genannt
Paracelsus (1493-1541) an der Universität Basel am 3. Und 4. Dezember 1993. Stuttgart, S. 59-
66; im Allgemeinen vgl. Anm. 49.
[269] Paracelsus: *De massa corporis humani* (wie Anm. 83), Tl. 10, S. 454.
[270] Paracelsus: *Von den Podagrischen Kranckheiten* (wie Anm. 83), S. 269.
[271] Paracelsus: *Opus Paramirum*, S. 204.
[272] Ebd., S. 74.

außen nicht ansehe. So wisse man aufgrund der Entsprechung mit dem Makrokosmos, was im Mikrokosmos des menschlichen Körpers sei bzw. sein müsste.
Zur Heilung solle deswegen „die Natur dohin gebracht werden/ das sie sich
selbst beweist"[273]. Da die Tria prima als Materia prima sich von ihrem Ursprung
aus bis zu ihrer ‚perfekten', d.h. vollkommenen, Ausformung (‚Materia ultima')
entfalte, sei sie auch in der Lage „[alle] Newen Tugenden" auszubilden unter
„[Verzehrung] aller Alten Wesen/ also/ das die alt Substantz/ das alt Wesen/ die
alt Natur/ da kein wirckung mehr hatt"[274].

Wie man die fehlende „alt Substantz" – eines deswegen ‚imperfekten'
Körpers – ersetzen könne, bietet Paracelsus beispielsweise mit der Herstellung
der Arznei „Arcanum Primae Materiae" aus den *Archidoxen* an:

> Rec[ipe] de Prima Materia in Flaccum, laß Digeriren in Digestione Resoluta auff Ein Mo-
> nat: Zu welchem hernach setze die Additz Monarchiae, in aequale Pondus, laß also
> digeriren in Eim/ auff den andern Monat: Nach dieser Digestion Rec[ipe] die Materien/
> vnd Distiliers per [nasum] herüber/ vnnd was herüber gehet/ dasselbig ist Arcanum Primae
> Materiae.[275]

Der im Rezept beschriebenen ‚Materia prima' werden stoffliche Eigenschaften
zugeschrieben, selbst wenn sie nicht benannt werden. Und auch wenn ‚Sal',
‚Sulfur' und ‚Mercurius' die „prima materia" für andere Stoffe seien, so stecken
in ihnen die „verborgenen" noch nicht differenzierten „praedestinata", um sich
zur jener vollkommenen Ausformung und ‚Materia ultima' entfalten zu können.
Der Arzt fungiert dabei als Erkennender, Erfahrener und durch die ‚Kunst
spagyrica' Erprobter als Beschleuniger solcher Naturprozesse und damit als
Heiler.

So sind nach Paracelsus Sulphur, Mercurius und Sal als Materia prima
zweifelsohne „Substantzen", wobei der paracelsische „Substantz"-Begriff sicher
nicht mit dem gegenwärtigen ‚Substanz'-Begriff gleichzusetzen ist: Vielmehr
eint Paracelsus unter seinem „Substantz"-Begriff sowohl konkrete stoffliche
Spezifika der Tria prima als auch nicht-stoffliche, aber für die Frühe Neuzeit
charakteristische Eigenschaften der Materia prima. Stoffliche Charakteristika

---

[273] Paracelsus: *Opus Paramirum*, S. 73.
[274] Paracelsus: *Archidoxis* (wie Anm. 83), Tl. 6, S. 44f.
[275] Ebd., S. 48.

sind, wie zum Teil schon erwähnt, hier zusammengefasst: die ‚Greiflichkeit'[276] mit der Fähigkeit zur Brennbarkeit, bzw. Verbrennbarkeit („Sulphur"), das ‚Saftige'[277] mit der Fähigkeit zur Raucherzeugung und Verfliegbarem („Mercurius") und der ‚Coagolator' mit der Eigenschaft von Festigkeit bzw. Feuerfestigkeit („Sal") von Tria prima als „dreyerlei" „getheilt[e]" „Substantz", die mindestens ein „Etwas" und mithilfe alchemischer Prozeduren in einem „jedlich Corpus" nachweisbar seien. Nicht-stoffliche Charakteristika seien, dass die Tria prima creatio ex nihilo erschaffen, unsichtbar, in allen Dingen seien, gleichzeitig ließen sich alle Dinge auf diese „drey" zurückführen. So vereinigt der paracelsische „Substantz"-Begriff im ‚Tria prima'-Terminus sowohl stoffliche Bestandteile zusammengesetzter Körper als auch Charakteristika, die für Paracelsus Ursachen stofflicher Eigenschaften, selbst jedoch nicht-stofflicher Natur, seien.

Dass Substanzen stoffliche Eigenschaften haben, um mit ihnen Erfahrungen machen zu können, ist nachvollziehbar. Nicht-stoffliche Eigenschaften besitzen Substanzen Paracelsus zufolge durch die Erschaffung eben dieser Substanzen durch den christlichen Schöpfergott, indem er kosmische Komponenten im vorzeitlichen und vorweltlichen Schöpfungsakt der Tria prima in den Dingen eingeschlossen habe, beim Menschen speziell in Form und Art des Limbus. Hier tritt deutlich Paracelsus' überall präsenter Einheitsgedanke zutage: Das Ganze der Welt wird in der einen Tria prima als Materia prima eingeschlossen, damit aus der einen Trias („drey Substantzen in einer gestalt"[278]) wiederum das Ganze des (menschlichen) Leibs werden könne.

Durch den Einschluss nicht-stofflicher Eigenschaften in den Substanzen, könne das Streben von in den „Substantzen" innewohnenden Kräften nach ihrer Vervollkommnung, also ihren ‚perfekten' Zustand, dessen Beschleuniger der Arzt sein solle, ermöglicht werden:

> DJieweil nuhn Vltima materia beweist/ das alle ding in den Drey Substantzen stendt/ vnd das sie des Artzts Subiectum sind: Vnnd aber das Mittel Corpus sicht jhm nicht gleich/ al-

---

[276] Paracelsus: *Die große Wundartzney*, S. 81. – Vgl. dazu auch Paracelsus: *Philosophia Sagax* (wie Anm. 83), Tl. 10, S. 16: „Das greifflich ist gesetzt auß dreyen stuecken/ auß Sulphure, Mercurio, vnnd Sale: Der vngreifflich ist auch in drey gesetzt/ in das Gemueth/ Weißheit vnd Kunst/ vnnd sie beyde sind gesetzt in das Leben."
[277] Paracelsus: *Die große Wundartzney*, S. 81.
[278] Paracelsus: *Opus Paramirum*, S. 73.

so gewaltig wirdt es geschmidet vnnd verkert [...] Ein mahl sindt wir geschnitzlet von Gott/ vnd gesetzt in die drey Substantzen/ Nachfolgent vbermahlet mit dem leben/ das vns vnser stehn/ gehn/ bewegligkeit et cetera gibt/ vnnd mit einem Lumpen ist es alles wieder auß.[279]

Das heißt allerdings auch, dass die Materie durch die Tria prima nicht statisch in einer einzigen immerwährenden Form, sondern dynamisch ist. Die Tria prima sind in der Materie in ständiger Bewegung und reziproker Wirkung aufeinander und bilden so „ein dynamisches Beziehungsgefüge"[280]. In dieser reziproken Dynamik von Aktion, Reaktion und Wirkung ist es den Tria prima möglich zu Streben und Neues entstehen zu lassen und schließlich heilen zu können.

Etwas im Dunkeln scheint noch die Antwort auf die Frage zu sein, ob Paracelsus mit ‚Sulphur', ‚Mercurius' und ‚Sal' die konkreten Stoffe Schwefel, Quecksilber und Salz meinte. Folgt man dem paracelsischen Text, so scheint dies der Fall zu sein, wie folgendes Beispiel aus der *Großen Wundartzney* zeigt: „[...] darumb ichs anzeige/ außzulegen das Saltz/ das dann ein Vrsach ist aller offnen Schaeden."[281] Nur wenige Zeilen später heißt es im gleichen Kontext: „Also ist so viel hie nohtwendig von dem Sal, daß ein vrsach ist aller Offnen Schaeden [...]."[282] Auch auf den folgenden Seiten verwendet Paracelsus die Begriffe ‚Saltz' mit ‚Sal' synonym. Gleiches gilt für ‚Mercurius' und ‚Quecksilber' sowie ‚Sulphur' und ‚Schwefel'. Was der Hohenheimer gleichzeitig immer wieder betont, ist, dass es mehrere ‚Species' von ‚Sal', ‚Sulphur' und ‚Mercurius' gebe: „Dann nicht einerley ist deß Balsams [hier: ‚Saltz' bzw. ‚Sal']/ sonder so manch Glid im Menschen/ so vil mancherley Ort auch: Vnd so vilerley Fleisch am Menschen/ so vilerley auch der Art deß Balsams."[283] So ist es wahrscheinlich, dass Paracelsus unter den Begriffen ‚Sal', ‚Sulphur' und ‚Mercurius' die verschiedenen Erscheinungsformen und Unterarten von Salzen, Schwefeln und Quecksilbern bzw. das, was er darunter versteht, subsummiert. Paracelsisten wie Leonhard Thurneisser greifen diese Vorstellung mit dem Versuch auf, die verschiedenen Arten der Tria-prima-Bestandteile zu systematisieren (siehe weiter unten).

---

[279]   Paracelsus: *Opus Paramirum*, S. 87.
[280]   Wegener, Christoph (1988): Der Code der Welt. Das Prinzip der Ähnlichkeit in seiner Bedeutung und Funktion für die Paracelsische Naturphilosophie und Erkenntnislehre. (= Europäische Hoschschulschriften, Reihe 20: Philosophie, Bd. 250). Frankfurt/M., S. 76.
[281]   Paracelsus: *Die große Wundartzney*, S. 81.
[282]   Ebd.
[283]   Ebd., S, 82.

2.3.2   Tria prima als Materia prima in Ps.-Paracelsica

Nicht selten galt die paracelsische ‚Tria prima'-Lehre Pseudepigraphen als Vorlage und Alibi Paracelsus untergeschobener Schriften wie das pseudoparacelsische Werk *De Pestilitate*[284]. Schablonenartig wird hierin das paracelsische Vorbild ‚Tria prima' im Rahmen von Erläuterungen zur Entstehung und Heilung der Pest skizziert. „Sulphur, Mercurius vnd Sal" werden wie beim Vorbild unter Aufgriff der Mikrokosmos-Makrokosmos-Vorstellung[285] bestimmt als „der grund vnd die wahrhafftige Materia, darauß alle Thiere/ darauß ferner der Mensch beschaffen worden/ beschaffen sind"[286]. Auch wird die Entstehung der Tria prima in einen der biblischen Genesis nahen Kontext[287] eingebettet. Jedoch scheint der Verfasser die chronologische Reihenfolge sowie das qualitative Verhältnis zwischen den Elementen und den Tria prima weder bei Paracelsus zu übernehmen noch selbst deutlich zu formulieren:

> Der Erdboden/ das Wasser/ der [sic!] Lufft/ das Fewer/ haben jhren vrsprung auß dreyen dingen: Diese drey ding sind nit eher/ dann der Erdboden/ das Wasser/ Fewr vnd Lufft geschaffen worden. Diese drey ding sind gewesen/ vnd sind noch/ Fewr/ Lufft/ Wasser vnd Erden […].[288]

Es ist unklar, ob die Elemente aus den Tria prima hervorgegangen sein sollen oder umgekehrt, oder ob zwischen diesen ein Verhältnis der Identität besteht („sind gewesen/ vnd sind noch").

Eindeutiger scheint hingegen der Ort der Erschaffung – und des/der Erschaffer(in) – sowohl der Elemente als auch der Tria prima zu sein. Es sei nämlich nicht der christliche Schöpfergott, sondern „die Mutter/ nemlich das Wasser"[289] und erinnert verdächtig an andere pseudo-paracelsische, durch gnostische Strömungen beeinflusste, Werke wie *De secretis creationis*[290] oder das *Liber*

---

[284] Ps.-Paracelsus: *De Pestilitate* (wie Anm. 83), Tl. 3, S. 24-107.
[285] Ebd., S. 36 sowie S. 63.
[286] Ebd., S. 30; beispielhaft auch auf S. 63 (Bsp. „Sterne") und S. 72 (Bsp. „Frosch").
[287] Ebd., S. 30: „Dann da die gantze Welt ist beschaffen worden/ da hat der Geist Gottes geschwebet auff den Wassern: Dann durch das Wort FIAT, ist am Ersten das Wasser beschaffen worden vnd hernach auß dem Wasser alle andere Creaturen/ todt vnd lebendig."
[288] Ebd.
[289] Ebd.
[290] Ps.-Paracelsus: *De secretis creationis* (wie Anm. 83), Tl. 11 Appendix, S. 3-66, hier 109.

Azoth[291], in denen als Schöpfungsursprung der Welt ein „Urwasser" beschrieben wird.[292] Gnostischen Tendenzen zufolge entstehen auch die Elemente in einem solchen „Urwasser", wobei manche dieses „Urwasser" als „finsteren Abgrund der Materie"[293] interpretieren. Bei Paracelsus allerdings fehlen solche Vorstellungen, in denen ein „Urwasser" als „finsterer Abgrund der Materie" bezeichnet wird, und auch die Chronologie der Welterschaffung orientiert sich bei ihm deutlich an der biblischen Vorlage, wie weiter oben ausführlicher beschrieben.

Ein weiterer Gegensatz der Materia prima-Vorstellung in *De Pestilitate* zu der des Paracelsus ist die Veranschaulichung von Werden und Vergehen der Materie durch Verknüpfen der „dreyen ersten Materien" an die „drey zeiten: Als den lentzen/ den Sommer/ vnnd den Herbst", da alle „ding bedoerffen zu jhrer vollkommnen geberung"[294] jeweils ihre Zeit.[295] Das „Saltz" ordnet der Verfasser dem „Herbst vnd Winter" zu, dem „Schwefel" den „Lentzen vnd Sommer". Grund dafür sei, dass das „Saltz" – vergleichbar dem Herbst – „allen Creaturen die Form vnnd Farb" gebe und der „Sulphur" – ähnlich dem Frühling – den Dingen „das Corpus, das wachsen/ vnnd die dewung"[296] ermögliche. Es werden schließlich „Saltz" und „Schwefel" als „zwene Regirer" zu „Vatter vnd Mutter/ welche alle Creaturn geberen mit Hülffe der Gestirne"[297] deklariert, so dass „Sonn vnd Mond" (dem „Saltz" wird der „Mond" zum „Herrn", während die „Sonne aber ist ein Herr vnnd Regent des Sulphurs") durch „Sulphur" und „Sal" den „Mercurius" erst hervorbringen. Wahrscheinlich ist, dass der Verfasser hier jene arabisch-mittelalterlich ererbte Sulphur-Mercurius-Lehre von der Metallentstehung aus Schwefel und Quecksilber und deren in der Frühen Neuzeit gängigen Figuration als ‚Sol'/‚Luna'-Paar[298] mit paracelsischem Gedankengut vermengt und modifiziert. Damit tritt spätestens hier der wesentliche Unterschied zwischen Paracelsus, der eine eindeutige Nebeneinanderstellung der Trias von

---

[291] Ps.-Paracelsus: *Liber Azoth* (wie Anm. 83), Tl. 10 Appendix, S. 3-66, hier S. 32f.

[292] Vgl. dazu Pagel (1962) (wie Anm. 9), S. 77f.

[293] Vgl. dazu ebd., S. 79.

[294] Ps.-Paracelsus: *De Pestilitate*, S. 30.

[295] Die Vorstellung, dass alles seiner Zeit bedarf, ist vermutlich dem biblischen Text Prediger 3 aus dem Alten Testament entlehnt: „Ein jegliches hat seine Zeit, und alles Vorhaben unter dem Himmel hat seine Stunde: geboren werden hat seine Zeit, sterben hat seine Zeit; pflanzen hat seine Zeit, ausreißen, was gepflanzt ist, hat seine Zeit [...]", Vers 1-2.

[296] Ps.-Paracelsus: *De Pestilitate*, S. 31. – „dewung": Verdauung.

[297] Ebd.

[298] Zur Figuration von ‚Sol' und ‚Luna' und ihren Deutungsvarianten vgl. Telle (1980): Sol und Luna (wie Anm. 104).

,Sulphur', ,Mercurius' und ,Sal' als Grundlage und ,Materia prima' aller existenten Dinge sieht, und dem Pseudepigraphen der *De Pestilitate*, der die Tria prima
untereinander zu hierarchisieren sucht, indem er ,Mercurius' aus ,Sal' und
,Sulphur' entstehen lässt, zutage.

Zwar seien auch nach der *Pestilitate*-Schrift „SULPHUR,
MERCURIUS, SAL, das rechte vnd beste Richtscheidt vnd Wegweiser eines
jeden Artzts", was nötig sei, wenn denn „jemand diese [s]eine Philosophiam
lesen vnd recht verstehn"[299] wolle. Diese paracelsische Forderung hinsichtlich
des ärztlichen Ethos bleibt allerdings ohne weitere Konsequenzen unverbunden
im Text stehen. Dafür wird die ,Tria prima'-Vorstellung weiter dahingehend
umgearbeitet, als dass „Schwefel" und „Saltz" eine höhere Bedeutung, weil
explizit von Gott erschaffen, zugesprochen wird:

> Hierauff wissent nun/ das Gott in die Erden vnd Wasser/ viel vnd mancherley Schwefel/
> vnd Saltz gelegt vnd geschaffen hat: das ist/ ein jede Creatur/ so viel jhren dann auch
> seind/ sie haben leben oder nit leben/ hat im Wasser vnnd Erden jhren eignen Sulphur vnd
> Sal, dadurch es seine nahrung hat.[300]

Schließlich heißt es weiter hinten in der Schrift sogar: „Vom Mercurio ist hie
keine meinung: allein Sulphur vnd Sal muessen vorhin vollkommen erkleret
werden"[301], womit nicht nur eine Hierarchisierung der drei Prinzipien vorgenommen wird, sondern diese zu einer Zwei-Prinzipen-Lehre von ,Sulphur' und
,Sal' umgewandelt werden, wohl um eine eigene Vorstellung eines Heilmittels
gegen die Pest durchzusetzen.

Eine spannungsreiche Transformation erlebt die ,Tria prima'-Lehre des
Paracelsus auch durch den Pseudepigraphen der *De natura rerum*[302], eine auf die
Metalltransmutation, welche Paracelsus im Übrigen vehement ablehnte,[303] ausgerichtete Schrift. Deutlich wird diese Grundorientierung bereits aus der ersten
Erwähnung der ,Tria prima' im ersten von neun Büchern: Man solle wissen, dass
„alle siben Metallen/ auß dreyen materien geboren werden/ nemlich auß Mercurio, Sulphure vnd Sale […]"[304]. Zwar seien die Tria prima Basis der gesamten

---

[299] Ps.-Paracelsus: *De Pestilitate*, S. 31.
[300] Ebd.
[301] Ebd., S. 64f.
[302] Ps.-Paracelsus: *De natura rerum*, (wie Anm. 83), Tl. 6, S. 255-362.
[303] Siehe Telle, Joachim (1994): Paracelsus als Alchemiker (wie Anm. 217), S. 159.
[304] Ebd., S. 264.

physischen Welt, d.h. hier aller drei Reiche[305], und damit sei die ‚Tria prima'-Lehre wie bei Paracelsus allumfassend, doch wird in der gesamten Schrift dem Reich der Metalle und der Rolle der Tria prima in diesem besonders hervorgehoben. Denn gerade die Kenntnis um das Entstehen und Werden sowie die Transformation der Metalle für den Alchemiker in laborantisch reproduzierbarer Praxis sei von herausragender Bedeutung, weil das Endziel alchemischen Strebens schließlich darin liege, „die Metall zu transmutiren", um jenen arkanen Stoff, „ein Tinctur oder [den] Lapis Philosphorum", zu präparieren[306] – im Übrigen nicht darin, Metalle zu „generiren", weil die „siben Metall" allein „in Bergen […] geboren" seien.[307]

Aus der Vielzahl metalltransmutatorischer Strömungen der Frühen Neuzeit werden hier Kenntnisse jener Alchemia transmutatoria metallorum gefordert, zu denen das Wissen um eine Qualitätenlehre gehört, welche auf der Vorstellung beruht, dass „alle ding" gewandelt werden könnten „[…] von einer gestalt in die andere/ von einem Wesen in das ander […] von einer Tugend in die ander […] von einer Qualitet in die ander"[308]. Damit basiert die Vorstellung von den Tria principia hier auf einer (von Paracelsus verachteten) aristotelischen Qualitätenlehre, der zufolge die vier Elemente von Feuer, Wasser, Luft und Erde bzw. deren Primärqualitäten Wärme, Feuchte, Kälte und Trockenheit sich ineinander umwandeln ließen, wodurch eine Metalltransmutation theoretisch möglich wäre und praktisch an Körpern durchführbar sei „durch die Kunst vnd eines Erfahrenen Spagyrici geschicklichkeit"[309].

Die Separation sei beim „Alchimistische[n] Proceß"[310] einer Metalltransmutation der erste Schritt, ganz analog zur „Schoepffung der Welt", bei der „die erste Seperation an den vier Elementen angefangen" habe, „da die Prima materia Mundi waß ein einiger Chaos: auß demselbigen Chaos hatt Gott gemacht Maiorem Mundum"[311]. Doch solle der Alchemiker nicht wie der (chemisierte)

---

[305] Siehe Ps.-Paracelsus: *De natura rerum*, S. 315f. – Anknüpfend an die Vorstellung zahlreicher frühneuzeitlicher Naturkundler, dass die Natur aus den drei Reichen bestehe, nämlich dem animalischen, pflanzlichen und mineralischen.
[306] Zum Begriff ‚Tinktur' siehe Anm. 48.
[307] Ps.-Paracelsus: *De natura rerum*, S. 265.
[308] Ebd., S. 258.
[309] Ebd., S. 260.
[310] Ebd., S. 314.
[311] Ebd., S. 313. – Zum Begriff ‚Chaos' als Materia prima siehe Kapitel 2.8.

Schöpfergott die „Scheidung der Elementen aller natuerlichen dingen" vorneh-
men, sondern

> die Seperation natuerlicher dingen/ ein jedes sonderlich vom andern Materialisch vnd
> Substantialisch abzusuendern vnd scheiden/ da zwey/ drey/ vier/ fünff/ etc. vnd noch mehr
> vnder einander vermischt/ in einem Corpus sind/ vnd doch nur ein Einige Matery griffen
> vnd gesehen wird.[312]

Zweck einer alchemischen Separation, von der es verschiedene Arten gebe, sei
demnach das Zerlegen von Stoffen in ihre einzelnen Bestandteile, weil die
‚natürlichen Dinge' sich uns als „Einige Matery" zeigten, tatsächlich aber aus
mehreren Komponenten bestünden („zwey/ drey/ vier/ fünff/ etc.") wie bspw. die
Elemente und die Tria prima, die voneinander „abzusuendern" seien, um die
notwendige Materia prima als „erst[e] Substantz vnd Form" für die
„Transmutationes natürlicher dingen" von den anderen Stoffen zu separieren,
weil nur sie allein die Eigenschaft besäße, „ein andere Form/ ein andere
Substantz/ ein anders Wesen/ ein andere Farb/ ein andere Tugend/ ein andere
Natur oder Eigenschafft"[313] anzunehmen. Nur bleibt im Dunkeln, ob die Materia
prima jener „einiger Chaos" oder identisch mit den „dreyen Principiorum, als da
ist Mercurius, Sulphur vnd Sal" sei. Immerhin würde man diese nach einem
notwendigen Scheide- und Reinigungsprozess gewinnen können.

Diese alchemische Prakik sei eine „Extraction des reinen/ Edlen Geist/
oder Quintae Essentiae, von seinem groben zerstoerlichen Elementalischen
Leib"[314], einer als ‚Seperatio puri ab impuro' in der Frühen Neuzeit gängigen
scheidekünstlerischen Operation,[315] bei der ‚reine' und ‚subtile' von ‚unreinen'
und ‚groben' Stoffen getrennt werden. Als Kerngedanke findet man die Praktik
der ‚Seperatio puri ab impuro' auch bei Paracelsus[316], auch wenn sie keine genu-
in paracelsische Lehre ist.[317] Doch dass die Tria prima aus Sulphur, Mercurius
und Sal durch die Kunst Spagyrica aus den ‚natürlichen Dingen' separiert werden

---

[312] Ps.-Paracelsus: *De natura rerum*, S. 313f.
[313] Ebd., S. 301.
[314] Ebd., S. 314.
[315] Vgl. dazu Goltz, Dietlinde (1970): Zur Begriffsgeschichte und Bedeutungswandel von vis und virtus im Paracelsistenstreit. In: Medizinhistorisches Journal 5, S. 169-200.
[316] Bspw. Paracelsus: *Labyrinthus medicorum* (wie Anm. 83), Tl. 2, S. 214 oder Paracelsus: *Von natuerlichen Baedern* (wie Anm. 83), Tl. 7, S. 298f.
[317] Kühlmann/Telle (2001): Corpus Paracelsisticum I (wie Anm. 11), S. 284.

können, gehört zum paracelsischen Lehrgut, welches der Verfasser der *De natu-ra rerum* übernimmt. Weitere paracelsische Vorstellungen, an die der Pseudepigraph anknüpft, ist die vom „Licht der Natur"[318] und die Microcosmos-Macrocosmos-Lehre[319] in Kombination mit der Tria principia. Gleichzeitig wer-den paracelsische Bedeutungsinhalte der ‚Tria prima' so weit verschoben, dass die ‚Tria prima'-Lehre lediglich als Marke zu fungieren scheint. Denn wenn der Pseudepigraph bspw. schreibt, dass der menschliche „Leib" aus den „drey Substantzen"[320] bestehe, die auch voneinander geschieden werden können, dann meint er hier die anthropologisch-chemische Triade von Leib, Seele und Geist, die er mit Sal, Sulphur und Mercurius analog verwendet und schließlich auch identifiziert: „Der Mercurius aber ist der Spiritus, der Sulphur ist Anima, das Sal das Corpus"[321].

Mit dieser Gleichsetzung zweier unterschiedlicher Triaden wird der Versuch unternommen, die vom legendären Stifter der Alchemie Hermes Trismegistos[322] ausgerufene Triade von ‚Leib', ‚Seele' und ‚Geist' mit der ‚Tria prima'-Lehre des Paracelsus zu vereinen:

> Auff das aber solche drey vnderschiedliche Substantzen recht verstanden werden/ die er [d.i. Hermes Trismegistos] vom Geist/ Seel vnd Leib redet: solt jhr wissen/ daß sie nichts anders als die drey Prinzipia bedeuten/ das ist Mercurium, Sulphur vnnd Sal, darauß denn alle 7. Metallen generirt werden.[323]

---

[318] Ps.-Paracelsus: *De natura rerum*, S. 260. – Das ‚Licht der Natur' ist ein Zentralbegriff der paracelsischen Naturphilosophie. Zum Begriff siehe Peuckert, Will-Erich (1956): Pansophie. Ein Versuch zur Geschichte der weißen und schwarzen Magie. Berlin, S. 185-194; Goldammer, Kurt (Hg.) (1960a): Paracelsus – Vom Licht der Natur und des Geistes. Eine Auswahl aus dem Gesamtwerk. Stuttgart sowie Goldammer, Kurt (1960b): Lichtsymbolik in philosophischer Weltanschauung, Mystik und Theosophie vom 15. bis zum 17. Jahrhundert. In: Studium Generale 13, S. 670-682, hier: S. 675-678; Pagel (1962): Das medizinische Weltbild des Paracelsus (wie Anm. 9), S. 125-126.
[319] Ps.-Paracelsus: *De natura rerum*, S. 314.
[320] Ebd., S. 315.
[321] Ebd., S. 265.
[322] Mythischer Stifter der Alchemie, unter dessen Namen in der Frühen Neuzeit zahlreiche Abschriften und Drucke alchemischen Inhalts kursierten: darunter beispielsweise die *Tabula Smaragdina* und das durch die Übersetzung Ficinos zugänglich gemachte *Corpus Hermeticum*. – Siehe dazu grundlegend: Ruska (1926): *Tabula Smaragdina* (wie Anm. 76); sowie *Das Corpus Hermeticum Deutsch*. Hg. von Colpe, Carsten/Holzhausen, Jens. 2 Bde. Stuttgart/Bad Cannstatt 1997; einen Überblick bietet: Telle, Joachim (1995b): Art. ‚Tabula Smaragdina'. In: Die deutsche Literatur des Mittelalters: Verfasserlexikon. Berlin, Bd. 9, Sp. 567-569.
[323] Ps.-Paracelsus: *De natura rerum*, S. 264f.

Erkennbar sei diese Trichotomie von ,Leib', ,Seele' und ,Geist' vor allem „im
Todt des Menschen" bzw. in der „Separation des Microcosmi":

> [...] scheiden sich auch im Todt des Menschen/ die drey Substantzen von einander/
> nemlich Leib/ Seel vnnd Geist/ ein jedes von dem anderen an sein orth/ in die Arch
> darauß es vrsprünglich herkommen. Der Leib in die Erden/ widerumb zu der prima mate-
> ria Elementorum: die Seel zu der prima materia Sacramentorum: der Geist widerumb zu
> der prima materia des lufftigen Chaos.[324]

Indem der Pseudepigraph jedem der ,drei Substantzen' der Trias
,Leib'/,Seele'/,Geist' eine eigene Materia prima, nämlich „prima materia
Elementorum"/„prima materia Sacramentorum"/„prima materia des lufftigen
Chaos" zuordnet, beweist er vermeintlich die paracelsische ,Tria prima'-Lehre
durch die Autorität des Hermes Trismegistos einerseits und die Möglichkeit
andererseits, diese hermetische Trias von ,Leib'/,Seele'/,Geist' aus den
,natürlichen Dingen' zu separieren, um sie transmutieren zu können, weil sie mit
der paracelsischen Trias ,Sal'/,Sulphur'/,Mercurius' identisch sei.

So wird schließlich die ,Tria prima'-Lehre des Paracelsus im *De natura
rerum* nicht nur von einer aristotelischen Qualitätenlehre, sondern auch mit einer
womöglich der *Tabula Smaragdina*[325] abgeleiteten hermetischen Naturvorstel-
lung vermengt. Es scheint, als wolle der Verfasser seine eigene Praktik mit Hilfe
des Namens Paracelsus und der Marke der ,Tria prima' veräußern. Darauf deuten
eigene Umformungen der paracelsischen Trichotomie hin: Dabei komme dem
„Sulphur" in dieser Trichotomie eine besondere Rolle zu: Es ist dasjenige „Mittel", das die „zwey [Sal und Mercurius] widerwertige ding vereinbaret/ vnd in
ein Einiges Wesen verkehret"[326]. Auch dem Mercurius komme eine besondere
Rolle zu: Er sei

> ein Mutter [...] aller siben Metallen/ vnd billich soll ein Mutter der Metallen genennet
> werden. Dann er ist ein offenes Metall: vnnd zu gleicherweiß/ wie er in jhm hatt alle Far-
> ben/ die er dann im Fewr von jhm gibt: also hatt er auch in jhm alle Metall verborgen/ die
> er auch ausser dem Fewr nicht von jhm gibt/ etc.[327]

---

[324] Ps.-Paracelsus: *De natura rerum*, S. 315. – Zu Materia prima als Chaos siehe Kapitel 2.8.
[325] Siehe Verweise in Anm. 322.
[326] Ps.-Paracelsus: *De natura rerum*, S. 265.
[327] Ebd., S. 265.

Eine Hierarchisierung der Tria prima – im Vergleich einer solchen wie in der *Pestilitate*-Schrift – ist damit sicher nicht gemeint. Der Verfasser erweitert lediglich die Eigenschaften der paracelsischen „drey Principia" in seinem Sinn, um seine eigene Lehre von der Transmutatoria metallorum entsprechend zu rechtfertigen.

Während für Paracelsus die Tria prima fester Bestandteil einer komplexen Weltanschauung um das Entstehen und Werden der Welt durch den christlichen Schöpfergott creatio ex nihilo sind und mit anderen Vorstellungen wie seiner Lehre von den vier Säulen der „Medicina nova"[328] oder der Mikrokosmos-Makrokosmos-Lehre eng verknüpft sind, werden die Tria prima schablonenartig von Pseudo-Paracelsisten unter der Marke ‚Paracelsus' gebraucht, ohne dass die Tria prima mit anderen Vorstellungen fest verbunden, sondern lediglich als ein ‚Durchgangsbegriff' verwendet werden, um beispielsweise die Möglichkeit einer Metalltransmutation zu rechtfertigen – wie in den näher ausgeführten Werken oder auch in der pseudo-paracelsischen Schrift *Liber de renovatione et restauratione*[329].

2.3.3   Leib-Seele-Geist-Lehre als Materia prima im *Aureum vellus*

Auf ein weiteres Beispiel einer Drei-Prinzipien-Lehre als Materia prima, nämlich wenn „drey ding werden ein ding"[330], stößt man in den sogenannten „Paracelsischen Schriften"[331] – zweifelsohne Pseudo-Paracelsica – des zweiten Teils des *Aureum vellus*[332], ein unter dem Pseudonym Salomon Trismosin[333]

---

[328] Die „Medicina nova" solle auf den vier Säulen der „Philosophey", „Astronomey", „Alchimey" und der „Virtutes" errichtet sein und ein Arzt solle in all diesen Bereichen erfahren sein. Siehe Paracelsus: *Paragranum*. (wie Anm. 83), Tl. 2, S. 101f.

[329] Ps.-Paracelsus: *Liber de renovatione et restauratione* (wie Anm. 83), Tl. 6, S. 100-114.

[330] *TINCTVRAE PARACELSICAE*. In: *Aureum vellus* (siehe Anm. 332), S. 36-47.

[331] *Paracelsische Schriften*. In: *Aureum vellus* (siehe Anm. 332), S. 1-54.

[332] *AVREVM VELLVS Oder Guldin Schatz vnd Kunstkammer: Darinnen der allerfürnemmsten/ fürtrefflichsten/ ausserlesenesten/ herrlichisten vnd bewehrtesten Auctorum Schrifften vnd Buecher/ auß dem gar vralten Schatz der vberblibenen/ verborgnen/ hinderhaltenen Reliquien vnd Monumenten der Aegyptiorum, Arabum, Chaldaeorum et Assyriorum Koenigen vnd Weysen*. Rorschach am Bodensee 1598.

[333] Zum unbekannten Alchemoparacelsisten, der in der zweiten Hälfte des 16. Jhs. im südwestlichen Deutschland als Publizist unter dem Pseudonym Salomon Trismosin tätig war, siehe Kühlmann, Wilhelm/Telle, Joachim (Hgg.) (2013): Corpus Paracelsisticum. Der Frühparacelsismus III. 2

erschienenes alchemo-paracelsistisches Standardwerk der Frühen Neuzeit, welches der *Alchemia transmutatoria metallorum* zuzurechnen ist. Die Sammelschrift enthält im Allgemeinen sowohl Schriften rein mercurialer Lehren wie die *Copulatur*[334] oder die in arabisch-mittelalterlicher Tradition stehende Zwei-Prinzipien-Lehre aus Schwefel und Quecksilber wie die *Vniversalis Tinctura*[335]. Den meisten der alchemische Prozeduren enthaltenden Schriften ist gleich, dass die Materia prima meist als notwendiges Stadium beschrieben wird, um Gold durch Tingieren zu erhalten bzw. um eine Tinktur zu erlangen, mit deren Hilfe unedle Metalle zu Gold tingiert werden.

Im Allgemeinen sei die „prima materia" eine „Jungkfraw ohn alle mackel", sobald sie aus der Ausgangsmaterie – hier meistens Gold – gelöst werde. Sie sei „weder stercker noch schwächer" als ihre Ausgangssubstanz. Sie selbst dagegen sei keine Ausgangssubstanz, sondern ein für weitere Arbeitsschritte erforderliches Zwischenstadium, nicht selten ein „Wunder"[336], welches das „vnvollkommen gar vollkommen"[337] mache, also „niedere" Metalle helfe in „höhere" (Gold) zu wandeln. Auch wird in den meisten Operationen Materia prima als „Substantz" beschrieben, die man „zertheyl[en]" und mithilfe weiterer alchemischer Prozeduren zur „Tinctur" bringen könne, die schließlich alle Metalle „in das hoechste Goldt" „verwandeln" könne.[338] Materia prima sei selbst nicht tingierfähig, „aber den Schluessel zur Tinctur hat solche in sich/ mit sich/ vnd ohn dies wirdt nichts vollbracht"[339].

Die paracelsische primordiale Trias aus ‚Sulphur', ‚Mercurius' und ‚Sal' wird im *Aureum vellus* nicht genannt, auch wenn die am „Prozeß" orientierten[340] Paracelsistischen Schriften mit über 50 Seiten einen beträchtlichen Anteil an dieser Schriftensammlung haben. Mehrfache Erwähnung findet dafür die anthro-

---

Bde. (= Dokumente frühneuzeitlicher Naturphilosophie in Deutschland). Berlin/Boston, S. 219-223.

[334] *Copulatur. Oder erster Beginn der Metallen/ Welche Herr Hieronymus Crinot/ Zum Eingang der Vniversal Tinctur beschrieben vnd geordnet.* In: *Aureum vellus*, S. 18-23.

[335] *Vniversalis Tinctura, Herren Hieronymi Crinoti/ auß beygezeichnetem Alphabet vnd verborgenen Schrifft in das Teutsch versetzt.* In: *Aureum vellus*, S. 25-32.

[336] *Aureum vellus* (wie Anm. 332), S. 8.

[337] Ebd., S. 23.

[338] Ebd., S. 8.

[339] Ebd., S. 27.

[340] Beschreibung diverser alchemischer Prozeduren metalltransmutatorischen Inhalts. – Eingehende Untersuchungen zum ‚Prozess' als Form der Gebrauchsliteratur in naturkundlichen Schriften stehen aus.

pologisch-chemische Trias von ‚Leib‘, ‚Seele‘ und ‚Geist‘, die ähnlich auch in der pseudo-paracelsichen *Aurora Philosophorum*[341] gebraucht wird, in welcher die ‚Tinctur‘ aus „Leib Geist vnd Seel Componiert vnd zusamen versetz"[342] werden solle. Doch während in der *Aurora Philosophorum* die Erste Materie „das geheimnuß der philosophey" bleiben solle, verrät der Verfasser der *Tincturae Paracelsicae* im *Aureum vellus*, dass der „Leib Solis", der „Spiritus Mercurij" sei, und dass es sich bei der Seele um „die Seel des Weins"[343] handele.

Es gibt in der *Tincturae Paracelsicae* des *Aureum vellus* – im Übrigen auch in der *Aurora Philosophorum* – keine Anhaltspunkte dafür, dass mit der Leib-Seele-Geist-Formel die paracelsische ‚Tria prima‘-Lehre gemeint sei, zumal man die Triade Salz, Schwefel und Quecksilber als Einheit in dieser Schrift vergeblich sucht. Überschneidungen indes zwischen der paracelsischen Tria prima und der „drey ding" der *Tincturae Paracelsicae* gibt es einige: Neben dem offensichtlichen beiden triadischen Vorstellungen zugrunde liegenden Einheitsgedanken – nämlich, dass die Triaden jeweils als „substantzielle" (Paracelsus) bzw. „corporalische" (Ps.-Paracelsus) Einheit gedacht werden – ist beispielsweise ein ‚Mercurius‘ Teil beider Drei-Prinzipien-Vorstellungen. Vergleichbar ist auch, dass die Materien miteinander „[v]ermisch[t]" und „vereinigt werden"[344] (bzw. bei Paracelsus nicht erst vermischt werden, sondern seine Tria prima seien bereits in allen Körpern vermischt enthalten), was darauf schließen lässt, dass ‚Leib‘, ‚Seele‘ und ‚Geist‘ in der *Tincturae Paracelsicae* ebenfalls Substanzen sind. Im Gegensatz zu Paracelsus, bei dem alle Dinge der physischen Welt seiner Vorstellung zufolge aus der Tria prima zusammengesetzt seien, müsse nach dem Verfasser der *Tincturae Paracelsicae* eine Mischung aus den genannten drei Prinzipien erst hergestellt werden: Alle „drey ding" unterliegen zunächst der alchemischen Prozedur der „reinigung"; anschließend müsse der „Mercurius" „purgier[t]" und „sublimier[t]" werden, auch das „Gold" (Sol) solle „rein purgiert" werden. Schließlich sollen diese beiden zu einer „Amalgama" „zusammen

---

[341] Ps.-Paracelsus: *Aurora Philosophorum* (wie Anm. 83), Tl. 11, Appendix, S. 78-92. – Zur Überlieferungsgeschichte der *Aurora Philosophorum* als einem pseudoparacelsischen Text siehe Redl, Philipp (2008): Aurora Philosophorum. Zur Überlieferung eines pseudo-paracelsischen Textes aus dem 16. Jahrhundert. In: Daphnis 37, S. 689-712.

[342] Ps.-Paracelsus: *Aurora Philosophorum*, S. 81.

[343] *Tincturae Paracelsicae*. In: *Aureum vellus* (wie Anm. 332), S. 37.

[344] Ebd., S. 38.

gesetzt"[345] werden. Es folgen diverse weitere Operationen bis schließlich die „drey ding werden ein ding"[346].

Die Leib-Seele-Geist-Formel ist hier sicher kein Novum; in hermetischen Handschriften und Drucken der Frühen Neuzeit ist sie schier ubiquitär und kaum zu überblicken. Nicht unwahrscheinlich ist, dass hier über diverse Tradierungswege platonischer Strömungen die Formel auch in die *Tincturae Paracelsicae* Eingang gefunden hat. Schon in Platons *Timaios* findet sich eine vergleichbare Gedankendichte, nämlich die Vorstellung, dass das All aus Geist, Seele und Körper zusammengefügt worden sei und das κόσμον ζῷον, also die ganze Welt als ein Wesen, darstelle.[347] Freilich sind in der *Tincturae Paracelsicae*-Schrift diese Gedanken vielfach übermalt und für eigene Zwecke transformiert. Doch wird auch hier eine „Wesenheit" genannt, welcher im Zuge der Leib-Seele-Geist-Bereitung eine beträchtliche Rolle zukommt: Die „Wesenheit" gebe Geist dem „Aqua fortis",[348] darin nur wenige Operationen später „Seel vnnd der Geist vereinigt werden"[349].

Trotz einiger charakterlicher Nähe der paracelsischen Tria prima von Sal, Sulphur und Mercurius und der triadischen Leib-Seele-Geist-Formel der *Tincturae Paracelsicae* sind auch hier die triadischen Formeln nicht miteinander gleichzusetzen, selbst wenn „Paracelsus" als vermeintlicher Verfasser der *Tincturae Paracelsicae*-Schrift eben dies suggeriert. Jedoch hat letztere mit der erstgenannten mit Ausnahme der vermeintlichen Verfasserschaft wenig gemein, nicht zuletzt die von Paracelsus zurückgewiesene Idee von der Möglichkeit der Metalltransmutation. Die Drei-Prinzipien-Lehre von Salz, Schwefel und Quecksilber taucht unter dem Deckmantel der drei Prinzipien Leib-Seele-Geist auf, eine Triade, die freilich zahllosen Alchemica eigen ist und gruppiert wird um ein Merkmal der Ersten Materie, nämlich des Ganzen in Einem.

---

[345] *Tincturae Paracelsicae*, S. 36.
[346] Ebd., S. 37.
[347] Vgl. Platon: *Timaios*. Griechisch/Deutsch. Übersetzung, Anmerkungen und Nachwort von Thomas Paulsen und Rudolf Rehn. Stuttgart 2003, S. 41 [30b].
[348] *Tincturae Paracelsicae*, S. 37.
[349] Ebd., S. 38.

2.3.4　Tria prima als Materia prima in Leonhard Thurneissers *Magna Alchymia*

Auf eine ganz spezielle Art und Weise interpretiert und transformiert der Arzt-alchemiker, Astrologe und Apotheker Leonhard Thurneisser (1531-1596)[350] die paracelsische ‚Tria prima'-Lehre in seiner *Magna Alchymia*[351], welche der Alchemia medica zuzuordnen ist. Thurneisser übernimmt von Paracelsus die Grundvorstellung, dass „in jedem lebenden vnd schwebenden ding/ so auff dem Erdboden verhanden"[352], Sal, Sulphur und Mercurius enthalten sei:

> So ist auch kein Holtz/ kein Kraut/ kein Frucht/ ja es ist kein lebendig Thier nicht/ es hat gleich so wol sein Saltz/ als wol/ als es seinen Schwefel vnd Mercurium in sich hat/ bey sich/ Derhalben Paracelsus nicht vmb sonst (weil er vermerckt/ das alle natuerliche sachen von denen dreyen vereint werden) den Sulphur, Sal vnd Mercurium an statt der Elemen-ten/ doch vnabgeschafft die gemeinen Elemente/ fuer principia geachtet vnd gehalten hat.[353]

In den Fußstapfen Paracelsus' lehnt auch Thurneisser eine Erste Materie gefärbt von einer Elementenlehre aristotelischer Provenienz ab. Für Thurneisser ist die Erste Materie eine Tria prima aus ‚Sal', ‚Sulphur' und ‚Mercurius', die er synonym mit den deutschen Begriffen ‚Saltz', ‚Schwefel' und ‚Quecksilber' gebraucht. Und wie Paracelsus versteht auch Thurneisser Tria prima stofflich.

Gleichzeitig formt er das paracelsische ‚Tria principia'-Konzept um, indem er es um die anthropologisch-chemische Triade von Leib-Seele-Geist erweitert, so dass jedes Ding (mit wenigen Ausnahmen) aus drei „dreyerley" bestehe, wie folgende Passage am Beispiel des Schwefels zeigt: „Aber sonst ist in jedem geformten wesentlichen vnd bestendigen ding/ warhafftig dreyerley Schwefel/ Do der erst subtiler vnd seelischer/ Der ander Substantionalischer geistlicher/ Der dritte natuerlicher vnd leiblicher Art ist."[354] Es wird also – im Gegensatz zu

---

[350]　Zu Leonard Thurneisser sowie weiterführender Literatur siehe Telle, Joachim (2011): Art. ‚Leonhard Thurneisser'. In: Killy Literaturlexikon. Bd. 11, S. 520-522.

[351]　Leonhard Thurneisser (1587) *MAGNA ALCHYMIA. Daß ist ein Lehr vnd vnterweisung von den offenbaren vnd verborgenlichen Naturen/ Arten vnd Eigenschafften/ allerhandt wunderlicher Erdgewechssen/ als Ertzen/ Metallen/ Mineren, Erdsaefften/ Schwefeln/ Mercurien, Saltzen vnd Gesteinen.* Köln: Johannes Symnicum/ jm Einhorn. – Es fällt auf, dass die paracelsische Tria prima bereits im Werktitel enthalten ist.

[352]　Ebd., S. 2.

[353]　Ebd., S. 38.

[354]　Ebd., S. 3.

manch einem Paracelsisten – nicht nur dem ‚Sal' ein leibliches, dem ‚Sulphur' ein geistiges und dem ‚Mercurius' ein seelisches Prinzip zugeordnet, sondern Thurneisser sieht in jeder der drei „Substantz"-Gattungen ‚Salze', ‚Schwefel' sowie ‚Quecksilber' jeweils ‚eine „seelisch[e]", eine „geistlich[e]" und eine „leiblich[e] Art" enthalten, sodass jede Substanz eine Mischung jener drei „Dreyerley" sei.

Außerdem sei „in jedem ding [ein] vnterschiedlich" Schwefel, Salz und Quecksilber enthalten; Thurneisser sucht sie in den jeweiligen ‚Schwefel'-, ‚Saltz'- bzw. ‚Quecksilber'-Kapiteln zu systematisieren.[355] Dabei liegen diese unterschiedlichen Salze, Schwefel und Quecksilber in „natürlichen" Stoffen in einer „permixtion" vor. Wie das zu verstehen sei, führt Thurneisser eingänglich am Exempel der „Milch" aus:

> Ich geb aber hie ein gemein vnd damit man mich recht verstanden/ ein wol mercklich Exempel/ dieses nimb ich von der Milch/ welche so sie erst von dem Thier gemolcken/ gantz permixtirt vnd keines Menschen auge vnterscheiden kann/ wo der Sulphur/ oder was der Mercurius/ noch viel weniger/ welches das Saltz ist/ so nun der Butter als der Sulphur dauon geschieden/ auch der Zieger/ Dwarck oder Kess daruon abgesundert als dz Saltz/ so bleibet der Molcken oder Keßwasser als der Mercurius allein. Nu hat der Butter vber diß/ das er ein Sulphur ist/ auch noch sein eigen Sulphur/ Sal vnd Mercurium/ So hat der Kess sein Mercurium Saltz vnd Sulphur/ Item die Wodicken oder Buttermilch/ hat auch jr eigen Sulphur vnd Saltz/ vnd ob diese gleich ahn jr selbs der Mercurius ist/ auch noch ein edlern subtilern seelischen Mercurium bey sich.[356]

Demzufolge enthalten nicht nur alle Dinge der Welt eine ‚permixtion' (Vermischung) aus Salz, Schwefel und Quecksilber, sondern die einzelnen spezifischen Salze, Schwefel und Quecksilber enthalten nach einer (alchemischen) Operation, wie einer Destillation, Restspuren der jeweils anderen beiden Prinzipien, so dass auch ein neu gewonnener Extrakt „alle drey principia bei sich" habe.[357] Wenn also beispielsweise das Salz aus einem „Natürlichen dinge extrahiert" werde, dann enthalte dieses „ausgezogene" Salz durchaus noch „ein[en] seelische[n] Schwefel vnd ein[en] Mercurius", wobei diese von einer viel „subtileren art [seien]/ dann dieses doraus sie praepariert vnd gemacht worden sind"[358], was

---

[355] Thurneisser: *Magna Alchymia*, S. 5.
[356] Ebd., S. 8.
[357] Ebd.
[358] Ebd.

gleichzeitig bedeute, dass die Dinge mit jeder Destillation „subtiler vnd edler" werden würden.

Darüber hinaus hätten Sal, Sulphur und Mercurius den mineralischem („steinisch"), pflanzlichem („plantisch") und animalischen („blutisch") Reichen entsprechend jeweils spezifisch zugeordnete Salze, Schwefel und Quecksilber.[359] Zwar vertritt schon Paracelsus die Ansicht, dass es mehr als ein ‚Sal', ein ‚Sulphur' und ein ‚Mercurius' gebe, doch führt Thurneisser diese Vorstellung weiter aus, indem er sie nicht nur ausweitet in die Idee von den ‚Drey Dreyerlei', sondern sie auch konsequent durchdenkt, damit sich Materie schließlich auf ein erstes die „prima materia vnd principio omnium rerum"[360] zurückführen lassen könne. Je mehr diese verarbeitet wird, desto subtiler sei sie; je weniger sie verarbeitet werde, desto grober werde sie. So könne jeder weiter verarbeitete Stoff auch immer aus der Tria prima bestehen, ohne dass die einzelnen Prinzipien von ‚Sal', ‚Sulphur' und ‚Mercurius' durch Destillationsprozesse oder sonstige (alchemische) Operationen verloren gehen könnten. Insgesamt ist die *Magna Alchymia* eine stark auf die Anwendung im Laboratorium bezogene Schrift, die – orientiert an den Tria prima – viele alchemische Operationen, Rezepte und deren Applikationen auflistet.

Deutlich beeinflusst sind die aufgelisteten Anwendungen durch Thurneissers montanistische Erfahrungen. Wiederholt betont er, dass „allein von den „Minerischen vnd Metallischen/ vnd denen so vns dienstlich seind (weil vns die vbrigen zu vnsern fuernehmen wenig nuetzen/ […]) handlen"[361]. Und auch damit bleibt Thurneisser in der Tradition der paracelsischen Alchemia medica, nämlich nicht nur natürliche Heilmittel, sondern auch und vor allem chemiatrisch gewonnene Stoffe aus Mineralien und Metallen zu verwenden. Daran orintiert sich seine *Magna Alchymia*. So geht es Thurneisser in Bezug auf die paracelsischen Tria prima scheinbar darum, den laborantischen Nachweis dieser zu finden, indem er sukzessive die verschiedenen Salze, Schwefel und Quecksilber aus den einzelnen Mischstoffen (‚permixtionen') der Mineralien und Metalle vorstellt und anhand diverser Operationen deren „genaue" Inhaltsstoffe zu scheiden und zu zeigen sucht.

---

[359] Thurneisser: *Magna Alchymia*, S. 9f.
[360] Ebd., S. 10.
[361] Ebd., S. 38.

2.3.5   Schlussbemerkung

Gegenüber der aus der griechischen Alchemie ererbten reinen Quecksilberleh-re[362] der ‚Mercurialisten' und der arabisch-mittelalterlich überlieferten Zwei-Prinzipien-Lehre[363] mit Mercurius (Quecksilber) und Sulphur (Schwefel) aus metallogenetisch relevanten Gegenstandsbereichen erweitert die (paracelsische) ‚Tria prima'-Lehre das Konzept der ‚Materia prima' um einen weiteren Stoff, nämlich das Sal (Salz). Damit wird zum einen der Versuch unternommen, die in der frühneuzeitlichen Naturkunde durchaus gängige aristotelische Materie-Vorstellung abzulösen.[364] Das beginnt beispielsweise schon bei der Zusammen-setzung der vier Elemente. Sie bestehen nicht mehr aus den aristotelischen Quali-täten warm, kalt, feucht und trocken, sondern (wie alle anderen Dinge der Welt) ebenfalls aus den Tria prima – auch wenn es der ein oder andere Anhänger der ‚Tria prima'-Lehre noch vorsichtiger bzw. unentschiedener als Paracelsus selbst formuliert.

Weiterhin wird die Tria prima aus Mercurius (Quecksilber), Sulphur (Schwefel) und Sal (Salz) als Materia prima vornehmlich körperlich ohne oder mit weniger verborgenen Kräften als in vielen anderen kursierenden ‚Materia prima'-Lehren der Frühen Neuzeit verstanden. Der ‚Tria prima'-Lehre zufolge seien nämlich alle Körper durch (alchemische) Prozeduren wie diverse Stoffesanalysen teilbar, wahrnehmbar und erfassbar. Die Tria prima haben brennbare Bestandteile (Sulphur), erzeugen Rauch (Mercurius) und hinterlassen auch feuerfeste unverbrennbare Stoffe (Sal). Mit solchen Charakteristika wird die Erste Materie identifiziert und Teil einer Welt der Laborpraxis, und nicht Teil einer vermeintlich ideellen Welt. Die Materie muss nicht erst in eine Form über-führt werden, um mit ihr experimentieren, die Natur nachahmen, sie aus einem ‚imperfekten' in einen ‚perfekten' Zustand überführen oder ihre Prozesse be-schleunigen zu können.

Dabei darf zum andern die religiöse Bedeutung der Ausweitung von zwei auf drei Prinzipien – in erster Linie bei Paracelsus – als Analogie auf die

---

[362]   Zur reinen Quecksilber-/Mercurius-Lehre siehe Kapitel 2.1.
[363]   Zur Sulfur-Mercurius-Lehre siehe Kapitel 2.2 über Zwei-Prinzipien-Lehren.
[364]   Zum Substitutionsversuch der aristotelischen Naturtheorie durch Paracelsus bzw. die Paracelsisten wie Bodenstein siehe Kühlmann/Telle (2001): Corpus Paracelsisticum I (wie Anm. 11), S. 24-27.

göttliche Trinität nicht unbeachtet bleiben.[365] Gleichzeitig überlagern aber auch andere Naturkundler die paracelsische ‚Tria prima'-Vorstellung mit der ‚Leib'/‚Seele'/‚Geist'-Formel aus antiken Erbschaften platonischer Provenienz oder aus Überlieferungen – wie beispielsweise durch die der *Tabula Smaragdina* – und es entsteht einmal mehr ein für die Frühe Neuzeit charakteristischer Eklektizismus verschiedener miteinander scheinbar kaum vereinbarer Lehren. Die in der Materie wirkenden verborgenen (weil nicht sichtbaren) Kräfte – wie die primateriellen Grundprinzipien Unsichtbarkeit, Ubiquität oder die Impression ihres Schöpfergottes in einer ‚creatio ex nihilo' oder der Einfluss der Gestirne auf sie – können laborantisch nachgewiesen und beobachtet werden, weil diese Kräfte unmittelbar auf die Materie wirken. Durch den Einschluss nicht-stofflicher Eigenschaften in Substanzen, wird das Streben von in der Materie innewohnender Kräfte nach ihrer Vervollkommnung, also ihrem ‚perfekten' Zustand, dessen Beschleuniger ein Arzt und/oder ein Laborant sein solle, erklärt. Denn erst diese Kräfte würden ein solches Streben überhaupt erst ermöglichen, indem sie (wie oben ausgeführt) die Materie dynamisch machen: Bewegung, Tätigkeit und Wirkung der Tria prima kann auf diese in der Materie innewohnenden Kräfte zurückgeführt werden. Die Materie wird mit ihren sichtbar und unsichtbar wirkenden Kräften als Einheit begriffen: Aus der einen Tria prima als Materia prima entfalte sich das Ganze der Welt und diese lasse sich auch auf die eine Tria prima als Materia prima aus Sal, Sulfur und Mercurius zurückführen. Dieser Einheitsgedanke die Materie betreffend überwindet schließlich auch die mittelalterliche Erbschaft des Leib-Seele-Dualismus[366] der Materie-Vorstellungen.

---

[365] Vgl. dazu beispielsweise Rudolph, Hartmut (1980): Kosmosspekulation und Trinitätslehre. Ein Beitrag zur Beziehung zwischen Weltbild und Theologie bei Paracelsus. In: Salzburger Beiträge zur Paracelsusforschung 21, S. 32-47.

[366] Zum Leib-Seele-Dualismus bei Paracelsus siehe Kämmerer, Ernst Wilhelm (1971): Das Leib-Seele-Geist-Problem bei Paracelsus und einigen Autoren des 17. Jahrhunderts. (= Kosmosophie 3). Wiesbaden.

2.4 Limbus / Limus terrae / Terra Adamica

[Primärtexte: Paracelsus: *Opus Paramirum*; *Opus Paragranum*; *Opus Paragranum alterius*; *Liber de Podagricis, et suis speciebus, et morbis annexis*; *De massa corporis humani*; *Astronomia Magna: Oder/ die gantze Philosophia Sagax der Grossen vnd kleinen Welt*; *Von der grossen Wundartzney* – Valentin Weigel: *Informatorium*; *Natürliche Auslegung von der Schöpfung* – Heinrich Khunrath: *Vom Hylealischen, Das ist/ Pri-materialischen Catholischen Oder Allgemeinen Natürlichen Chaos*]

> Limbus, Paracelso est magnus et vniuersus mundus,
> semen et prima hominis materia.
> Est etiam coelum et terra,
> superior, et inferior sphaera cum elementis quatuor,
> et quaecunque his comprehenduntur.[367]

2.4.1 Limbus und Limus terrae als Materia prima bei Paracelsus

Der Terminus ‚Limbus' speziell als ‚Materia prima' geht wahrscheinlich auf Paracelsus zurück[368] und ist einer der Zentralbegriffe seiner Naturkunde[369]. Etymologisch und semantisch ist ‚Limbus' nur schwer fassbar:[370] Zum einen meint – zumindest im zeitgenössischen Sprachgebrauch der Frühen Neuzeit – das lateinische Wort ‚limbus' 'Gewandsaum' oder 'Rand' und steht im theologischen Sinne

---

[367]   Dorn, Gerhard (1584): *Dictionarium Theophrasti Paracelsi, Continens obscuriorum vocabulorum, wuibus in suis Scriptis paßim utitur, Definitiones*. Frankfurt/M., S. 60. Zitiert nach Kühlmann/Telle (2004): Corpus Paracelsisticum II (wie Anm. 11), S. 470.

[368]   Siehe dazu Kämmerer (1971): Das Leib-Seele-Geist-Problem bei Paracelsus (wie Anm. 366), S. 15. Hinweise darauf, dass ‚Limbus' in der Bedeutung der Ersten Materie paracelsisches Eigengut ist, geben auch semantische Facetten des Begriffs im vornehmlich paracelsischen Umfeld [aus: Kühlmann/Joachim: Corpus Paracelsisticum, S. 470]: bspw. Kapitel-Eingangszitat von Gerhard Dorn (1584): *Dictionarium Theophrasti Paracelsi*, S. 60; oder auch bei Ruland (1602): *Lexicon Alchemiae* (wie Anm. 2), heißt es (S. 304): „Limbus, significant mundum vniuersum, 4. elementa, primum mundi, omniumque, que in eo, materiam et semen. Ist die gantze Welt/ die 4. Element/ vnd was drinnen ist/ Natur vnd Eigenschafft."

[369]   Telle, Joachim (2013f): Die Dichtungen im *Dritten Anfang der mineralischen Dinge* (wie Anm. 233), S. 980.

[370]   Dies stellte bereits Kurt Goldammer [1971a] fest in seinen „Bemerkungen zur Struktur des Kosmos und der Materie bei Paracelsus" (wie Anm. 10), S. 282.

für die 'Vorhölle'.[371] Zum anderen gibt es die nicht von der Hand zu weisende semantische Nähe des paracelsischen ‚Limbus'-Begriffs zum lateinischen Wort limus ('Schlamm', 'Lehm', 'Schmutz'), der in der Form ‚Limus Terrae' oder ‚Terra Adamica' wohl als Reflexion des biblischen Schöpfungsberichts in *Genesis* 2, 7[372] von Naturkundlern der Frühen Neuzeit nicht selten mit der Materia prima (des Menschen) identifiziert wurde.[373]

Paracelsus hat für seinen Terminus ‚Limbus' vermutlich von beiden Begriffen entscheidende Impulse erhalten[374] und einen für seine Zwecke geeigneten Terminus neuen bzw. erweiterten Bedeutungsinhalts für die Erste Materie des Menschen[375] formuliert.[376] So ist einerseits im Rahmen kosmologischer Weltentstehungsprozesse in einer außerräumlichen und vorzeitlichen Welt des christli-

---

[371] Z.B. als limbus puerorum ('Aufenthaltsort' bzw. 'Vorhölle' ungetaufter Kinder) oder limbus patrum ('Aufenthaltsort' bzw. 'Vorhölle' der Rechtschaffenden vor der Erlösungstat Christi); siehe dazu Kämmerer (1971): Das Leib-Seele-Geist-Problem bei Paracelsus, S. 17.

[372] *Biblia sacra iuxta Vulgatam versionem*, Genesis 2,7: „formavit igitur Dominus Deus hominem de limo terrae".

[373] So gebraucht bspw. ein paracelsischer Allegoriker (Benedictus 1623) diesen Terminus, der das ‚ganze Werk' auf die „rothe Adamische erde" (auch: „roter Adam") zu gründen suchte. Dazu Telle (2013i): *Vom Tinkturwerk* (wie Anm. 48), S. 787.

[374] Kämmerer (1971): Das Leib-Seele-Geist-Problem, S. 15; Kurt Goldammer schließt einen Zusammenhang mit dem lateinischen limbus in seinem Aufsatz „Paracelsische Eschatologie. I. Die Grundlagen" ([1949], S. 120, FN 116) noch aus, während er später in seinen „Bemerkungen zur Struktur des Kosmos und der Materie bei Paracelsus" ([1971a], S. 282, FN 34) im lateinischen ‚Limbus'-Begriff „das Bindeglied des Paracelsischen ‚prima-materia'-Begriffes ‚limbus'" sieht. Beide Aufsätze in: Goldammer, Kurt (1986): Paracelsus in neuen Horizonten: Gesammelte Aufsätze. (= Salzburger Beiträge zur Paracelsusforschung 24). Wien.

[375] Neben der Ersten Materie des Menschen ‚Limbus' beschreibt Paracelsus in seinem *Opus Paramirum* auch die Erste Materie der Welt ‚Fiat'. Siehe dazu Kapitel 2.7. – Diesen beiden von einander zu unterscheidenden Bedeutungen der ‚Materia prima' nähert sich auch Pagel (1962) in seinen Ausführungen über „Das medizinische Weltbild des Paracelsus" (wie Anm. 9), S. 80ff., indem er den Unterschied zwischen ‚Fiat' und ‚Limbus' bei Paracelsus als „Prima Materia der Welt" und „Prima Materia der Einzeldinge" darlegt.

[376] Daneben verwendet Paracelsus in seinen theologischen Schriften den Begriff „Limbus aeternus" („Limbus christi"). Dieser scheint das Produkt, die ‚Materia ultima', die von Gott geschaffenen Ersten Materie des Menschen zu sein und eine Verbindung mit dem Reich Gottes zu ermöglichen. Der ‚Limbus aeternus' ist dasjenige, das durch die Erkenntnis und Anerkennung Christi als Erlöser am Menschen ewig ist, bzw. die Teilhabe an der göttlichen Ewigkeit ermöglicht. Der Begriff ‚Limbus aeternus' wird hier nicht näher betrachtet, weil dieser nicht in der Bedeutung der Ersten Materie verwendet wird. – Zum Begriff ‚Limbus aeternus' siehe Kämmerer (1971): Das Leib-Seele-Geist-Problem, S. 15-27; sowie Daniel, Dane Thor (2002): Paracelsus' *Declaratio* on the Lord's Supper – A Summary with Remarks on the Term *Limbus*. In: Nova Acta Paracelsica 16, S. 141-162.

chen Schöpfergottes, in welcher alle Dinge „nit sichtbar"[377] waren, der Limbus
derjenige „Corpus", in dem alle Dinge von Gott „gefast" und „sichtig" werden.
Die unsichtbaren Dinge werden – so „wie sie gewesen sind" – im ‚Limbus' in die
zeitliche Welt überführt, die „erkantlich/ sichtlich vnn mercklich"[378] ist, sodass
diese im Limbus ihre Schöpfung erfährt. Der Limbus ist damit nicht bloß ein
Terminus für den Prozess einer Transformation oder das Mysterium einer Form-
werdung,[379] sondern er kennzeichnet auch im Zuge der Weltwerdung den Rand
der präexistenten hin zur von Gott geschaffenen physischen Welt.

Andererseits ist der Limbus nicht nur der „Corpus", aus dem die „gantze
welt" geschaffen wurde, sondern auch die Erste Materie des Menschen:

> Dieweil nun der Limbus ist Prima materia des Menschen [...]. Dann was der Limbus ist/
> das ist auch der Mensch [...]. Nuhn ist der Limbus Himmel vnd Erden/ ober vnnd vnder
> Sphaer/ die vier Element/ vnd was in jhr ist: Darumb er billich den namen hat
> Microcosmus, denn er ist die gantze Welt.[380]

Dieser locus classicus der ‚Limbus'-Passagen ist eingebettet in einen der *Genesis*
nahestehenden Abschnitt und entspricht zumindest ihrer Chronologie. Nachdem
Gott „Himmel vnd Erden/ ober vnnd vnder Spaer/ die vier Element/ vnd was in
jhr ist" geschaffen habe,[381] schöpfte er aus dieser vorhandenen „masse" einen
„auszug" aller vor dem Menschen erschaffenen Dinge: den Limbus des Menschen. An anderer Stelle nennt Paracelsus diesen „Limbus Adae", welcher „ist
gewesen Himmel vnd Erden/ Wasser vnd Lufft/ darumb so bleibt der Mensch im
Limbo/ vnd hatt an jhm Himmel vnnd Erden/ Wasser vnd Lufft/ und ist dasselbige"[382]. Mit der Verknüpfung des Limbus mit dem Namen der biblischen Figur
Adams bringt Paracelsus seinen ‚Limbus'-Begriff semantisch in die Nähe des

---

[377] Paracelsus: *Opus Paramirum* (wie Anm. 83), Tl. 1, S. 74; sowie Paracelsus: *Liber de Podagricis, et suis speciebus, et morbis annexis*, Tl. 4, S. 253.

[378] Ebd., S. 76.

[379] Weeks, Andrew (1997): Paracelsus. Speculative Theory and the Crisis of Early Reformation. New York, S. 179.

[380] Paracelsus: *Opus Paramirum*, S. 204.

[381] Vgl. zur Chronologie auch Paracelsus: *Opus Paragranum alterius* (wie Anm. 83), Tl. 2, S. 126: „Der Mensch ist nach Himmel und Erde gemacht, denn er ist aus ihnen gemacht."

[382] Ebd., S. 141. – Die Ergänzung des ‚Limbus'-Begriffs um den Namen Adams fehlt in den meisten Textstellen, da der Umstand für Paracelsus selbstverständlich ist: Weil Gott die Frau aus dem Mann (vgl. Gen. 2, 22-23) gemacht habe, „ist in der Frawen der Limbus nicht". Wenn Paracelsus von ‚Limbus' als der ‚Materia prima' des Menschen spricht, meint er die des Mannes.

biblischen Erdenkloß' ‚Limus terrae', aus dem Adam als der erste Mensch von Gott geschaffen wurde.[383]

Dennoch bleibt die innere Beschaffenheit der Ersten Materie des Menschen als Limbus unklar: Eine engere Verbindung zwischen Mensch und speziell dem Element Erde bzw. dem Lehm – entsprechend dem biblischen Schöpfungsbericht – scheint es bei Paracelsus nicht zu geben. Vielmehr stellt es sich bei ihm so dar, dass alle Elemente im menschlichen Limbus vorhanden seien. So führt der Hohenheimer im *Opus Paramirum* weiter aus, dass „der mensch sein prima materiam hat in limbo, der Sulphur, Mercurius vnd Sal gewesen ist der 4. Elementen/ zusammen gefasset in einen Menschen"[384]. Dadurch, dass dieser Limbus die vier Elemente enthalte, die ihrerseits aus den Tria prima[385] Sulphur, Mercurius und Sal bestünden, ist er substanziell und darin dem biblischen Limus terrae, der aus der Substanz Erde geformt wurde, ähnlich hinsichtlich einer im Menschen enthaltenen nicht sichtbaren Materie.

Gleichzeitig erweitert Paracelsus seinen Entwurf des ‚Limbus' in einer von Gott geschaffenen materiellen Welt in der Begründung der ‚Tria prima'-Lehre:

> Jetzt hast du den menschen/ das sein leib nichts ist als allein ein Sulphur/ ein Mercurius/ ein Sal: In denen dreyen [dingen] steht sein gesundtheit/ sein kranckheit/ vnnd alles was jhme anliget. Vnnd wie do allein Drey seindt/ Also sind die drey/ vrsach aller kranckheiten/ vnnd nicht vier Humores, Qualitates, oder dergleichen.[386]

Abgesehen davon, dass sich Paracelsus hier gegen die in der Frühen Neuzeit herrschende Humoralpathologie[387] des Galen und die Qualitätenlehre aristotelischer Provenienz wendet, konkretisiert er die Vorstellung seines ‚Tria prima'-Konzepts: In der materiellen Welt bestehe der Mensch aus den Substanzen „Sulphur", „Mercurius" und „Sal". Diese Trias begründe dessen Gesundheit,

---

[383] *Genesis* 2, 7.
[384] Paracelsus: *Opus Paramirum*, S. 76.
[385] Zur ‚Tria prima'-Lehre siehe Kapitel 2.3, im Besonderen 2.3.1.
[386] Paracelsus: *Opus Paramirum*, S. 75.
[387] Paracelsus überwindet darüber hinaus zugunsten einer Vier-Elementen-Lehre, verflochten mit seiner ‚Tria prima'-Lehre, das antike Erbe der Humoralpathologie (Vier-Säfte-Lehre): „Nuhn ist das also: Sulphur ist ein Humor, Mercurius ein Humor, Sal ein Humor, also sind jhr drey: diese drey Humores sind aber Corpora. Corpus ist hie ein Humor, nicht ein frembdes ding [...]" (Paracelsus: *Opus Paramirum*, Tl. 1, S. 78). – Vgl. dazu auch: Kämmerer (1971): Das Leib-Seele-Geist-Problem, S. 15.

Krankheit und alles, was den Menschen darüber hinaus betreffe, denn in Sulphur, Mercurius und Sal „alle heimligkeit ligen/ vnd grundt/ werck vnd Cura"[388]. Das, woraus der menschliche Körper bestehe, nämlich die Tria prima, sei Ursache für das, was dem Körper zustoße. Die Tria prima manifestieren sich in Form des Limbus im menschlichen Körper und üben eine allumfassende Wirksamkeit aus, indem aus ihnen das Ganze des menschlichen Körpers werde.

Wie diese beiden voneinander scheinbar getrennten Begriffsbedeutungen von ‚Limbus' zusammenhängen – nämlich (a) ‚Limbus' als „Corpus", aus dem Gott die „gantze welt" geschaffen habe, und (b) ‚Limbus' als die Erste Materie des Menschen, als ein „auszug" aller vor dem Menschen erschaffenen „masse" – erläutert Paracelsus in seiner Frühschrift[389] *Von den Podagrischen Krankheiten* im Kapitel *Vom Limbo*[390] wie folgt:

> Nuhn ist Limbus maior der Sahm/ auß dem gangen seind alle Creaturen: Limbus minor ist die letzte Creatur/ in die der groß Limbus gehet. Dann wie der Mensch auß dem Limbo gemacht ist/ do ist genommen alles das so die Creatur gewesen seindt [...].[391]

Dem Limbus der großen Welt (‚Limbus maior') stellt Paracelsus den Limbus des Menschen (‚Limbus minor') nicht nur gegenüber, sondern verbindet beide ‚Limbus'-Vorstellungen untrennbar miteinander, indem er den einen Limbus aus dem anderen entstehen lässt.[392] Dadurch besteht auch materielle Gleichheit zwischen beiden: Weil der Mensch als letzte Kreatur erschaffen worden sei, enthalte er alles zuvor Geschaffene der Welt in sich begriffen, „nichts ausgeschlossen/ all jhr arth vnd Eigenschafft/ all jhr wesen vnnd Natur zusammen in Ein Limbum zum andern mahl geordnet: Das ist der Limbus der zu einem Menschen worden ist"[393].

Möglicherweise ist diese materielle Gleichheit zwischen dem großen und dem kleinen Limbus auch der Grund dafür, dass Paracelsus in seinen späteren Schriften – wie dem *Opus Paramirum* bspw. – zwischen ‚Limbus maior' und

---

[388] Paracelsus: *Opus Paramirum*, S. 92.
[389] So Sudhoff, Karl (1929): Einleitendes. In: Paracelsus: Sämtliche Werke. 1. Abteilung: Medizinischen, naturwissenschaftliche und philosophische Schriften. Hg. von Karl Sudhoff, Bde. 1-14. München/Berlin, Bd. 1, S. XLVI.
[390] Paracelsus: *Von den Podagrischen Kranckheiten* (wie Anm. 83), Tl. 4, *Vom Limbo*, S. 295-299.
[391] Ebd., S. 295.
[392] Weeks, Andrew (1997): Paracelsus, S. 179.
[393] Paracelsus: *Von den Podagrischen Kranckheiten*, S. 296.

‚Limbus minor' nicht mehr unterscheidet, sondern beide Begriffe in einem ‚Limbus'-Begriff gleichbedeutend mit der Ersten Materie des Menschen zusammenführt:

> Dieweil nuhn der mensch auß dem Limbo gemacht ist/ vnnd der Limbus ist die gantze welt. So ist hierauff zuwissen/ dz ein jedlich ding seins gleichen annimpt. Den wo der mensch nicht dermassen gemacht wer/ auß dem gantzen kreyß/ auß allen stucken: So moecht er nit sein die klein welt/ so moecht er auch nicht faehig sein anzunemmen was in der grossen welt wer. Dieweil er aber auß ihr ist/ alles daß/ das er auß jhr ysset/ dasselbig ist er selbst: Dann auß jhr ist er/ darumb so wirdt ers/ vnnd es wirdt jhn: Dann der mensch ist nicht auß nichts gemacht/ er ist auß der grossen welt gemacht/ darumb steht er in derselbigen. Also auff das volget/ auß dem er gemacht ist/ auß dem muß er leben.[394]

Diese ‚Limbus'-Vorstellung ist eingebettet in die paracelsische Mikrokosmos-Makrokosmos-Lehre[395]: Die große Welt, d.i. der Kosmos, und die kleine Welt, d.i. der Mensch, entsprächen sich gegenseitig und die eine erschließe sich aus der anderen:

> [...] der Mensch ist die kleine Welt/ das ist/ Microcosmus: Auß der Vrsachen/ das er die gantze Welt ist/ in dem/ das er ist ein Außzug auß allen Sternen/ auß allen Planeten/ auß dem gantzen Firmament/ auß der Erden/ vnnd allen Elementen/ vnnd ist das Fünfft Wesen.[396]

Weil der Mensch aus der Quintessenz des Weltstoffes (das scheint, wie gezeigt wurde, der Limbus zu sein) bestehe und auch Gleichheit in der Stofflichkeit von Kosmos und Mensch vorlägen, resultiere daraus weiter das Wissen des Menschen über die Natur. Denn dadurch, dass der Mensch alles, was in der Natur sei, durch den göttlichen Schöpfungsakt des Limbus auch in sich selbst trage, habe er die Möglichkeit, Erkenntnis der gesamten Schöpfung sowie ihrer Naturgeheimnisse zu erlangen: „Dann dieweil der Mensch auß jhnen geboren ist/ so hatt er das Erb/ zuwissen alles das jenig/ das im Himmel vnd Erden ist."[397] Daraus leitet Paracalsus schließlich auch seine Aufgabe als Arzt her:

---

[394] Paracelsus: *Opus Paramirum*, S. 117.
[395] Zur Mikrokosmos-Makrokosmos-Vorstellung bei Paracelsus siehe Anm. 268; im Allgemeinen Anm. 49.
[396] Paracelsus: *De massa corporis humani*, Tl. 10, S. 454.
[397] Paracelsus: *Von den Podagrischen Kranckheiten*, S. 269.

Der den Limbum erkent/ der weiß was der Mensch ist. Also sol der Artzt geboren werden. [...] [S]o muß der Artzt die beide Sphaer vnten vnd oben erkennern/ in Jhrem Elemnt vnnd wesen/ eigenschafft vnd Natur. So er nun die kennet/ so weiß er was dem Menschen gebrist in seinen noeten.[398]

Indem Paracelsus den ‚Limbus'-Begriff im Rahmen seiner Krankheitsätiologie mit der Mikrokosmos-Makrokosmos-Vorstellung verzahnt,[399] überwindet er den mittelalterlichen Leib-Geist-Dualismus: Er versteht geistiges Leben „als Sein, getragen von natürlichen Kräften"[400], gerade weil dieses Leben an den Körper des Menschen in der Ersten Materie Limbus gebunden Wirklichkeit wird.

Die Verbindung des Menschen mit der Welt, also des Mikrokosmos mit dem Makrokosmos, ist die Folge materieller Gleichheit des Menschen und der Welt. Paracelsus vermittelt diese Gleichheit über den Einheitsgedanken einer Entstehung alles Vorhandenen: Der christliche Schöpfergott habe aus der Tria prima im Korpus des Limbus das Ganze der Welt erschaffen, und daraus einen Limbus konzentrierter Form hervorgehen lassen. Da die ‚Tria prima'-Lehre für Paracelsus allumfassend ist, muss auch die ‚Limbus'-Lehre allumfassend sein, weil eben nicht nur der Mensch aus der Tria prima bestehe, sondern auch alles in der Welt Existierende:

Drey sind der Substantz/ die do einem jedlichen sein Corpus geben: Das ist/ Ein jedlich Corpus/ steht in dreyen dingen. Die Namen dieser dreyen dingen sind also/ Sulphur, Mercurius, Sal. Diese drey werden zusammen gesetzt/ als dan heists ein Corpus/ vnd jhnen wirt nichts hinzu gethan/ als allein das Leben/ vnd sein anhangendes. Also so du ein Corpus in die hand nimst/ so hast du vnsichtbar drey Substantzen in einer gestalt/ vnd die geben vnd machen alle gesundheit.[401]

Paracelsus dringt demnach darauf, dass nicht nur der menschliche Körper aus Sal, Sulphur und Mercurius bestehe. Durchaus sinnkonform heißt es auch in der *Grossen Wundarzney*: „Die drey ding sind alle Geschoepff Prima Materia, auch

---

[398] Paracelsus: *Opus Paramirum*, S. 204.
[399] Vgl. auch Paracelsus: *Opus Paragranum*, Tl. 2, S. 24: „Wie also einer sich selbs bedeutlich von puncten zu puncten ersehen mag/ also soll der Artzt den Mensch bedeutlich in wissen tragen/ genommen auß dem Spiegel der vier Elementen/ dieselbige fürbilden jhm den gantzen Microcosmum, daß er durch denselbigen sicht [...]. Das ist die Philosophey/ auff die der grund der Artzeney gesetzt ist."
[400] Kämmerer (1971): Das Leib-Seele-Geist-Problem, S. 14; sowie Metzke, Erwin (1943): Paracelsus Anschauungen von der Welt und vom menschlichen Leben. Berlin, S. 56, 60.
[401] Paracelsus: *Opus Paramirum*, S. 73.

aller Geschoepffen Vltima Materia, der Anfang/ Mittel vnd End eins jeglichen Leibs."[402] Aus der Tria prima, die Ursprung aller Substanzen seien, entstehe nicht nur der Mensch, sondern alles Geschaffene, das Ganze der Welt. Seine „schöpfungstheologisch fundierten Behauptung[en stellt Paracelsus in einen] gleichermaßen kosmologisch wie anthropozentrisch ausgerichteten Wirkungszusammenhang der Natur"[403].

Darüberhinaus gebraucht Paracelsus in seinem Spätwerk *Astronomia Magna oder Philosophia Sagax*[404] neben dem Terminus ‚Limbus'auch den Begriff ‚Limus terrae' sowie dessen Kurzform ‚Limus' für die „Materia"[405] des Menschen:

> Vnnd also ist der Mensch gemacht auß Himmel vnd Erden/ das ist/ auß den obern vnnd vndern Geschoepffen. Darumb [...] er auß dem Limo gemacht ist [...]. Das ist/ so man will verstehn wz Limus Terrae sey/ so ist es ein Außzug von allen Corporibus, vnn Creatis. Auff dz so merckend/ wie der Grundt auß der Bibel kommt.[406]

Bedeutungsähnlich, wenn nicht sogar bedeutungsgleich, verwendet Paracelsus hier den Begriff ‚Limus terrae' mit dem ‚Limbus'-Begriff seiner früheren Schriften. Auch der Kontext ist ähnlich, wenn Paracelsus die Erschaffung des Limus terrae im Rahmen seiner Kosmologie weiterhin in seine Mikrokosmos-Makrokosmos-Vorstellung einbettet:

> Auß disem Limo, hat der Schoepffer der Welt/ die kleine Welt gemacht/ den Microcosmum, dz ist den Menschen, Also ist der Mensch die kleine Welt/ dz ist/ alle eigenschafft der Welt hat der Mensch in jme.[407]

Allerdings besteht der wesentliche Unterschied im Zuge der Erläuterungen dessen, „auß waß der Mensch gemacht sey/ was der Limus sey/ vnnd waß

---

[402] Paracelsus: *Von der grossen Wundartzney*, (wie Anm. 83) Tl. 11, S. 81.

[403] Möseneder, Karl (2009): *Paracelsus und die Bilder. Über Glauben, Magie und Astrologie im Reformations-zeitalter*. (= Frühe Neuzeit 140). Tübingen, S. 127.

[404] Die *Astronomia Magna: Oder/ die gantze Philosophia Sagax der Grossen vnd kleinen Welt* ist ein spätes Fragment, das Paracelsus um ca. 1537/38 verfasst hat. Darin widmet er sich seiner Anthropologie sowie seiner medizinischen Kosmologie. Siehe Benzenhöfer (1993a): Paracelsus – Werk – Aspekte der Wirkung (Anm. 219), S. 16.

[405] Paracelsus: *Astronomia Magna oder Philosophia Sagax* (wie Anm. 83), Tl. 10, S. 28, 29.

[406] Ebd., S. 28.

[407] Ebd., S. 31.

Eigenschfft dieselbige Masse gehabt hatt"[408], darin, dass der Terminus ,Materia prima' im Umfeld des ,Limus'-Begriffs nicht gebraucht, geschweige denn mit der Ersten Materie identifiziert wird.[409] Paracelsus bleibt in der *Astronomia Magna* auffällig nah am biblischen Schöpfungsbericht, was möglicherweise der Grund dafür ist, dass er den Begriff ,Limus terrae' seinem früheren ,Limbus'-Begriff gegenüber vorzieht: „[...] allein was das Wort [der Bibel] geben/ vnd geschaffen hatt/ dauon gebuert mir zu reden. Dann die Geschrifft beweiset/ das Gott hab genommen den Limum Terrae wie ein Massam, vnd auß derselbigen den Menschen gformiert vnd gemacht [...]."[410]

Es scheint, dass Paracelsus den Begriff ,Limbus' als ,Materia prima' des Menschen dann verwendet, wenn er um eine naturphilosophische Erklärung der Weltentstehung bemüht ist. Je mehr er die Welt aus biblisch-christlicher Perspektive zu erklären gewillt ist, desto eher greift er auf das biblische Vokabular (,Limus terrae' sowie ,irdischer Leib') zurück. In seinen theologischen Schriften gebraucht Paracelsus durchaus auch den Begriff ,Limbus', jedoch nicht in der Bedeutung als Erste Materie, sondern als ,Limbus aeternus' (,Ewiger Leib') im Sinnzusammenhang mit seinem christlichen Sakramentsdenken: Dieser ,Limbus aeternus' wäre am Menschen das, was in das „Auferstehungsleben", das Leben nach dem Tod, mitgenommen werden würde,[411] „er erfährt von Christus her seine Pflege und Kräftigung"[412]. Eine Identifikation des ,Limbus aeternus' mit ,Materia prima' nimmt Paracelsus dabei nicht vor.

---

[408] Paracelsus: *Astronomia Magna oder Philosophia Sagax*, S. 26.

[409] Auch in seinem *Liber Meteororum* (Tl. 8), verwendet Paracelsus den Begriff ,Limus Terrae' („der Mensch ist von dem Limo Terrae", S. 185) ebenfalls nicht in der Bedeutung von ,Materia prima'. Diese ist im *Liber Meteororum* ,Tria Prima'. Ebenso in: Paracelsus: *Von der grossen Wundartzney* (Bd. VI, Tl. 11, S. 142); Paracelsus: *Von den natürlichen Dingen* (Bd. III, Tl. 7, S. 154): „Also merckend/ do Gott alle ding beschaffen hatt/ zum aller letzten beschuff er den Menschen auß dem Limo Terrae. Nun ist Limus Terrae dz Fuenfft Wesen der gantzen Welt/ ein außzug von allen Naturen: Auß dem Außzug ist der Mensch gemacht."

[410] Paracelsus: *Astronomia Magna oder Philosophia Sagax*, S. 28.

[411] Goldammer [1949]: Paracelsische Eschatologie. I (wie Anm. 374), S. 111. – Siehe dazu auch Daniel (2002): Paracelsus' *Declaratio* on the Lord's Supper (wie Anm. 376), S. 141-162.

[412] Goldammer [1949]: Paracelsische Eschatologie. I, S. 110; weiter heißt es bei Goldammer: „Also über den ersten limbus hinaus haben die Christen im zweiten Adam Christus einen neuen ,limbus' empfangen, der zur Auferstehung, zur Neugeburt verhilft. [...] Das von Gott in den Menschen gelegte ,Ewige' wird im Christen durch seine besonderen religiösen Kräfte, Gaben und Verbindungen besonders entwickelt. [...] Der letzte ,limbus' ist sozusagen die Endform, das Ergebnis des ersten ,limbus maior', entsprechend der prima materia ist er die ultima materia [...]." Vgl. dazu auch Anm. 376.

2.4.2   Limus terrae als Materia prima bei Valentin Weigel

Der Physikotheologe Valentin Weigel (1553–88)[413] verwendet trotz seiner sons-
tigen (begrifflichen) Nähe zu Paracelsus[414] den Terminus ‚Limbus' in seinen
Genesisexegesen[415] nicht. Vielmehr zieht er ‚Limus terrae' bzw. die Kurzformen
‚Limus' sowie „Erden kloß" nach *Genesis* 2, 7 der paracelsischen Begrifflichkeit
vor: „So sehen doch die weisen, das die gantze sichbare welt sei limus terrae, der
Erden klos"[416]. Dieser sei entstanden „aus den vnsichbaren waßern"[417] durch „die
scheidung". Vor der Schöpfung sei nämlich „jedes Element zwifach sichtig vndt
vnsichtig beisamen"[418] gewesen. Erst die Scheidung der Elemente durch den
christlichen Schöpfergott,[419] der im Rahmen der Weltschöpfung die „leiblichen
dinge" von den „vnsichbaren" geistigen Dingen trenne, mache letztere zur sichtbaren Materie. An diesem Gedankenkomplex rund um den Begriff ‚Limus terrae'
zeigt sich auch das Weigel'sche Leitmotiv: ‚die sichtbaren leiblichen Dinge entstehen aus den unsichtbaren geistigen'[420].

---

[413]   Zu Valentin Weigel siehe Lieb, Fritz (1962): Valentin Weigels Kommentar zur Schöpfungsge-
       schichte und das Schrifttum seines Schülers Benedikt Biedermann. Eine literarkritische Untersu-
       chung zur mystischen Theologie des 16. Jahrhunderts. Zürich; Pfefferl, Horst (1988): Valentin
       Weigel und Paracelsus. In: Paracelsus und sein dämonengläubiges Jahrhundert. (= Salzburger
       Beiträge zur Paracelsusforschung 26). Salzburg, S. 77-95; Pfefferl, Horst (1991): Die Überliefe-
       rung der Schriften Valentin Weigels. Diss.-Teildruck. Marburg; Pfefferl, Horst (1995): Die Re-
       zeption des paracelsischen Schrifttums bei Valentin Weigel. Probleme ihrer Erforschung am
       Beispiel der kompilatorischen Schrift ‚Viererlei Auslegung von der Schöpfung'. In: Dilg, Pe-
       ter/Rudolpf, Hartmut (Hg.): Neue Beiträge zur Paracelsus-Forschung. (= Hohenheimer Protokol-
       le). Stuttgart, S. 151-168; Zeller, Winfried (1940): Die Schriften Valentin Weigels. Eine
       literarkritische Untersuchung. Berlin (= Historische Studien 370); Zeller, Winfried (1978): Theo-
       logie und Frömmigkeit. Gesammelte Aufsätze. Bd. 1+2. Hg. v. Jaspert, Bernd. (= Marburger
       Theologische Studien). Marburg.
[414]   Vgl. dazu bspw. Krodel, Gerhard (1948): Die Abhängigkeit Weigels von Paracelsus. Erlangen.
[415]   Weigel, Valentin: *Sämtliche Schriften*. Hg. von Horst Pfefferl. Bd. 11: *Informatorium –
       Natürliche Auslegung von der Schöpfung – Vom Ursprung aller Dinge – Viererlei Auslegung
       von der Schöpfung.* Stuttgart/Bad Cannstatt 2007.
[416]   Weigel: *Natürliche Auslegung von der Schöpfung.* In: Ders.: *Sämtliche Schriften* (wie Anm.
       414), S. 176.
[417]   Vgl. dazu *Genesis* 1, 2: „et spiritus Dei ferebatur super aquas".
[418]   Weigel: *Natürliche Auslegung von der Schöpfung,* S. 176.
[419]   Weigel interpretiert die sieben Tagewerke der Bibel als einen Separationsprozess, bei dem ein
       Tag durch die Scheidung des jeweils vorhergehenden Tages entsteht: „Den aus dieser dunckeln
       finsternis ward geschieden das feuer [...] aus diesen waßern, feuer vndt lufft kam herfur das
       Meerwaßer, durch die scheidung", ebd., S. 147.
[420]   Ebd., S. 193: „Es soll aber aus diesem büchlein vntter andern auch das gelernet werden,
       nemlichen, das alle ding aus dem nichts zu etwas kommen, aus dem vnsichtigen in das sichtige".
       Dieser Gedanke findet sich auch im *Informatorium* (II, 11+12: „Dann vor allen dingen hatt Gott

Mit ‚Limus terrae' bezeichnet Weigel im Rahmen seiner Vorstellungen des Weltentstehungsprozesses sowohl den (sichtbaren) Ausgangsstoff, aus dem der Mensch bestehe, als auch die „sichbare gantze welt […] genennet Erde"[421]. Diese Anschauung erinnert durchaus an paracelsisches Gedankengut, nämlich an die Vorstellung des ‚Limbus maior', also einer „erdgebundenen" Materie, aus welcher Gott die Welt und aus dieser dann den Menschen als ‚Limbus minor' erschaffen habe. Dass Weigel an diese Vorstellung anknüpft, spricht dafür, dass Weigel den ‚Limbus-/Limus'-Gedanken – ähnlich wie Paracelsus schon – an die Mikrokosmos-Makrokosmos-Lehre knüpft:

> Wer die Stern kennet, der kennet die vier Elementa vnd alle geschöpff, das Jst dise Grosse Welt, vndt also den Menschen, welcher ist die kleine weltt, denn auß dem erden klos ist der Mensch geschaffen, das ist auß der gantzen welt, vnd die Grosse Welt Jst zum Menschen worden.[422]

Weigel vertritt demnach nicht nur die Vorstellung, nach der die große Welt, d.i. der Kosmos, und die kleine Welt, d.i. der Mensch, aus ‚Limus terrae' einander entsprechen, sondern sieht in dieser Erschaffungsform von Welt und Mensch auch einen inneren Zusammenhang, welcher die Erkenntnis über Naturgeschehnisse ermögliche. Denn der Mensch trage die Erde, die ihrerseits all das, was sie hervorbringe wie „gras, kreutter, beume, gewechße etc."[423], in sich enthalte, in sich selbst: „Er dregt die Grosse [Welt] jn jhm vnd wurt von der grossen getragen vnd gespeiset."[424] Dadurch, dass sowohl Welt als auch Mensch aus derselben Materie, dem ‚Limus terrae', seien, habe der Mensch auch Zugang zu den Informationen über die Welt, die er in sich enthalte.

---

geschaffen das vnsichtbare, darnach das Sichtbare leibliche. Dann nichts leiblichs Jst von sich selbsten, Es kommet auß den vnsichbaren Wesen […]") sowie in der *Viererlei Auslegung* (II, III, 1+3, hier Überschrift) und im *Ursprung aller Dinge* IV, 15.

[421] Weigel: *Natürliche Auslegung von der Schöpfung*, S. 177.
[422] Weigel: *Informatorium*, S. 23. Siehe auch ebd., S. 68: „Dann letztlich machte Gott auß dem gantzen geschöpff den MENSCHEN. Also ward die Groß Weltt, sampt Jhren Geschöpffen zum MENSCHEN, daher Er genant wurt MICROCOSMVS, das jst DIE KLEINE WELT." – Vgl. dazu Pfefferls Hinweis auf Paracelsus: *De Limbo* im *Liber de Podagricis*: „der die engel kent, der kent die astram der die astra kent und weißt den horoscopum; der weis, der kent alle welt, der weiß nu den menschen vnd den engel zusamen zusetzen." In: Weigel: *Informatorium*, S. 23, Anm. 3.
[423] Weigel: *Natürliche Auslegung von der Schöpfung*, S. 177.
[424] Weigel: *Informatorium*, S. 68.

Doch setzt Weigel ‚Limus terrae' nicht mit der Ersten Materie gleich, auch wenn er die Erde durchaus mit ihr vergleicht. Der ‚Limus terrae' sei in der Ersten Materie von Beginn der Schöpfung an verborgen gewesen,[425] bevor er sichtbar wurde: „diese sichbare gantze welt wirdt genennet Erde oder limus terrae, Ja auch der Mensche selbst ist Erde, darumb das er aus der welt gemacht ist, als aus dem Erden kloße."[426] Dadurch dass Weigels Anschauung zufolge ‚Limus terrae' aus der Ersten Materie hervorgeht, bzw. ‚Limus terrae' vor seiner Schöpfung bereits im Medium der Materia prima, dem vorschöpflichen „waßer", vorhanden war, lässt sich die ‚Mikrokosmos-Makrokosmos'-Lehre rechtfertigen, die Weigel für die Erkenntnis über die Welt benötigt: Wenn der Mensch aus demselben Stoff wie Erde und Welt bestehe, könne er auch Erkenntnis über diese erlangen, weil er sie aufgrund der materiellen Gleichheit in sich trage: „Der Erden kloß Jst die Grosse Welt, mit allen geschöpffen. Doraus Jst Adam gemacht. Also hatt Er Jn Jhm alle Jrdische weißheit."[427] Der Unterschied zwischen Welt und Mensch bestehe darin, dass „GOTT dem Menschen […] Einen Geist (eingeblasen)"[428] habe.

Limus terrae ist für Weigel der sicht- und greifbar geformte Stoff aus dem „vnsichbaren" Zustand der „vermischung aller dinge". Dadurch dass diese Dinge „durch scheidung" voneinander getrennt werden, trennen sich die „vnsichbaren" und „subtilen" von den „sichtbaren", „dicken" und „groben" Dingen und „die Erde [sei] das dickeste vndt gröbste corpus der Welt",[429] aus der „die welt [und der Mensch] hernach geschaffen ward[en]"[430]. Mit dieser Vorstellung – einer sich durch Scheidung verdichtenden Materie – emanzipiert sich Weigel von Paracelsus und erweitert die Verknüpfung des ‚Limus-/Limbus'-Gedankens mit der ‚Mikrokosmos-Makrokosmos'-Lehre auf eigene Weise.

---

[425] Weigel: *Natürliche Auslegung von der Schöpfung*, S. 177: „[S]o mus sie es zuuor in Jhr haben gleich wie die erste materia herfur lis gehen die 4 Elementa, den in ihr lagen sie verborgen."
[426] Ebd.
[427] Weigel: *Informatorium*, S. 18f.
[428] Ebd., S. 68f.
[429] Weigel: *Natürliche Auslegung von der Schöpfung*, S. 161.
[430] Ebd., S. 163.

2.4.3   Limus terrae als Materia prima bei Heinrich Khunrath

Der Arzt, Alchemiker und Kabbalist Heinrich Khunrath (1560–1605)[431] verknüpft in seinem Traktat *Vom Hylealischen Chaos*[432] die Begriffe ‚Limus terrae'
und ‚Materia prima' eng miteinander. In diesem Werk beschreibt er einen vom
christlichen Schöpfergott ‚creatio ex nihilo'[433] erschaffenen Ort, an dem sich alle
noch zu spezifizierende Materie primordial und ungeordnet befinde, nämlich im
‚weltanfänglichen Chaos'[434], das lediglich „dem eussern Ansehen/ Figur/ Form
und Gestalt nach/ nur allein Ein Ding"[435] sei. In seinem Inneren sei es ein „vom
Himmel/ Erde und Wasser zusammen vermischte[s] waesserige[s] CHAOS"[436]
und enthalte verschiedene Bestandteile[437] wie die „Materia Mundi Prima, die
Erste erschaffene der Welt anfangs Materia, sampt aller Materialischen Dingen"[438].

    Diese „Materia Mundi Prima" scheint Limus terrae zu sein, der sich an
eben diesem Ort („im Chaos") befinde, und die Khunrath „Allgemeine Materia"[439] nennt – eine universale Materia, in der primordial das Ganze der Welt
bereits vorhanden sei. Außerdem werde Limus terrae (von Khunrath auch als

---

[431]   Telle, Joachim (1998): Art. ‚Heinrich Khunrath'. In: Alchemie (wie Anm. 23), S. 194-196;
      Neumann, Hans-Peter (2004): Natura sagax – Die geistige Natur. Zum Zusammenhang von
      Naturphilosophie und Mystik in der frühen Neuzeit am Beispiel Johann Arndts. (= Frühe Neuzeit
      94). Tübingen, S. 67-69; Gilly, Carlos (2013): Khunrath und das Entstehen der frühneuzeitlichen
      Theosophie. In: Heinrich Khunrat: *Amphitheatrum Sapientiae Aeternae*. Neudruck. (= Clavis
      Pansophiae 6). Stuttgart-Bad Cannstatt; Schmidt-Biggemann, Wilhelm (2013): Geschichte der
      christlichen Kabbala. Band 2: 1600-1660 (= Clavis Pansophiae 10,2). Stuttgart-Bad Cannstatt, S.
      1f.
[432]   Khunrath, Heinrich [1708]: *Vom Hylealischen, Das ist/ Pri-materialischen Catholischen Oder
      Allgemeinen Natürlichen Chaos. Der Naturgemässen Alchymiae Und Alchymisten.* Frankfurt/M
      (reprographischer Nachdruck Graz 1990). – Bereits 1596 erschien in Magdeburg eine lateinische
      Kurzfassung des Traktats unter dem Titel *Confessio de chao physico-catholico*. Auf diese wird
      hier nicht eingegangen. Im *Hylealischen Chaos* entwickelt der Leipziger Arzt und Alchemiker
      unter Vermischung von Bestandteilen der Bibel, der Kabbala, Alchemie, Medizin, Magie und
      Geschichte eine theosophische Alchemie. Khunrath strebt dabei eine ganzheitliche
      Weltanschauung an, in der Gott, Natur und Mensch in enger Wechselbeziehung stehen.
[433]   Ebd., S. 1.
[434]   Zum Begriff ‚Chaos' siehe Kapitel 2.8.
[435]   Khunrath: *Vom Hylealischen Chaos*, S. 6f.
[436]   Ebd., S. 2.
[437]   Ebd., S. 7.
[438]   Khunrath: *Vorrede und Apologie deß Autors*, In: Ders.: *Vom Hylealischen Chaos*, S. XX 2.
[439]   Khunrath: *Vom Hylealischen Chaos*, S. 131.

„Waesserige Erde/ oder Jrrdisches Wasser"[440] bezeichnet) durch den „Geist Gottes", der über dem „Urwasser" schwebe,[441] „Universalisch geseeligt", d.h. auf keine Form spezifiziert,[442] aber mit dem Potenzial, jede Form des „Welt=kreises" annehmen zu können „als reine Forma Rerum essentiales, nach Gottes Befehl und Geheiß Fiat, durchs Wort Materialisch und Corporalisch sich verkleidet haben/ und also Alle Formas und Gestalten/ so Gott in zierung der Welt befahl/ an sich name"[443]. Demnach würde Limus terrae Primaterialität nicht bloß als Eigenschaft zukommen, sondern Limus terrae wäre Materia prima selbst.

　　　Als ein solcher „dicke[r] Pri=materialische[r] Schlamm/ daraus Adams […] Leib formiret war auch sein Herkommen hatte"[444] sei Limus terrae keine „gantz duerre und truckene Erden/ sondern mit Wasser angemacht und ver-mischt/ das ist/ eine waesserige Erden oder Jrrdisches Wasser"[445]. Aus diesem sei Adam gemacht worden und aus ihm schließlich – weiter der *Genesis*[446] fol-gend – „sein Weib Eva" sowie „die anderen Species Vegetabilium, Animalium et Mineralium": alle aus der Materia prima in ihre jeweils unterschiedlichen „Spe-cial-Arten".[447] Dabei kommt der Erschaffung des Menschen eine besondere Rolle zu: Der erste Mensch Adam sei „Microcomus Macrocosmi"[448], d.i. „Eine kleine Welt/ der Sohn der grossen Welt".[449] Für den Menschen als Mikrokosmos sei dabei Khunrath zufolge die Eigenschaft des „Res Omnis, Alles Ding"[450] cha-rakteristisch, also eines Dinges, das alles in sich trage, weil es „componiret

---

[440] Khunrath: *Vom Hylealischen Chaos*, S. 38.
[441] Vgl. dazu auch nach *Genesis* 1, 2.
[442] Khunrath: *Vom Hylealischen Chaos*, S. 38.
[443] Ebd., S. 131.
[444] Ebd., S. 52. – Wie bedeutsam für Khunrath das ‚Schlammwasser‘ als Urgrund ist, zeigt sich nebenbei auch darin, dass er in entsprechenden Zusammenhängen Thales von Milet als Autorität heranzieht, für den das Wasser gemeinsamer Urgrund allen Seins war. Dabei unterscheidet sich Khunraths Vorstellung des „Urwassers" von der des Thales darin, dass für ihn das „Urwasser" in einem einmaligen Ereignis von Gott ‚creatio ex nihilo‘ erschaffen wurde, während sich für Tha-les der Urgrund ‚Wasser‘ in ständiger Wandlung befindet und die Dinge der Welt hervorbringt und wieder in sich aufnimmt.
[445] Ebd., S. 114.
[446] *Genesis* 2, 21-22.
[447] Khunrath: *Vom Hylealischen Chaos*, S. 114f.
[448] Ebd., S. 114.
[449] Ebd., S. 108.
[450] Ebd., S. 107.

[wurde] von dem allerersten Weltanfangs Hyle"[451] aus dem primaterialen Schlamm des „Welt=Anfangs CHAOS".

So verquickt auch Khunrath seine ‚Limus terrae'-Vorstellung mit dem ‚Mikrokosmos-Makrokosmos'-Gedanken, welchen er benötigt, um seine Laborierpraxis zu rechtfertigen: Zum einen soll das Laborieren die Schöpfung der Welt nachahmen, die eben nicht bloß erschaffen, sondern „componiert" wurde. Zum anderen trage der Mensch, dadurch dass er aus dem Limus terrae erschaffen wurde, das Wissen um die Geheimnisse dieser Laborierpraxis in sich, die auf den Erkenntnissen um die Weltentstehung basiere:

> Hac dicta Aqua nostra est de illa Aqua, à qua Mundi primordialiter sunt Omnia nata, quae nata sunt. In Hac Aqua Catholici Nostri salsa, non in alia ulla, est maximum Secretum: circa hanc Theosophicè Orare, et Physico-Chymicè Laborare memento. Sit igitur Magnesia tibi summè commendata. Dann in diesem unserem Wasser [d.i. Limus Terrae]/ sprechen die Weisen/ steckt die gantze Kunst.[452]

So wie der Mensch aus dem Limus terrae erschaffen worden sei, so solle der Alchemiker auch laborieren und gleichzeitig auch (theosophisch) zu Gott beten.[453] Die Welterschaffung müsse dem Alchemiker Vorbild für die Laborierpraxis sein: „Derhalben brauche nur unsers Chaos ehrwuerdigen Natur Alleine; in ihr sey dein suchen Alleine, Dann Aus Jhr/ Durch Sie/ und Jn Jhr wird unsere Kunst angefangen/ gemittelt und vollendet."[454]

2.4.4   Schlussbemerkung

Deutlich zutage tritt bei den untersuchten Autoren vornehmlich die enge Verknüpfung des ‚Limbus'- bzw. ‚Limus'- oder ‚Limus terrae'-Begriffs mit der Mik-

---

[451]   Khunrath: *Vom Hylealischen Chaos*, S. 108.
[452]   'Dieses unser erwähntes Wasser ist von demjenigen Wasser, aus welchem weltanfänglich alles geboren worden, was geboren ist. In diesem gesalzenen katholischen Wasser unseres Universals, sonst in keinem anderen, ist das größte Geheimnis: um dieses Wasser sollst du theosophisch bitten, und physikalisch-chymisch laborieren. Darum sei dir das Magnesium sehr anempfohlen.' – Ebd., S. 131.
[453]   Zum Zusammenhang und zur Bedeutung von ‚Orare' und ‚Laborare' siehe Khunrath, Heinrich (1595): *Amphitheatrum sapientiae aeternae solius verae*. Hamburg. – Vgl. dazu vor allem den bekannten Kupferstich des betenden Alchemikers vor seinem ‚Laboratorium', welches zugleich auch ein ‚Oratorium' ist.
[454]   Khunrath: *Vom Hylealischen Chaos*, S. 11.

rokosmos-Makrokosmos-Vorstellung. Dadurch stehen sich Kosmos als die große
Welt und der Mensch als die kleine Welt nicht bloß einander gegenüber lediglich
als gegenseitige Beeinflusser (vornehmlich der großen Welt auf die kleine Welt),
sondern der Mensch und die Welt teilen sich aufgrund ihrer Schöpfungsvorgänge
eine Materia prima bzw. lassen sich auf ein und dieselbe Erste Materie zurückführen, so dass zwischen ihnen eine materielle Gleichheit herrscht, bei der sich
die gleichen Bestandteile anzuziehen und auf diese Weise Einfluss zu nehmen
scheinen. Aufgrund dieser materiellen Gleichheit habe der Mensch die Möglichkeit auf ein vermeintliches Weltwissen zurückzugreifen und damit Erkenntnisse
über die materielle wie immaterielle Welt zu sammeln und diese Erkenntnisse
produktiv umzusetzen, und zwar als Arzt, Theologe oder alchemischer Laborant.

Der Begriffskomplex ‚Limbus'/‚Limus' scheint dabei ein Hilfsbegriff zu
sein, um die Grenze zwischen den „unsichtbaren Dinge" und den „sicht- und
greifbaren" Dingen gedanklich zu überbrücken, indem das unbegreifliche der
Schöpfung zumindest mit einem Begiff greifbar gemacht wird. So scheint Paracelsus auf den Begriff ‚Limbus' dann zurückzugreifen, wenn er um eine naturphilosophische Erklärung der Weltentstehung bemüht ist, um den Prozess der
Materiewerdung für sich als Arzt nutzbar zu machen. Je mehr er die Welt aus
biblisch-christlicher Perspektive zu erklären gewillt ist, desto eher greift er auch
auf das biblische Vokabular (‚Limus terrae' sowie ‚irdischer Leib') zurück. Vornehmlich letzteren Wortbestand gebraucht der Physikotheologe Valentin Weigel.
‚Limus terrae' scheint für ihn vornehmlich die genannte Überbrückungsfunktion
zu erfüllen, um die Spannung von ‚die sichtbaren leiblichen Dinge entstehen aus
den unsichtbaren geistigen' zu überwinden. Eine Überwindung, die bei Khunrath
in der Laborpraxis mithilfe einer Konnexion von (theosophischen) ‚ora' und
(alchemischen) ‚labora' aufgehen solle: Schöpfungsprozesse sollen nachgeahmt
und das göttliche Wissen in sich um die Geschehnisse der Welt in praktische
Operationen umgesetzt werden.

2.5 Yliaster / Iliaster

[Primärtexte: Paracelsus: *De Generationibus et Fructoribus quatuor Elementorum*; Paracelsus: *De Meteoris*; Ps.-Paracelsus: *Liber Azoth*]

> Iliaster ist ein verborgene kraft oder Tugent der natur/
> aus welchem alles erwachset/ genehret vnd gemehret wird.[455]

2.5.1 Yliaster / Iliaster als Materia prima bei Paracelsus

Mit dem paracelsischen Begriff ‚Yliaster'/‚Iliaster'[456] für Materia prima ringen Historiografen seit jeher. Der verdiente Paracelsusforscher Walter Pagel systematisiert die paracelsische ‚Materia prima' in zwei voneinander zu unterscheidende, nämlich in eine, welche als „die Urmaterie der Welt", und eine weitere, welche als „die Samen der Einzeldinge" verstanden werden soll.[457] Den Yliaster ordnet er – ebenso wie das deutero-parcelsische ‚Mysterium magnum'[458] – der ersten Kategorie zu. Diese Erste Materie sei „keine Materie im modernen Sinne, kein Stoff, sondern eine göttliche und daher rein spirituelle Emanation"[459] und identisch mit dem göttlichen Schöpfungswort Fiat[460]. Damit sei diese Urmaterie auch „eher ein Aspekt der Gottheit als etwas Erschaffenes", worin „die Einzeldinge in idealer Vorform [...] vorgebildet" seien und als „Samen erschaffen" werden.[461] Der Yliaster enthalte demnach „die Samen aller Dinge und Ereignisse

---

[455] Toxites (1574): *ONOMASTICA II. I. PHILOSOPHICVM; MEDICVM; SYNONYMVM ex varijs vulgaribusque linguis. II. THEOPHRASTI PARACELSI: hoc est, earum, vocum, quarum scriptis eius solet usus esse, explication. NVNC PRIMVM IN COMMODVM omnium philosophiae, ac Medicinae Theophrasticae studiosorum, cuiuscunque; nationis sint: fideliter publicata.* Straßburg, S. 445.

[456] Die Schreibweise des Begriffs schwankt nicht nur in der Historiografie zwischen ‚Yliaster' und ‚Iliaster', sondern schon bei frühneuzeitlichen Autoren, zum Teil bei einem Autor in ein und derselben Schrift. Aufgrund dessen, dass man dem Ausdruck ‚Yliaster' seine Etymologie eher ansieht (dazu weiter mehr im Fließtext), verwende ich vornehmlich diesen Begriff. Eine Ausnahme bilden Zitate.

[457] Pagel (1962): Das medizinische Weltbild des Paracelsus (wie Anm. 9), S. 95.

[458] Zu ‚Mysterium magnum' siehe Kapitel 2.9.

[459] Pagel: Das medizinische Weltbild des Paracelsus, S. 95.

[460] Zum Begriff ‚Fiat' vgl. Kapitel 2.7.

[461] Pagel: Das medizinische Weltbild des Paracelsus, S. 95.

von Anfang an"[462] und bringe diese allein durch den „gott-erzeugten Logos"[463] hervor. Außerdem gebe der Yliaster als Urmaterie „den Ursprung ab für die Tria Prima, die drei Prinzipien: Sal, Sulphur und Merkur"[464].

Kurt Goldammer grenzt den paracelsischen ‚Yliaster'-Begriff von dem des ‚Limbus'[465] ab. Während nämlich ‚Limbus' „mit theologischen Gedanken verflochten" sei, sieht er im ‚Yliaster' als wertneutralen Terminus „den Versuch einer naturwissenschaftlichen Begriffsbildung und Metaphorik im gleichen Sachzusammenhang".[466] Ihm weiter folgend sei der Yliaster ein „Übergansstoff" zwischen dem „„Nichts' im stofflichen Sinne oder eine[r] geistige[n], intelligible[n] Gotteswelt des vorzeitlichen und vorräumlichen Paradieses" und der „ge-schaffene[n] korporalisch-elementische[n] Welt" und damit Teil eines „unbe-greiflichen Akt[s] der Materiewerdung".[467] Konkret vermutet Goldammer, dass ‚Yliaster' aus „Sternmaterie, Gestirnstoff" bestehe.[468]

Ähnliche Schlüsse zieht auch schon Carl Gustav Jung: Der Begriff ‚Yliaster' sei etymologisch betrachtet eine Zusammensetzung aus den griechi-schen Worten ὕλη ('Materie') und ἀστήρ ('Stern', 'Gestirn')[469] und gehöre zu den „technischen Neologismen"[470] des Paracelsus. Der ‚Yliaster' stehe für ein „geistiges, unsichtbares Prinzip, obschon er auch etwas wie die prima materia bedeutet"[471]. Er sei jene Materia prima, „aus welcher die drei Grundsubstanzen Mercurius, Sulphur und Sal hervorgehen", und stehe „über den vier Elementen und bestimm[e] die Länge des Lebens"[472]. Auch Kämmerer setzt den Yliaster in direkte Beziehung zu den vier Elementen: „Alle vier Elemente haben ihre Ein-heit im Yliaster [...]."[473] Ihm zufolge seien auch dadurch, dass die Elemente bei

---

[462] Pagel: Das medizinische Weltbild des Paracelsus, S. 9.

[463] Ebd., S. 134.

[464] Ebd., S. 81. – Zur ‚Tria prima' siehe Kapitel 2.3, hier im Besonderen 2.3.1.

[465] Zum ‚Limbus'-Begriff siehe Kapitel 2.4, hier vor allem 2.4.1. – Für Pagel gehört der ‚Limbus'-Begriff zur zweiten Materia-prima-Kategorie, nämlich Urmaterie der Einzeldinge; im Fall des Limbus speziell des Menschen.

[466] Goldammer, Kurt [1971a]: Bemerkungen zur Struktur des Kosmos und der Materie bei Paracelsus (wie Anm. 10), S. 269.

[467] Ebd., S. 278f.

[468] Ebd., S. 269.

[469] Jung, Carl Gustav (1942): Paracelsica. Zwei Vorlesungen über den Arzt und Philosophen Theophrastus. Zürich/Leipzig, S. 67.

[470] Ebd., S. 66.

[471] Ebd., S. 91.

[472] Ebd., S. 87.

[473] Kämmerer (1971): Das Leib-Seele-Geist-Problem bei Paracelsus (wie Anm. 366), S. 15.

Paracelsus in zwei Gruppen unterteilt werden, nämlich „Luft und Feuer als geist-
liche Nahrung und Erde und Wasser als materialische Nahrung"[474], Geist und
Materie nicht nur im Yliaster vereint, sondern es sei im ‚Yliaster'-Konzept die
Dichotomie von Geist und Materie überwunden.

Den engen Zusammenhang zwischen den paracelsischen Elementen und
dem Yliaster betont auch Peuckert. Den ‚Yliaster' interpretiert er als „vorläufiges
Erstes", einen „Mutterstoff" und „Urstoff", sogar als ein „Ursein", das zwar die
„Wertigkeiten der Tria prima" habe, jedoch sei der Yliaster mit Sal, Sulphur,
Mercurius nicht identisch.[475] Gleichfalls interpretiert Peuckert den kosmologischen Aufbau von Paracelsus als einen „alchemische[n] Proze[ss]": „So wie der
Alchemist in der Retorte, so arbeitete am Anfang Gott; er schafft ein Corpus, ein
vorläufiges Erstes, das man Yliaster heißt; aus diesem Mutterstoffe scheidet er
durch einen chemischen Proze[ss] die Elemente ab."[476] Darin sieht Peuckert ein
in allen Schöpfungsphasen waltendes „alchemisches Grundprinzip"[477].

Diese Metapher mag sich dem Leser durchaus aufdrängen, wenn man
sich den ‚Yliaster'-Begriff allein in den Pseudo-Paracelsica betrachtet, die aber
auf den „echten" Paracelsus nicht unbedingt zutrifft. In diesem Punkt ist
Peuckert jedoch keine Ausnahme. Bisher wurde im Allgemeinen bei der Interpretation der Weltentstehung und den damit zusammenhängenden Begriffen um
die ‚Materia prima' nur selten zwischen Paracelsica und Pseudo-Paracelsica
unterschieden, was sicher auch an den „schleppend-stockende[n] Verläufe[n]
editorischer Tätigkeiten und bleiern lastenden Stagnationen"[478] liegt, welche bis
heute die „Paracelsusforschung auf editorisch ungewöhnlich morschen Funda-
menten"[479] bauen lässt. Nicht selten sorgt das für Missverständnisse und Inter-
pretationsschwierigkeiten. So macht eine Unterscheidung von Paracelsica und
Pseudo-Paracelsica bei einer Begriffsanalyse durchaus Sinn, gerade weil seine
Pseudepigraphen Begriffe nicht selten anders gebrauchen als Paracelsus selbst

[474] Kämmerer (1971): Das Leib-Seele-Geist-Problem bei Paracelsus, S. 14f.
[475] Peuckert, Will-Erich (1991): Theophrastus Paracelsus. Hildesheim/Zürch/New York, S. 96.
[476] Ebd., S. 95.
[477] Ebd., S. 98.
[478] Telle, Joachim (2007): Worte am Paracelsus-Grab. In: Salzburger Beiträge zur
       Paracelsusforschung 41: Paracelsus und das Reich, S. 92.
[479] Ebd., S. 96.

und sie seine Vorstellungen von Weltentstehung ihren eigenen entsprechend transformieren.[480]

Folgt man Paracelsus' Wortlaut seiner Elementenlehre in *De Generationibus et Fructoribus quatuor Elementorum*[481], so steht der Yliaster am Anfang der Weltschöpfung: „Am ersten ist der Yliaster getheilet worden"[482]. Zu beachten ist, dass Paracelsus zumindest in dieser Schrift ‚Yliaster' nicht eindeutig mit der Materia prima identifiziert – im Gegensatz zu anderen Schriften wie *Von deß Bad Pfeffers*[483] oder *Thessalus secundus, Id est, De Gradibus et Compositionibus*[484] und der dazugehörigen *Scholia in Libros de Gradibus & Compositionibus*[485] – sondern mit dem „Nichts", dessen Urheber der „Ewig Vatter"[486] sei. Dieser Tatbestand rückt den Yliaster in die Nähe der biblischen Lehre von der Creatio ex nihilo durch den christlichen Schöpfergott. Weiterhin habe Paracelsus zufolge der „Ewig Vatter" allein mithilfe seines „Göttlichen Willen[s]" „Himmel vnnd Erden/ Firmament vnnd Wasser darein beschaffen"[487],

---

[480] Eine Unterscheidung zwischen Paracelsica und Pseudo-Paracelsica ist bei der Begriffsanalyse nicht nur beim ‚Yliaster'-Begriff wichtig. Sie ist auch bei anderen Begriffsanalysen wie bei ‚Limbus', ‚Tria prima', ‚Ens primum', ‚Fiat' oder ‚Chaos' sinnvoll. Vgl. dazu die entsprechenden Kapitel. – Gleichzeitig muss auch festgehalten werden, dass, obwohl *De Generationibus et Fructoribus quatuor Elementorum* für „echt" gehalten wird, es doch Stellen gibt, die das Gefühl vermitteln, dass der Text korrumpiert sei: So durchzieht in Kapitel VI und VII (S. 58ff.) der Schrift eine Verkettung von Begriffen, welche an der Echtheit des Textes zweifeln lassen. So wird der christliche Schöpfergott unvermittelt und nur an dieser einen Stelle „Fabricator" genannt, der „Yliaster" nicht mehr „getheilet", sondern „geschieden", und die „vier Element" befinden sich in „vier Behaltnuß". Es wird hier auch nicht der „Yliaster" als „Nichts" bezeichnet, sondern die aus ihm „geschieden[en]" vier Elemente seien das „Nichts". So können diese beiden Kapitel als Chemisierung der ‚Yliaster'-Lehre ausgelegt werden. Diese Chemisierung fügt sich nur schwer in den übrigen Kontext der Schrift und wäre für Paracelsus auch recht untypisch. Den vorausgehenden und nachstehenden Aussagen ist allein die Vorstellung gleich, dass jedes der vier Elemente aus den Qualitäten „Heiß/ Kalt/ Feücht vnnd Trocken" (ebd., S. 59) besteht.

[481] Paracelsus: *De Generationibus et Fructoribus quatuor Elementorum*. In: Paracelsus: *Bücher vnd Schrifften* (wie Anm. 83), Tl. 8, S. 54-159.

[482] Ebd., S. 55. – Ähnlich auch in der paracelsischen Schrift *Von deß Bad Pfeffers*: „Iliaster ist die Erst Matery vor aller Schoepfung." In: Paracelsus: *Bücher vnd Schrifften* (wie Anm. 83), Tl 7, S. 327-343, hier S. 342.

[483] Paracelsus: *Von deß Bad Pfeffers*, S. 342.

[484] Paracelsus: *Thessalus secundus, Id est, De Gradibus et Compositionibus* (wie Anm. 83), Tl. 7, S. 345-356, hier S. 346: „Iliastes prima mater est omnium rerum, ex qua monia ortum habent, chaos: Iliastes constat ex Mercurio, Sulphure et Sale."

[485] Paracelsus: *Scholia in Libros de Gradibus & Compositionibus* (wie Anm. 83), Tl. 7, S. 357-389, hier S. 357: „ILiastes est prima materia omnium rerum, constatque & positus est in hisce tribus primis, Sulphure, Sale, & Mercurio: Ex his omnia actum habent."

[486] Paracelsus: *De Generationibus et Fructoribus quatuor Elementorum*, S. 55.

[487] Ebd. – Vgl. dazu auch *Genesis* 1.

was ebenfalls dem Inhalt als auch der Chronologie der biblischen Genesis entspricht. Diese Vorstellungen bilden den Rahmen zum eigentlichen Bild, das
Paracelsus daran anschließend entwirft, indem er das, was in der Bibel über das
Schöpfungsgeschehen nicht steht, selbst beschreibt, ohne dass seine Ausführungen denen der Bibel widersprechen – im Gegensatz zu den Paracelsus unterge-
schobenen Texten, wie sich weiter unten zeigen wird.

Das Bild, welches Paracelsus entwirft, ist das einer Art Raumes
(„Domor"[488]), den er ‚Yliaster' nennt – ein Neologismus, der weder vor Paracelsus bekannt ist, noch in der Bibel vorkommt. Der Yliaster ist umgeben vom
„Nichts" und wird womöglich deswegen an mehreren Stellen im Text mit dem
Nichts gleichgesetzt. Er enthalte „zwo Globeln/ die eusser/ vnnd die inner/
jedlichs mit zwey Elementen"[489]. Dabei würden die beiden äußeren „Globeln"
aus den Elementen „Lufft" und „Fewr" bestehen – ihnen werden die Eigenschaften „Geistlich" und „vnsichtbarlich" zugeschrieben –, während die beiden inneren „Globeln" aus „Erden" und „Wasser" seien, welche sich dadurch charakterisieren, dass sie „Materialisch vnd Corporalisch" seien:[490] In den „Globeln" mit
Bezug auf den Yliaster sieht Pagel eine Schattierung des Platonismus, nämlich
den „Kreis als perfekte Figur und perfekte Bewegung"[491]. Dafür gibt es allerdings zumindest in der *Elementenschrift* keine expliziten Hinweise – wie so oft
nennt Paracelsus keine Referenz. Gleichzeitig scheint die Form der „Globeln"
für Paracelsus eine geeignete zu sein, um den Beginn der Weltschöpfung samt
den materiellen Entwicklungen zu veranschaulichen:

---

[488]   Paracelsus: *De Generationibus et Fructoribus quatuor Elementorum*, S. 57.
[489]   Ebd.
[490]   Ebd.
[491]   Pagel: Das medizinische Weltbild des Paracelsus (wie Anm. 9), S. 108.

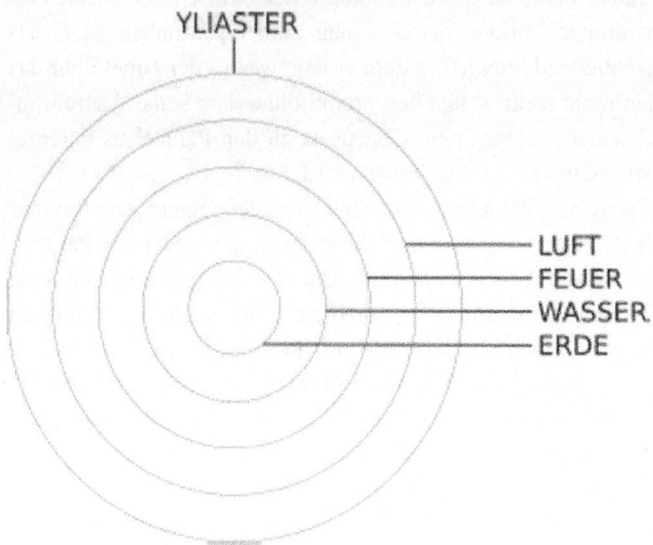

Abb. 1: Yliaster grafisch vereinfacht

Im Innern sei der Yliaster aus der Tria prima Sal, Sulphur und Mercurius zusammengesetzt, so dass jedes der Elemente die Tria prima enthalte (Abb. 2). Die
Erkenntnis darüber erhalte der Mensch aus dem „Liecht der Natur"[492], welches
ihm mit der Schöpfung emaniert wurde.

---

[492] Paracelsus: *De Generationibus et Fructoribus quatuor Elementorum*, S. 57. – Zum
      Begriffskomplex ‚Licht der Natur' als einen Zentralbegriff der paracelsischen Naturphilosophie
      siehe Anm. 319.

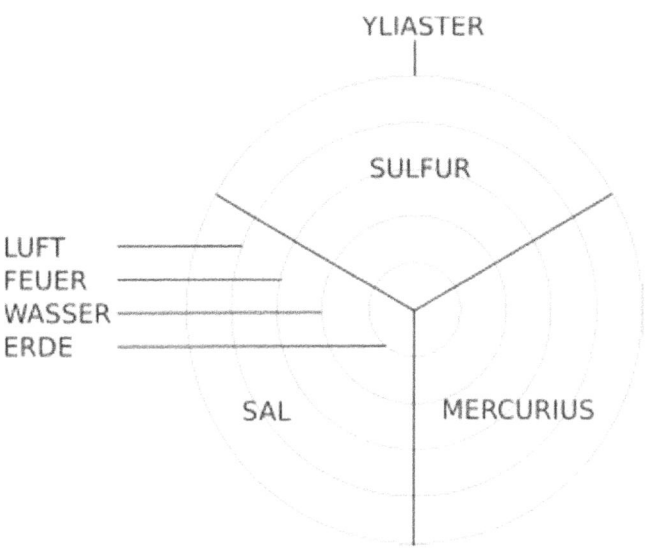

Abb. 2: Yliaster grafisch vereinfacht

Freilich wird der Begriff ‚Yliaster' in der Bibel nicht erwähnt. Genannt wird jedoch das Nichts, welches Paracelsus mit dem Yliaster identifiziert. Es scheint, als suche Paracelsus eine konkretere Beschreibung des biblischen Nichts als in der Bibel selbst und mit ihr eine Erklärung, in welcher Weise die Welt sowie die Tria prima und die vier Elemente, die den Beginn der Weltentstehung markieren, aus dem Nichts entstehen können. So findet der Hohenheimer mit dem ‚Yliaster'-Begriff dasjenige, das „hatt geben die 4. Elementen und gemacht und geordnet"[493]. Der Yliaster besteht jedoch nicht aus den vier Elementen und doch seien sie in ihm enthalten und entstehen durch die göttlich verursachte Teilung des Yliasters in der Reihenfolge Luft, Feuer, Wasser, Erde. Dabei wird das Verhältnis zwischen Yliaster und den Elementen als ein generatives beschrieben: Der Yliaster sei nämlich „ein Sahm/ auß dem ein Stamm wachst: dann der Sahm/

---

[493] Paracelsus: *De Generationibus et Fructoribus quatuor Elementorum*, S. 55.

was er hinauß gibt/ das nimpt er nit wider zu jhm. [...] Der Stamm/ der auß dem Yliastro geborn ist/ das seind die 4. Elementen [...]"⁴⁹⁴. Wesentlich dabei ist, dass allein der Yliaster aufgrund des göttlichen Schöpfungswillens in der Lage sei, zu generieren. Das „Annus Mundi" gebe es nur einmal, es könne weder wiederholt noch imitiert werden – damit scheidet eine laborantisch-chemisierte Erklärung des Textes aus. Auch könne die Schöpfung nicht rückgängig gemacht werden, weil ein „Stamm" nicht wieder zu einem „Sahm" werden könne. Deswegen seien die Elemente sogenannte „Muetter" und „Toechter", die keinen Samen enthalten und demnach kein „Kind [...] nach diesem Anno Mundi"⁴⁹⁵ zeugen könnten. Das heißt, dass die Elemente laut Paracelsus lediglich ein Mal erschaffen und schließlich – am Weltenende – auch nur einmal zugrunde gehen würden. Als „Muetter" erzeugen sie keine Samen, sondern bringen nur neue ihnen entsprechende Formen hervor, die nicht mit ihnen selbst identisch, jedoch qualitativ gleich seien: „Was auß der Erden wechst/ das heiß vnd trocken ist/ dasselb wachst auß dem/ das heiß vnd trocken ist in der Erden: Also was kalt vnd feucht ist/ das wechst auß dem Element Terrae, das in jhm ist/ kalt vnd feucht ist."⁴⁹⁶ So sind die Elemente als die „4 Muetter" in „alle ding" enthalten, dadurch dass sie sie „geberen"; allein die unterschiedlichen Formen setzen sich aus dem jeweiligen „Complex" von „Heiß oder Trocken/ Kalt oder Feucht/ Kalt oder Trocken/ Heiß oder Feucht" zusammen.

Diese Rückführung der vier Elemente auf die wahrnehmbaren Qualitäten warm/kalt, feucht/trocken ist noch durchtränkt von Aristoteles ererbtem Gedankengut. Auch wenn unklar ist, ob eine Beeinflussung auf Paracelsus von Letzterem wissentlich war, und wenn ja, woher sie kam; im Rahmen der Schilderungen seiner Elementenlehre bleiben Autoritäten unerwähnt. So scheint Paracelsus, auch wenn er Aristoteles und dessen Lehren entschieden ablehnte,⁴⁹⁷ von der in der Frühen Neuzeit ubiquitär aristotelischen Elementen- sowie Qualitätenlehre deutlich beeinflusst zu sein:

⁴⁹⁴ Paracelsus: *De Generationibus et Fructoribus quatuor Elementorum*, S. 55.
⁴⁹⁵ Ebd.
⁴⁹⁶ Ebd., S. 56.
⁴⁹⁷ So schreibt beispielsweise Paracelsus im *Opus Paragranum*, dass Aristoteles (ebenso wie auch Albertus, Thomas, Avicenna und Actuarius) ein Spekulant ohne Verstand sei und seine *Meteorologica* „nichts als Fantasey". In: Paracelsus: *Opus Paragranum* (wie Anm. 83), Tl. 2, S. 112-113. Dieses Beispiel ist kein Einzelfall, solche Anfeindungen durchziehen Hohenheims gesamtes Werk.

> ein Element ist ein Mutter/ deren seind 4. Lufft/ Fewr/ Wasser/ Erden/ auß den 4 Muettern
> werden alle ding geboren/ der gantzen Welt: vnd ist vnnuetz geredt/ daß dz Element ein
> Complex an jhm habe/ Heiß oder Trocken/ Kalt oder Feucht/ Kalt oder trocken/ Heiß oder
> Feucht: dann sie seind alle 4. In jhm: Also zuverstehn: die Erden ist kalt vnd trocken/ kalt
> vnd feucht/ heiß vnd trocken/ heiß vnd feucht/ vnd das also.[498]

Gleichzeitig sucht Paracelsus eine neue Interpretation einer Stoffes-
zusammensetzung sowohl mithilfe des ‚Muetter'-Begriffs als auch durch eine
Änderung der ursprünglich aristotelischen Qualitätenlehre, bei dem ein jedes
Element noch aus fest zugewiesenen Qualitäten besteht, indem der Hohenheimer
jedes Element mit einem „Complex" aller Qualitäten versieht („sie seind alle 4.
In jhm"). Während also nach der aristotelischen Elementenlehre beispielsweise
die Erde aus den Qualitäten ‚kalt' und ‚trocken' bestehe, ist es bei Paracelsus ein
„Complex" aller Qualitäten und ihrer Kombinationen, aus denen sich das Element Erde zusammensetze, nämlich „kalt vnd trocken/ kalt vnd feucht/ heiß vnd
trocken/ heiß vnd feucht"[499].

Diese Zusammenhänge sind wohl auch der Grund, weswegen man
Paracelsus folgend die Elemente nicht nach ihrem jeweiligen „Complex", sondern ihrer Form nach betrachten solle: Die Elemente basieren zwar auf den
„Complexionen", d.i. den Qualitäten, aber als „Muetter" bringen sie Formen und
keine Identitäten hervor:

> Die Erden ist Materialisch/ Lutosisch/ Conglutinosisch/ sie sey dann heiß oder trocken/
> kalt oder feucht/ so ist sie also. Das Wasser ist naß/entpfindtlich/ greifflich: aber nit
> Corporalisch noch Materialisch/ vnd ist ein Element/ es sey kalt oder heiß. Das Fewr ist dz
> Firmament/ vnd ist das Fewr/ wiewol es heiß an eim orth ist/ am andern kalt. Der Lufft ist
> der Himmel/ der es alles beschleust/ vnd ist heiß vnd kalt/trocken vnd feucht/ wie dann
> hernach folgt.[500]

Was sich hier in einem schwer nachvollziehbaren Zusammenhang zwischen
Stoff, Form, Element und Complex darbietet, ist die Vorstellung, dass Substanzen nicht beliebig ineinander überführt werden können – so wie es noch bei
Aristoteles anklingt und von Aristotelikern frühneuzeitlicher Alchemien lanciert
wurde –, weil das „Annus Mundi" für Paraceleus einmalig und nicht wiederhol-

---

[498] Paracelsus: *De Generationibus et Fructoribus quatuor Elementorum*, S. 56.
[499] Ebd.
[500] Ebd., S. 57. – Zu „Coplexionen" vgl. auch Paracelsus: *Liber de Renovatione et Restauratione*,
Tl. 6, S. 100-114, hier vor allem S. 103f.

bar bzw. imitierbar sei. Die „natürliche" Entstehung der Welt gehe in nur eine Richtung, nämlich vom „Sahm" zum „Stamm". In dieser Weise sei auch zu verstehen, „das[s] am ersten das Iliaster zu 4. Theil getheilt ist", nämlich „Lufft", „Fewr", „Erden" und „Waser", aus denen wiederum „Himmel", „Firmament", „Liecht vnd Nacht", „Fruecht", „Mineral" und „die halb nahrung der Lebendigen" herkommen.[501] Diese Entstehungsprozesse sind unumkehrbar, ihr Vollzug gehe in nur eine Richtung.

Wie hängen nun aber bei Paracelsus der primordiale Yliaster, die vier Elemente und die Tria prima[502] von Sal, Sulphur und Mercurius zusammen? Dazu schreibt Paracelsus, dass der Yliaster ein „Corpus" sei, worin der christliche Schöpfergott „beschaffen hatt die Welt".[503] Darin enthalten sind „alle Kreutter/ alle Wasser/ all Gemmae, All Mineral/ all Stein/ all Chaos"[504], also das Ganze der gerade noch zu erschaffenden Welt, allerdings noch ungeschaffen. Dieses Corpus „hatt er gesetzt in drey stueck/ in Mercurium, Sulphur vnd Sal, also daß do seind drey ding/ machen Ein Corpus: diese 3. Ding machen alles/ so in den 4. Elementen ist vnd wirdt"[505]. Demnach besteht der Yliaster bereits aus den paracelsischen Tria prima und damit bestehen die Elemente, die durch Teilung des Yliasters entstehen, ebenfalls aus den Tria prima. Ob die ‚Tria prima' an dieser Stelle tatsächlich in Analogie der aristotelischen Prinzipien ‚materia', ‚forma' und ‚privatio' zu setzen seien, wie es beispielsweise der Paracelsist Adam von Bodenstein zu erläutern sucht,[506] ist fraglich, denn die Tria prima scheinen hier nicht dieselben Funktionen der aristotelischen Materie-Theoremen zu übernehmen, wenn es durchaus auch Ähnlichkeiten gibt, wie sich folgender Formulierung entnehmen lässt:

> Diese 3. Ding haben in jhnen alle Krafft vnd Macht der zergenglichen dingen. Dann in jhnen ist gelegen die Miner/ der Tag/ Nacht vnd Warm vnd Kalt/ Stein vnd Obß/ vnd anders/ aber noch nicht geformirt: gleich als ein Holtz/ das da ligt/ vnnd nichts ist als ein

---

[501] Paracelsus: *De Generationibus et Fructoribus quatuor Elementorum*, S. 57.
[502] Zum Begriff ‚Tria prima' siehe Kapitel 2.3 über Drei-Prinzipien-Lehren, hier besonders 2.3.1.
[503] Paracelsus: *De Generationibus et Fructoribus quatuor Elementorum*, S. 58.
[504] Ebd., S. 58f. – Zum Begriff ‚Chaos' bei Paracelsus siehe Kapitel 2.8.
[505] Ebd., S. 58.
[506] In einem Brief an Ludwig Wolfgang von Hapsperg von Adam von Bodenstein (1562) in: Kühlmann/Telle: Corpus Paracelsisticum I (wie Anm. 11), S. 203ff.

> Holtz: aber in jhm ist alle From der Thieren/ alle Form der Gewaechs/ alle Form der Instrumenten.[507]

Die Tria prima enthalten demnach bereits alles, jedoch noch keine Form, aber bereits die „Krafft vnd Macht", die in den vergänglichen Dingen später stecken, da alles aus ihnen entstehe. Gleichzeitig werden sie durch die Vorstellung bestimmt, dass sie nicht auseinander hervorgehen. Darin sind sich die Prinzipien nicht unähnlich. Trotzdem bleibt eine Analogie zwischen Aristoteles und Paracelsus etwas schief: Keiner der drei paracelsischen Stoffe Sal, Sulphur oder Mercurius ließe sich eindeutig einer der aristotelischen Kategorien ‚materia', ‚forma' und ‚privatio' zuordnen. Darüber hinaus ist die Erste Materie bei Aristoteles eine unterschiedslose Unbestimmtheit, was man weder von der paracelsischen Tria prima noch vom Yliaster sagen kann. So muss man diese Analogie Bodensteins mit Kühlmann/Telle[508] im Licht eines herrschenden Aristotelismus am Ende des 16. Jahrhunderts an den Universitäten sehen und die Absicht Bodensteins versuchen zu verstehen, „dem Erbe des Hohenheimers die Würde einer naturtheoretischen und auch von Gelehrten akzeptierbaren Geschlossenheit zu verleihen"[509].

Schließlich ist von Interesse, weshalb Paracelsus überhaupt einen „technischen Neologismus"[510] wie ‚Yliaster' für seine Kosmologie kreiert,[511] wenn er ‚Yliaster' sowieso mit dem „Nichts" identifiziert. Das ‚Nichts' markiert bereits einen begrifflichen und sachlichen Beginn für den Anfang sowie die Erschaffung der Welt. Gleichzeitig wirkt es etwas befremdlich, dass Paracelsus gerade für das ‚Nichts' einen Begriff verwendet, der, C. G. Jung und Goldammer zufolge ein Kompositum aus griechisch ὕλη ('Materie') und ἀστήρ ('Stern', 'Gestirn')[512] ist und „Sternmaterie, Gestirnstoff"[513] bedeute. Begrifflich wäre der ‚Yliaster' damit

---

507 Paracelsus: *De Generationibus et Fructoribus quatuor Elementorum*, S. 58.
508 Kühlmann/Telle: Corpus Paracelsisticum I, S. 25.
509 Ebd.
510 Jung, Carl Gustav (1942): Paracelsica. (wie Anm. 469), S. 66.
511 Spätestens seit der Schrift *Thessalus secundus, Id est, De Gradibus et Compositionibus* (1527/28) gehört der Terminus ‚Yliaster'/‚Iliaster' zu Paracelsus' Wortschatz: „Iliastes prima mater est omnium rerum, ex qua monia ortum habent, chaos: Iliastes constat ex Mercurio, Sulphure et Sale."(In der Huser'schen Edition Tl. 7, S. 345-356, hier S. 346) – Siehe dazu: Kühlmann/Telle: Corpus Paracelsisticum I, S. 348.
512 Jung, Carl Gustav (1942): Paracelsica, S. 67.
513 Goldammer, Kurt (1986): Bemerkungen zur Struktur des Kosmos und der Materie bei Paracelsus (wie Anm. 10), S. 269.

doch kein ‚Nichts' und es gäbe vor der Erschaffung der Welt dennoch ein „Etwas", nämlich Gestirn und Materie. Ob man deswegen Paracelsus einen Glauben an die Ewigkeit der Materie unterstellen könnte, muss unbeantwortet bleiben, weil er sich explizit dazu nicht äußert.

Deutlich dagegen schreibt er, dass es einen Anfang der Welt und ein Ende dieser gebe.[514] Und an anderer Stelle: „Iliaster ist die Erst Matery vor aller Schoepfung."[515] Womöglich braucht Paracelsus genau deswegen einen Begriff, der diesen Beginn der (Welt-)Ordnung und Schöpfung, die Konzentration eines (Welt-)Auszugs (vergleichbar mit dem ‚Limbus', der Ersten Materie des Menschen[516]) nicht nur gedanklich, sondern auch faktisch markiert; einen Ort („das Corpus der 4. Elementen"[517]), in dem die Tria prima gesetzt sind, und einen Bestand, aus dem die vier Elemente gezogen werden können. Wenn das Nichts kein Nichts ist, sondern zumindest begrifflich fassbar und damit ein Etwas, dann kann daraus auch ein Etwas entstehen, ohne dass man erläutern muss, dass aus Nichts ein Etwas wird. Somit muss der ‚Yliaster' zumindest in *De Generationibus et Fructoribus quatuor Elementorum* immateriell gedacht werden: Es liegt außerhalb der noch zu schaffenden Welt, außerzeitlich und außerräumlich. Gleichzeitig sei gerade der ‚Yliaster' Beweis für die Göttliche Gnadengabe, wie es an anderer Stelle heißt:

> Auf dz wir sehen/ wie vielerley Species Gott auß dem einigen Iliaster geschaffen hat/ wie groß sein Magnalia auff Erden erscheinend/ das so vielerley Sandtkoernlin seindt/ weith mehr der Species so Gott in seiner Apotecken/ der Himmel vnnd Erden geziert hatt/ biß zu dem letzten nicht mueglich zu ergruenden.[518]

[514] Paracelsus: *De Generationibus et Fructoribus quatuor Elementorum*, S. 55.
[515] Paracelsus: *Von deß Bads Pfeffers*. In: Paracelsus: *Bücher vnd Schrifften* (wie Anm. 83), Tl. 7, S. 327-342, hier, S. 342.
[516] Zum ‚Limbus'-Begriff siehe Kapitel 2.4, hier besonders 2.4.1.
[517] Paracelsus: *De Generationibus et Fructoribus quatuor Elementorum*, S. 57.
[518] Paracelsus: *Von deß Bads Pfeffers*, S. 330.

2.5.2   Yliaster als Materia prima bei Ps.-Paracelsus des *Liber Azoth*

Der Verfasser des *Liber Azoth*[519] verschiebt in seiner Schrift die paracelsischen Bedeutungsinhalte des ‚Yliaster'-Begriffs:

> Yliastrum ist die erste Materia, darauß [Sal], [Sulphur] und [Mercurius] geschaffen sind: Dadurch verstehen wir/ wie das Verbum Fiat Materialisch/ greiflich/ vnnd ein Leib ist worden/ darinnen nun alle Praedestinata stecken und verborgen ligen.[520]

War bei Paracelsus der Yliaster noch eindeutig immateriell als Teil einer außerzeitlichen und außerräumlichen noch zu schaffenden Welt, der erst in die materiellen Tria prima gesetzt wird, aus denen die einzelnen Elemente gezogen werden, ist dem *Liber Azoth* nicht eindeutig zu entnehmen, ob der Yliaster ebenfalls immateriell sei, oder ob er materiell als ein „Leib [...] darinnen nun alle Praedestinata stecken" verstanden werden sollte. Ursächlich ist jedenfalls das göttliche und immaterielle Schöpfungswort „Fiat"[521], durch welches der Yliaster „[m]aterialisch" und „greiflich" wird.

Den (Entstehungs-)Bereich des Yliasters legt der Pseudo-Paracelsist hier mindestens in den des räumlichen sowie zeitlichen Übergangs der weltlichen Materiewerdung zwischen „Fiat" und „Leib", falls der Leib ‚Yliaster' nicht bereits materiell begriffen ist. Dafür spräche nämlich, dass die (bei Paracelsus und auch bei dem Autor dieser Schrift durchaus stofflich verstandenen) Tria prima von Sal, Sulphur und Mercurius im *Liber Azoth* aus dem Yliaster „geschaffen" werden. In der paracelsischen Elementenschrift dagegen besteht der Yliaster bereits aus den Tria prima. Damit nehmen im *Liber Azoth* die Tria prima die Position der paracelsichen Elemente ein, welche bei ihm aus dem Yliaster geschaffen werden, der seinerseits aus den Tria prima besteht, weswegen die Elemente wiederum jeweils die Tria prima enthalten. Im *Liber Azoth* dagegen sind es die Tria prima und nicht die Elemente, die aus dem Yliaster geschaffen werden. So ist schließlich auch die Vorstellung von den Elementen im *Liber Azoth* eine gänzlich andere als die in *De Generationibus et Fructoribus quatuor Elementorum*:

---

[519]   Ps.-Paracelsus: *Liber Azoth*, Tl. 10 (Appendix), S. 3-66.
[520]   Ebd., S. 5.
[521]   Zum Begriff ‚Fiat' siehe Kapitel 2.7.

> Vnd will das also haben/ das jhr nit sollen glauben/ das 4. Elementa sein/ Nein/ dann es ist
> nur Ein Element/ aber es ist in 4. Corpora außgetheilet: Das ist/ Ein theil wohnet in der
> Erden/ das ander Theil deß Elements wohnet im Wasser/ der Dritte wohnet im Lufft/ vnd
> der vierdte Theil im Himmel.[522]

Demnach gebe es nur ein Element und dies eine habe vier unterschiedliche Wirkkräfte, welche der Verfasser „Elementische Wesen"[523] nennt und ihnen jeweils voneinander zu unterscheidende Wirkbereiche sowie Aufgaben, z.B. im menschlichen Körper, zuweist. So wirke das „Jrrdisch Elementisch Wesen" im „Fleisch/ in den Musculis, in dem Gebluette ausserhalb der Adern"[524], das „Waesserische" in den Adern, in welchen auch das „Wesen deß Luffts" wirke; letzteres wirke vor allem im Magen und in „Daermen". Diesem „Elementischen Wesen" räumt der Verfasser auch eine Sonderstellung ein: „im Lufft ist die Krafft aller Leben."[525] Das „Elementische Wesen/ Fewr" dagegen wohne in „allen Gebeinen/ vnd auch im Marck solcher Gebeinen/ vnd hatt sein Endtschafft vnd letzte Region im Hertzen vnd Kopff/ darauß das Element entspringet"[526].

Es fällt auf, dass diesen Elementen bzw. diesem Element mit seinen vier „Elementischen Wesen" die in der Frühen Neuzeit gängigen aristotelischen von warm/kalt sowie feucht/trocken oder die von Paracelsus transformierten Qualitäten zu ‚Complxionen' aus warm/kalt/feucht/trocken hier gänzlich fehlen, die der „echte" Paracelsus in seiner Elementenschrift allen irdischen Substanzen zugrunde legt. Die „Elementischen Wesen" sind materie- und formlos sowie abstrakt tätig. Ihre Wirkbereiche sind dagegen klar zugewiesen, so dass die arkanen „viererley Kraeffte" in ihrer Wirkung auf den Leib durchaus wahrnehmbar sind. Damit werden hier zwei der gängigen Elementvorstellungen miteinander verbunden: Die „Elementischen Wesen" sind einerseits im menschlichen Leib arkan tätig, form- und materielos, andererseits sind ihre Wirkungen auf den menschlichen Leib wahrnehmbar.

Dem ‚Yliaster' gegenüber stellt der Autor des *Liber Azoth* das „Cagastrum, sonst auch von vns S[al] nitri genannt"[527]. In diesem Zusammenhang steht das Cagastrische für das Sterbliche, Menschlich-tierische und das

---

[522] Ps.-Paracelsus: *Liber Azoth*, S. 17.
[523] Ebd.
[524] Ebd.
[525] Ebd.
[526] Ebd.
[527] Ebd., S. 6.

Falsche, während das Yliastrische für das Unsterbliche, Göttliche und das Wahr-
hafte stehe.[528] Mit diesem Antonympaar verbunden ist die Vorstellung, dass der
Mensch „zwene Himmel" in sich trage, den „Cagastrischen Himmel" im „Cere-
rum" und den „Iliastrischen Himmel" im „Cor Hominis".[529] Dabei sei der
„Himmel im Hertzen deß Menschen/ [...] in alle weg der rechte Himmel deß
Ewigen Wesens/ darauß die Seele noch nie ist kommen"[530]. Demnach sei der Sitz
der Seele das Herz[531], womit der aus der Antike ererbte und in der mittelalterlichen Theologie weiterentwickelte Gedanke vom Sitz und von der Ewigkeit der
Seele aufgegriffen wird. Dadurch, dass die Seele des Menschen, welche „auß
Gott dem Vatter jhre Substantz hatt"[532] im yliastrischen Teil des Menschen sitze,
habe der Mensch auch Anteil am „Ewigen Wesen" und auch am göttlichen Wissen.[533]
     Das göttliche Schöpfungswort ‚Fiat' ist nun dasjenige, das die
„Thierische Seele" mit dem „Wissen deß Gutten" und mit der „Ewigkeit" tränke
und sie „iliastrisch" mache. Deswegen sei es dem Menschen auch möglich, die
„Geheimnuß allerley verborgenen dingen zuwissen"[534], „aller Heimligkeiten
vnnd Kuenst/ Himmlischer vnnd Jrdischer ding"[535]. Denn „die Cagastrische
Seele hatt die Erkanntnuß deß Guten nit gantz"[536], weil die „Cagastrische Seele"
der „Thierischen Seele" entspreche und lediglich die „Thierisch[e] Vernufft"
enthalte. Doch so wie die Bienen den Honig für den Menschen vorbereiten, so
sei die „Cagastrische Seele" die Substanz, Materie und Essenz, die durch das
„Verbum Domini" „Formiert" werde, für die „Iliastrische Seele". Der „Yliaster",
der im Weltschöpfungsgeschehen noch alle Einzeldinge der Welt in sich enthalte, ja der noch zu schaffenden Welt voransteht, werde als „iliastrische Seele"

---

[528] Pagel: Das medizinische Weltbild des Paracelsus, S. 90.
[529] Ps.-Paracelsus: *Liber Azoth*, S. 20.
[530] Ebd.
[531] Bargheer, Ernst (1987): Art. ‚Herz'. In: Bächtold-Stäubli, Hanns (Hg.): Handwörterbuch des
     deutschen Aberglaubens. 10 Bde. Berlin/New York, Bd. 3, Sp. 1799ff.
[532] Ps.-Paracelsus: *Liber Azoth*, S. 20.
[533] Vgl. dazu auch Paracelsus: *Von deß Bads Pfeffers*, S. 327: „Der Mensch wirdt geboren auß
     zweyen Vaettern: Der Ein die Erden/ der Ander der Himmel. Die Erden ist der Mensch/ der
     Himmel ist das Gestirn. Auß dem Menschen empfahet sich der Leib/ vnnd die Sinnreiche auß
     dem Gestirn. Also gebiert jhm der Mensch sein Bildtnuß/ vnnd das Gestirn sein natuerlich
     Liecht." Auch bei Paracelsus stehen sich (irdischer) „Leib" und (himmlische) „Weißheit"
     gegenüber.
[534] Ps.-Paracelsus: *Liber Azoth*, S. 3.
[535] Ebd.
[536] Ebd., S. 20.

inklusive des „iliastrischen Wissens" über diese Einzeldinge der Welt im Rahmen der Schöpfung des Menschen scheinbar in den Menschen überführt, so dass er die Geheimnisse der Welt bzw. Natur entdecken könne, sofern er um die Existenz dieser Geheimnisse weiß, die der Verfasser der Schrift zu enthüllen vorgibt.[537]

2.5.3   Schlussbemerkung

Der Yliaster ist als „Vorsteher aller Dinge, welche die erste Materie zu Erzeugung verschaffet"[538] hat, sowohl bei Paracelsus als auch beim Verfasser des *Liber Azoth* am Anfang aller Schöpfung vor aller irdischen Welt und markiert seinen Start. Doch während bei Paracelsus der Yliaster in diesem außerzeitlichen und außerräumlichen Nichts immateriell bleibt (ob der Yliaster zergehet, darüber wird allerdings nichts gesagt) und scheinbar nur für eine primordiale Setzung der Tria prima und die Schöpfung der Elemente einen Start- und Ordnungspunkt zu markieren scheint, spielt der Yliaster im *Liber Azoth* auch in der irdisch-materiellen Welt eine wesentliche Rolle, indem er direkte Wirkungen auf die Materie hat. Ob der Yliaster hierin materiell oder immateriell verstanden werden soll, ist nicht eindeutig. Es scheint jedoch, dass in der pseudo-paracelsischen Schrift beides Eigenschaften des Yliasters sind und damit Teilmengen des ‚Yliaster'-Begriffs, so dass der Yliaster im *Liber Azoth* wohl eine Art Durchgangsstadium einer Materialisation vom Geistigen zum Substanziellen meint und der ‚Yliaster' ein Durchgangsbegriff ist, um diesen Sachverhalt zu erläutern.

---

[537] Ps.-Paracelsus: *Liber Azoth*, S. 20.
[538] Zedler (1731-1754): Grosses vollständiges Universal-Lexicon aller Wissenschaften und Künste (wie Anm. 33), Bd. 14, Sp. 538.

2.6   Ens primum

[Primätexte: Paracelsus: *Liber de Renovatione et Restauratione, Archidoxa*; (Ps.-)Paracelsus: *De natura rerum*,; Andreas Libavius: *Alchemia*;]

> Suchs nicht jn kreutternn, thieren vnd schmaltzenn,
> Auch nicht jn beumen, metallen vnd saltzenn,
> Victril, alaun, die seindt nichts werth,
> Wehr jr zu diesem wergk begehrt;
> Auch soll vn luna vermogens nicht,
> Wans nicht jr primum ens ausricht.[539]

2.6.1   Ens primum als Materia prima bei Paracelsus

Der aus der Antike ererbte Begriff ‚Ens primum' begegnet in naturkundlichen Schriften der Frühen Neuzeit meist in der Übertragung als das ‚erste Sein' oder nicht selten auch als das ‚erste Wesen' und scheint im Allgemeinen sich ähnlich wie schon in der scholastischen Philosophie weniger auf das ‚Was-Sein' im Sinne von ‚etwas' bzw. ‚res' als vielmehr auf das ‚Dass-Sein' und damit den Aktcharakter des ‚Etwas-Seienden' zu beziehen. Das Ens primum ist in einem ‚Etwas', das bereits ist, vorhanden und das eigentlich Strebende darin. Das Ziel des Strebens kann die Vervollkommnung der primordial angelegten Entfaltungen oder auch die Erfüllung des Zwecks dieses Seienden sein. Das Ens primum ist als das eigentlich Strebende auch das Lebendige in einem ‚Etwas' bzw. in den Körpern; es ist dasjenige, das die Körper bewegen und verändern kann. In der Vorstellung des Ens primum als Materia prima wirkt es in allen Dingen der physischen Welt.

Paracelsus gebraucht den Begriff ‚Ens primum' – ohne dass er ihn als einen ererbten Begriff angibt, wie er auch sonst kaum Quellen nennt – auf der Basis der Vorstellung, dass ein Körper sich nicht nur für sich verändert, sondern auch von einem Alchemiker aktiv verändert und sogar erneuert werden kann, sofern dieser Kenntnis über das Ens primum eines Körpers sowie seine Funktionsweise verfüge. Diese Kenntnis erteilt er in seiner die *Archidoxa* ergänzenden

---

[539] *Vom Tinkturwerk* (16. Jh.). Hg. v. Benedictus Figulus. In: *Pandora magnalium naturalium aurea et benedicta*. Straßburg 1608, S. 263-268.

Schrift[540] *Liber de Renovatione et Restauratione*[541], welche 1526 entstanden ist und ab 1569 gedruckt wurde.[542] Darin wird ausführlich die Stärkung und Erneuerung von Körpern durch wirkkräftige Mittel dargelegt. Dem Ens primum kommt dabei eine besondere Rolle zu: Als „imperfectum compositum", also als ein unfertiger (Ur-)Stoff, ist es zielgerichtet „praedestinirt" auf ein „endtlichs Endt vnd Corporalisch materiam". Und weil es „nit Perfect ist/ so mag es alles das verendern/ darein es Jncorporiert wirdt", d.h. einen Körper zur „vollkommenheit" bringen.[543]

Eingebettet ist diese Wirkweise des Ens primum in eine metallurgische Lehre von der „Renovation und Restauration", der zufolge

> alle Mineralia gejüngert/ gerenouiert vnnd Restauriert/ also daß das verroste Eisen wieder zu frischem Eisen gebracht [werden]/ vnnd der Spongruen von dem Kupffer/ wieder in sein Kupffer […]. Also ist das ein Renouatz vnd ein Restauratz/ die da Renouiert vnnd Jüngert das verdorbene vnnd verroste/ zu seinem vollkommenem Wesen.[544]

Nun sei eine solche „Verjüngung" der Metallkalke lediglich eine äußerliche und oberflächliche Veränderung der Körper und damit eine „Reduktion", ein „Reducts", keine tiefgreifende, und damit keine „echte" „Renovation und Restauration", weil sie als Prozess nicht beim „Wesen" eines Körpers ansetze im Gegensatz zur Renovation und Restauration: „Denn wiewol es ein Rost vnnd kein Metall ist/ so ist es doch noch vnverzehrt in seinem Metallischen Wesen: Darumb so mag es sich nicht vergleichen hie zu einem Vnterricht/ was Restauratz vnd Renouatz sey […]."[545] Weil also eine Veränderung am Metall wie Eisenrost, Grünspan u.Ä. nicht das Metall selbst betreffe, seien die Metalle

---

[540] Vgl. dazu Darmstaedter, Ernst (1931): Arznei und Alchemie. Paracelsus-Studien. (= Studien zur Geschichte der Medizin 20) Leipzig, S. 56.
[541] Paracelsus: *Liber de Renovatione et Restauratione*. In: Paracelsus: *Bücher vnd Schrifften* (wie Anm. 83), Tl. 6, S. 100-114.
[542] Telle (2013h): „Vom Stein der Weisen", (wie Anm. 108), S. 419.
[543] Paracelsus: *Liber de Renovatione et Restauratione*, S. 108. – Diese Passage wird später der paracelsistische Fachschriftsteller Alexander von Suchten in seiner *Antimonii Mysteria Gemina* (Leipzig 1604, S. 225ff.) fast wörtlich übernehmen, um die Besonderheiten des „primo Ente Antimonij" zu erläutern. Zu Alexander von Suchten siehe auch Kühlmann/Telle (2001): Corpus Paracelsisticum I, S. 545-549 sowie Humberg, Oliver (2007): Die Verlassenschaft des oberösterreichischen Landschaftsarztes Alexander von Suchten († 1575). In: Wolfenbütteler Renaissance-Mitteilungen 31, S. 31-51.
[544] Paracelsus: *Liber de Renovatione et Restauratione*, S. 100.
[545] Ebd.

selbst bei einer solchen „Verjüngung" in ihrem „Metallischen Wesen" weiterhin
unversehrt. Damit sei eine Reduktion eines verrosteten Metalls zu einem „fri-
schen" Metall kein wesentlicher Eingriff in die Stofflichkeit des Metallkörpers.

Die Wesen verändernde „Renovation und Restauration" der Metalle
verlaufe, indem die Zusammensetzung eines Metalls auf seine Tria prima[546], also
auf „Saltz vnnd Sulphure vnnd Mercurio"[547], zurückgeführt werde, weil die Metalle in diese „drey Ersten" sich auch zerlegen ließen, so dass sogar der „Metallen Wesen gantz vergeht/ vnnd kein Metall mehr ist"[548]. Dies erläutert Paracelsus
am Beispiel ‚Kupfer' wie folgt: „Als auß deß Kupffers Ersten dreyen/ widerumb
ein Kupffer. Das ist auch wol Restauratio vnd Renouatio in den Metallen: dann
er ist newgeboren/ auß eim gemachten Metallen vnd perficirten."[549] Anders dagegen greife der Prozess der „Renovation und Restauration" im menschlichen
Körper, weil der Mensch nicht „in die drey Ersten/ oder in [sein] sperma, auß
dem [er] wider moecht[e] Renouirt vnnd Restaurirt"[550] zurückgeführt und daraus
wieder aufgebaut werden könne, weil der Mensch [Alchemiker] auf diese Weise
„ein vntoedtliche Creatur Schoepfen [würde]/ des [er] nit Macht hab[e]"[551]. Über
diese Macht verfüge allein der christliche Schöpfergott. Der Mensch habe eine
„vnwiderbringliche" Materia prima, die „nit mag zu ruck gezogen werden/ sondern muß fürfaren/ wie sie angefangen hat/ vnd nicht gedencken dem wider zu
zukommen/ dauon es außgangen ist"[552].

Demnach müssen Restauration und Renovation des menschlichen Körpers auf andere Art und Weise durchgeführt werden, nämlich indem der „Humor
Radicalis" des Menschen „gesterkt" werde, der seinerseits vom „Spiritus Vitae"
angetrieben werde.[553] Aufschluss über diese tecte Stelle gibt nach Darmstaedter[554] Paracelsus' Kapitel über *De Ente Naturali* im *Volumen Paramirum*. Darin
heißt es: „[...] so mercken auff den humorem: derselbig ist als vil als Liquor

---

[546]   Zum ‚Tria prima'-Begriff siehe Kapitel 2.3, hier besonders 2.3.1.
[547]   Paracelsus: *Liber de Renovatione et Restauratione*, S. 101.
[548]   Ebd.
[549]   Ebd.
[550]   Ebd.
[551]   Ebd.
[552]   Ebd.
[553]   Ebd., S. 102.
[554]   Darmstaedter (1931): Arznei und Alchemie (wie Anm. 540). München, S. 57.

vitae, dann auß jm lebt der Leib. [...] derselbige ist ein leben in der glidern."[555] Somit scheinen ‚Humor radicalis' und ‚Spiritus vitae' ähnlich hinsichtlich ihrer Funktionen im menschlichen Körper zu sei, insofern sie als „grundlegende Körper- und Lebenssubstanz"[556] den Menschen antreiben. Gleichzeitig verfügen sie auch über Funktionsunterschiede: Während der ‚Humor radicalis' die Körpersubstanz betreffe, meine der ‚Spiritus vitae' die Lebenssubstanz. Somit werde die Körpersubstanz von der Lebenssubstanz motiviert. Der Humor radicalis ist Teilmenge des Spiritus vitae. Stärke man folglich den Humor radicalis und damit den menschlichen Leib, stärke man gleichzeitig den Spiritus vitae, also das menschliche Leben, so als würde „ein Baum/ dem da geholffen wirdt zu der Bluee vnd zu der Frucht/ vnd darnach so das abfelt/ widerumb gefoerdert wirt zu thun wie vor"[557].

Entsprechend dieser Baum-Metapher seien Blüten, Blätter und Früchte die ‚äußeren Materien' („Corpore ex superfluetate"), die vom Baum immer wieder neu generiert würden, während das Holz, das die ‚inneren Materien' des Körpers berge und die ‚äußeren Materien' ernähre, gleich bliebe. Die Renovation und Restauration am menschlichen Körper durchführen zu wollen, sei demnach der Versuch, die ‚inneren Materien' Humor radicalis sowie Spiritus vitae, die sich „im Menschen" befänden und „nichts anders/ dann ein verborgener Mensch" und ein „jnnwendiger Schatten" seien, der sich nach der äußeren Gestalt des Menschen „formiert"[558], zu stärken. Sie nähmen vom Körperinneren aus Einfluss auf die ‚äußeren Materien' wie „Haar/ die Negel/ die Zaen/ vnd dergleichen"[559]. Somit ginge die eigentliche Restauration und Renovation, bei der schlechte und unreine Teile des Körpers entfernt werden würden, und die schließlich nichts anderes als „allein ein verenderung der Materien" seien, auch an den äußeren Materien vonstatten, die sich nicht nur selbst verändern, sondern auch sich aktiv verändern ließen.[560]

---

[555] Paracelsus: *Volumen Paramirum*. In: Paracelsus: *Bücher vnd Schrifften* (wie Anm. 83), Tl. 1, S. 45.
[556] Darmstaedter: Arznei und Alchemie, S. 57.
[557] Paracelsus: *Liber de Renovatione et Restauratione*, S. 102.
[558] Paracelsus: *Liber de generatione hominis*. In: Paracelsus: *Bücher vnd Schrifften* (wie Anm. 83), Tl. 1, S. 344.
[559] Paracelsus: *Liber de Renovatione et Restauratione*, S. 103.
[560] Ebd., S. 102.

Dieser theoretische Unterbau der Restaurations-Renovations-Lehre ist für die Vorstellung des Ens primum notwendig, um seine Wirkungsweise aus dem Körperinneren heraus zu begründen und zu rechtfertigen. Als Mittel zur Restauration und Renovation ist es eine inwendig zu gebrauchende Substanz. Als die „Erst Composition" eines Körpers oder Stoffes solle sie die natürliche ‚Composition' sowie die Wirkungsweisen von Humor radicalis und Spiritus vitae imitieren, und damit als ‚Erstes Sein' keine statische Substanz sein, welche einmal angewendet nicht nur eine einmalige Wirkung hätte, sondern auch eine dauerhaft auf ein Ziel gerichtete. Das Ens primum solle also die Materien von innen heraus verändern und eben nicht bloß von außen her auf Materie einwirken. In ihrer Wirkungsweise setze es auch direkt beim Humor radicalis und dem Spiritus vitae an, also den grundlegenden Körper- und Lebenssubstanzen, die auf die äußeren Materien wirken.

An dieser Stelle zieht Paracelsus eine Analogie zwischen dem Ens primum im menschlichen Körper mit der Wirkungsweise des „Mercurius, der gleich ist einem jmperfecten Primo Enti, in der Jmperfection"[561], im Körper des Goldes. Denn so wie das Ens primum habe auch der Mercurius[562] „Macht[,] den gantzen Leib zu ernewern".[563] Dieser Tatbestand rührt noch aus der aus ägyptischen Alchemien ererbten Vorstellung, dass einerseits im Gold Mercurius in seiner reinsten Form vorhanden sei, anderseits Mercurius im Gold in seiner höchsten Konzentration vorläge.[564] Demnach enthalte Mercurius als Ens primum des Goldes („Primum Ens Auri") alle essenziellen Bestandteile des Goldes sowie die Determination, sich vollständig zu entfalten. Folglich könne man, nachdem man mithilfe alchemischer Operationen diesen „Primum Ens Auri" extrahiert habe, ihn in andere („jmperfecte", d.i. unedle) Metalle „incorporieren" (einpflanzen), so dass diese durch das „Primum Ens Auri" aus unedlen zu edlen Metallen wie Gold reifen, weil ja das Ens primum auf seine „Perfection", das heißt seine vollständige Ausreifung hin, „determiniert" sei. Auf diese Weise werde der „natürliche" Reifeprozess eines Metalls verkürzt.[565]

---

[561] Paracelsus: *Liber de Renovatione et Restauratione*, S. 108.
[562] Zum Begriff ‚Mercurius' siehe Kapitel 2.1.
[563] Paracelsus: *Liber de Renovatione et Restauratione*, S. 108.
[564] Figala: Art. ‚Quecksilber' (wie Anm. 34), S. 295-300.
[565] Principe, Lawrence M.: Art. ‚Gold'. In: Priesner/Figala: Alchemie (wie Anm. 23), S. 158.

Daran anschließend werden weitere „Prima Entia" wie „Primo Ente Antimonij",
„Primum ens Sulphuris", „Primis Entibus Gemmarum" (beispielhaft wird das
„Primum ens Smaragdi" näher beschrieben), „Primum ens Vitrioli" und auch
„Prima entia der Kreutter vnd Baeume" wie das „Primum ens Melissae" aufge-
zählt.[566] Das Entscheidende dabei ist, dass jedes dieser Prima entia spezifische
Wirkkräfte habe, die sich extrahieren und z.B. in den Menschen einpflanzen
ließen, damit sich die entsprechenden Wirkkräfte im Inneren des Körpers aus-
breiten mögen. Zu den diversen spezifischen Wirkkräften zählen Kräftigung[567],
Erneuerung,[568] „Transmutation in alle Renovation vnnd Restauration deß
Leibs"[569], Reduktion, „Perfection"[570] usw. Interessanterweise erläutert Paracelsus
schließlich am Beispiel des „Eyßvogels" die Wirkweise der „Virtutes" der Prima
entia: Indem nämlich der Vogel „sein Natur/ […] auß den Primis Entibus" folgt,
indem er „die Corpora Herbarum oder Seminum vnd dergleichen" esse, eigne er
sich durch die Verdauung die Prima entia der jeweiligen Nahrung an.[571] Die
Verdauung sei der natürliche Weg der „Reduction" von „Corpora" in deren
„Prima Materia Entium", die den Körper von innen „Regeneriren vnd
Restauriren vnd Renouiren"[572].

Wie das Ens primum bzw. vier Prima entia mithilfe alchemischer
„Kunst" „Praepariert" werden können, beschreibt Paracelsus anschließend. Dabei werden diese vier Arkanarzneien[573] (jeweils aus „Mineralibus", „Gemmis",
„Herbis" und „Liquoribus") und deren Gewinnung zwar im Einzelnen erläutert,
doch bleiben die Beschreibungen dieser „vier Mysteria" recht oberflächlich-
dürftig und auch kaum nachvollziehbar.[574] Paracelsus ist sich der „kürtze" durchaus bewusst, doch stelle das kein Problem dar, denn solche, „die da der Medicin
vnderricht sind/ vnd der Philosophia", hätten „verstand" genug, um das Gemein-
te zu verstehen.[575] Zumindest zeigt sich für uns das eingangs erwähnte ‚Dass-

---

566 Paracelsus: *Liber de Renovatione et Restauratione*, S. 109ff.
567 Ebd., S. 109.
568 Ebd.
569 Ebd.
570 Ebd., S. 110.
571 Ebd., S. 110f.
572 Ebd., S. 111.
573 Zum Begriff ‚Arznei' bei Paracelsus siehe Darmstaedter: Arznei und Alchemie, besonders S. 1-
     6.
574 Darmstaedter: Arznei und Alchemie, S. 57.
575 Paracelsus: *Liber de Renovatione et Restauratione*, S. 113.

Sein' des paracelsischen ‚Ens primum' und damit auch sein Aktcharakter eines ‚Etwas-Seienden'. Das Ens primum wirkt (als alchemisch gewonnene Arkanarznei) primordial, d.h. hier erneuernd. Dabei erfolgt die Wirkung zielgerichtet aus dem Inneren eines (kranken) Körpers heraus, so dass die Applikation des Ens primum ebenfalls von innen und nicht von außen erfolgt. Dadurch ist das Ens primum sein eigener und selbstständiger Motivator, ohne dass es von außen immer wieder – z.b. durch einen Schöpfergott – aktiviert bzw. bewegt werden muss, in einem nach Vervollkommnung und damit nach Genesung strebenden Körper. Die ursprünglich im Körper angelegten Entfaltungen zur Erfüllung ihres Zwecks werden durch das Ens primum – auch über Speziesgrenzen hinweg[576] – von innen aktiviert bzw. bei Krankheit durch das einmalige zutun von außen die geschwächten inneren körpereigenen Kräfte reaktiviert, d.i. renoviert und restauriert.

Das Ens primum ist ein stärkend-strebendes Prinzip, das Lebendige im Körper, das Körpersubstanz bewegen und verändern kann. Es scheint als „imperfectum compositum" demnach ein medizinischer (Wirk-)Stoff zu sein, der auf die inneren Heilkräfte des Menschen sich positiv auswirke, weil er die Kräfte ‚Humor radicalis' und ‚Spiritus vitae', welche die Entfaltung der Materia prima zur Vollendung des menschlichen Körpers vorantreiben, unterstütze; einerseits indem die schlechten und unreinen Bestandteile vom Körper ausgeschieden werden, so dass nur noch die reinen und gesunden bleiben, und andererseits, indem diese Wirkkräfte in der Weise imitiert werden, in welcher der Körper weiterhin zu seiner Vollendung motiviert wird – darauf sei das Ens primum schließlich „praedestiniert". Dies alles nun, weil der Mensch sich nicht wie alle anderen weltlichen Substanzen in seine Materia prima von Sal, Sulphur und Mercurius zerlegen und wieder „gesund" zusammensetzen lasse – wie beispielsweise ein Metall. Es muss also ein natürlicher Stoff, eine natürliche „Composition" generiert werden, der zwar nicht die Materia prima zu imitieren in der Lage ist, aber mit dem Ens primum durchaus deren Wirkweise.

---

[576] Paracelsus: *Liber de Renovatione et Restauratione*, S. 111.

2.6.2   Ens primum als Materia prima bei Ps.-Paracelsus der *De natura rerum*

Im Gegensatz zum paracelsischen *Liber de Renovatione et Restauratione* versteht der Autor des pseudo-paracelsischen Werks *De natura rerum*[577] im Rahmen einer Alchemia transmutatoria metallorum das ‚Ens primum' allein als „Geist" – und nicht als Substanz mit medizinischen Wirkkräften, wie noch Paracelsus. Gleichzeitig teilt der Pseudepigraph auch Ansichten des Paracelsus, nämlich dass man das Ens primum – wenn auch als „Geist" – durchaus mithilfe alchemischer Prozeduren („Proceß"), wie der Separation von Metallen, gewinnen könne.[578] Zwar gibt es in der *De natura rerum* einen wesentlichen Unterschied in der Auffassung des Aggregatzustandes des Ens primum, doch hinsichtlich der Gewinnung des Stoffes scheinen die Autoren eine ähnliche Vorstellung zu verfolgen: Die „Spygyrische Kunst" der Alchemie sei es, die den Alchemiker „lehret", die „Virtutes" (Wirkkräfte) des Ens primum einzufangen bzw. freizusetzen.

Dies kommt gewiss nicht von ungefähr: Übernimmt doch Pseudo-Paracelsus schon die paracelsische ‚Tria prima'-Lehre[579] als gedanklichen Unterbau seiner eigenen Vorstellung vom Ens primum: Auch für ihn „wachsen" und „generiren" sich die Metalle aus jenen paracelsischen „drey Principia, Mercurius, Sulphur, vnd Sal", worin „Primum Ens Metallorum" gefunden werden könne.[580] Nur sieht der Autor der *De natura rerum* im „Primum ens" eben lediglich den „Geist der Metallen",[581] so dass er nicht allen irdischen Stoffen ein eigenes Ens primum zuteilt, wie es Paracelsus noch tut, sondern lediglich den Metallen. Entsprechend der aus der Antike ererbten sieben Planetenmetalle, wird jeder Metallgruppe ihr eigenes Ens primum wie „Primum Ens Auri", „Primum Ens Argenti", „Primum Ens Ferri", „Primum Ens Cupri", „Primum Ens Stanniu", „Primum Ens Plumbi" und „Primum Ens Argenti viui" zugeschrieben.[582]

---

[577] Ps.-Paracelsus: *De natura rerum*. In: Paracelsus: *Bücher vnd Schrifften* (wie Anm. 83), Tl. 6, S. 255-362; gedruckt ab 1572.
[578] Ebd., S. 322.
[579] Zur ‚Tria prima'-Lehre siehe Kapitel 2.3, hier besonders 2.3.1 sowie 2.3.2.
[580] Ps.-Paracelsus: *De natura rerum*, S. 322.
[581] Ebd.
[582] Ebd. – So wird beispielsweise „bey den Marcasiten/ Granaten/ Kalkimia/ Roten Talck/ Lasur/ etc. vnd der gleichen/ darinnen […] Primum Ens Auri gefunden/ durch den Grad der Sublimation" (ebd.).

Somit beziehen sich sowohl die Bedeutung als auch die Wirkkräfte des Ens primum in der *De natura rerum*-Schrift allein auf die Metalle und deren Transmutation. Was gleichzeitig heißt, dass zumindest die Vorstellung von der Transmutation der Materie eines Körpers über den Aktcharakter eines ‚Etwas-Seienden' führt. So ist das Ens primum auch hier dasjenige, das auf einen Metallkörper wirke und auch für dessen Wandlung verantwortlich sei – wenn auch Wandlung in der *De natura rerum* anders zu verstehen ist als noch im paracelsischen *Liber de Renovatione et Restauratione* –, weil das Ens primum in einem Metall zielgerichtet auf seine Vervollkommnung hin wirke. Und auch hier ist Ens primum selbstständiger Motivator, weil es einmal in ein Metall eingesetzt, ohne weitere Wirkung von außen, das Metall zu seiner Vervollkommnung treibt. Interessanterweise verweist der Text an der Stelle, an der man einen detaillierten Prozessbericht erwarten würde, wie man nun „dz Primum Ens von allen Mineralischen Coerpern/ durch die Scheidung zubringen" habe, explizit auf die „Buecher Archidoxis",[583] in denen, wie schon erwähnt, die Gewinnung des „Primum ens" recht dürftig beschrieben ist. Aber auch in der *De natura rerum* rechtfertigt sich der Autor, dass es für denjenigen, der das Ens primum gewinnen wolle, „von noeten [sei, in] der Spagyrischen Kunst ein grosse Erfahrenheit zuhaben/ vnd das er in der Alchimey vil gearbeit hab/ sonst wird er hierinn wenig außrichten/ sonder vergeblich sich bemuehen"[584].

Schließlich ist zu bemerken, dass der Autor der *De natura rerum* den Begriff ‚Ens primum' nicht mit dem der ‚Materia prima' in Verbindung bringt. Was daran liegt, dass der Verfasser schon zu Beginn des achten Buchs *De Seperationibus rerum naturalium* der *De natura rerum* bereits den Begriff ‚Chaos'[585] mit ‚Materia prima' identifiziert und das im gesamten Werk auch so beibehält. In ‚Ens primum' scheint der Pseudepigraph einen wesentlichen Bestandteil der innermateriellen Zusammensetzung allein metallischer Körper zu sehen, die man durch die Separation der „Spagyrischen Kunst" der Alchemie ermitteln könne. Gleichzeitig verknüpft der Verfasser mit dem ‚Ens primum'-Begriff eine samenhafte-generative Vorstellung, wenn er das „Metall in seinem Ertz noch nit vollkommen/ vnnd zeitig ist […] noch in Primo Ente [liegen sieht]:

---

[583] Ps.-Paracelsus: *De natura rerum*, S. 322.
[584] Ebd.
[585] Zum ‚Chaos'-Begriff siehe Kapitel 2.8.

Zu gleicher weiß/ wie der Sperma des Manns in der Matrix der Frawen"[586]. In diesem Stadium des Ens primum enthielten die Metalle noch ihre ganze Wandlungsfähigkeit, „welche alle vnvollkommene Metall in gutt Silber vnd Gold verwandlet"[587]:

> So bald dann sein ein klein wenig in das fliessend Metall geworffen wird/ vnd also die zwey zusammen kommen im Fewr/ gibt's ein natuerlichen Blitz [...]/ welches auch sein gewiß Zeichen ist/ dz solch Gold oder Silber von allem Zusatz anderer Metallen abgetrieben/ vnd pur lauter ist.[588]

Damit ergibt sich ein weiteres Charakteristikum des ‚Ens primum', das den Pseudepigraphen der *De natura rerum* mit Paracelsus verbindet, nämlich die primordiale Eigenschaft (der Ersten Materie) das Grobe vom Feinen zu trennen, das Gesunde vom Kranken oder schlicht: die ‚Puri ab impuro'-Lehre. Aufgrund dieser Eigenschaft ist das Ens primum schließlich in der Lage, bei Zugabe zu „vnvollkommene Metall", ob sie nun zu den sogenannten „weissen Metall[en]" oder den „roten" gehören, diese in vollkommene Metalle wie „Silber" oder „Gold" zu wandeln.

2.6.3   Ens primum als Materia prima in Andreas Libavius' *Alchemia*

In Andreas Libavius'[589] Werk *Alchemia*[590], das bis heute als das erste systematische Lehrbuch der Chemie gilt,[591] werden verschiedene ‚Ens primum'-

---

[586] Ps.-Paracelsus: *De natura rerum*, S. 350.

[587] Ebd., S. 352.

[588] Ebd., S. 353.

[589] Zu Libavius siehe Müller-Jahncke, Wolf-Dieter (1972): Andreas Libavius im Lichte der Geschichte der Chemie. In: Jahrbuch der Coburger Landesstiftung. Coburg, S. 205-230; Kühlmann, Wilhelm (2000): Der vermaledeite Prometheus. Die antiparacelsistische Lyrik des Andreas Libavius und ihr historischer Kontext. In: Scientia Poetica 4/2000, S. 30-6; Darmstaedter, Ernst (1929): Art. ‚Andreas Libavius'. In: Brugge, Günther (Hg.): Das Buch der großen Chemiker, Bd. I, Berlin, S. 107-124; Thorndike, Lynn (1941): Libavius and chemical controversy. In: Ders. A history of magic and experiental science. Bd.VI, S. 238-253; Art. ‚Libavius, Libau, Andreas'. In: Killy Literaturlexikon (1990), Bd. 7, S. 262f.

[590] Libavius, Andreas: Die Alchemie des Andreas Libavius. – Ein Lehrbuch der Chemie aus dem Jahre 1597. Zum ersten Mal in deutscher Übersetzung, mit einem Bild- und Kommentarteil. Gesamtbearbeitung: Friedemann Rex. Weinheim 1964.

[591] Müller-Jahncke, Wolf-Dieter (1998): Art. ‚Libavius, Andreas'. In: Priesner/Figala: Alchemie, S. 222. – Libavius beklagte in der Erfahrung mit (alchemischen) Operationen im Allgemeinen das

Bedeutungen, die im 16. Jh. unter alchemischen Fachschriftstellern kursierten, zusammenfassend dargestellt. Darin widmet Libavius dem „Ens primum" ein eigenes Kapitel im 2. Traktat „Über die Extrakte", denen er das Ens primum auch unterordnet und wie folgt charakterisiert: „Ein Extrakt ist das, was aus einer körperhaften Verfestigung extrahiert wird, wobei das elementare Grobe zurückbleibt. Es ist gleichsam das Mark und der vorzüglichste Teil der gesamten Substanz [...]."[592] Um einiges deutlicher als noch bei Paracelsus legt Libavius zunächst die übergeordnete Gruppe für das ‚Ens primum', nämlich die ‚Extrakte' fest und führt die Eigenschaften dieser Gruppe aus. Zweifelsohne sind Extrakte und damit auch das Ens primum physisch greifbare Substanzen, und darüber hinaus auch der „vorzüglichste Teil der gesamten Substanz"[593].

Nicht unähnlich sind die Eigenschaften, die Libavius den Extrakten im Allgemeinen zuschreibt, denen, die man verstreut schon bei Paracelsus findet, nur wesentlich strukturierter: Ein Extrakt sei „von der Kraft Gottes [...], des Schöpfers" in Substanzen bereits „im Keim angelegt" und es strebe von dort nach der „Vervollkommnung seiner Vorzüglichkeit"[594]. Interessanterweise habe auch Libavius zufolge „jedes Ding [...] für sich vom segnenden Gott Ursprung, Fortgang und Vervollkommnung seiner Substanz in elementarer Materie empfangen"[595]. Dies sind Eigenschaften, die der christliche Schöpfergott einmalig in Substanzen hineingelegt hat; von da an wirken sie in den Substanzen weiterhin selbstständig, d.h. sie streben nach Vervollkommnung, ohne weiteres Zutun bzw. Motivation. Allerdings benötigen die Extrakte, sobald sie zubereitet werden, „Gottes Segen", damit sie „zum Heile der Menschen" zu wirken in der Lage sind.

Fehlen einer „Richtschnur, nach der sich die Einzeltatsachen einordnen und beurteilen ließen" [Libavius wie Anm. 53, S. IX.], denn meist befände man sich als Scheidekünstler in der „missliche[n] Lage, [...] einen Schuh nach dem Bild eines [anderen] Schuhes und nicht nach Vorschriften zu formen" (Ebd.). Libavius' Werk ist ein hervorzuhebendes Beispiel, das das Streben nach Normierung, Wiederholbarkeit und Exaktheit laborantischen Experimentierens darstellt.

[592] Libavius: *Alchemie* (wie Anm 590), S. 327.
[593] Ebd.
[594] Ebd.
[595] Ebd.

Diese Merkmale sind in der Alchemiegeschichte demnach keinesfalls neu.[596] Durchaus auffallend bei Libavius dagegen ist, dass er seinen ‚Ens primum'-Begriff über den ‚Extrakt'-Begriff an den der ‚Elemente' knüpft. Extrakte seien nämlich als Keim in den Elementen oder „Mutterstoffen", wie er sie sogar nennt, angelegt, „woher auch das Verwandtsein der gemeinsamen Entstehung und Erhaltung" komme.[597] Allerdings werden bei der oben erwähnten alchemischen Extraktion die Elemente von den Extrakten „meistens möglichst vollständig befreit"; elementische Reste bleiben je nach Gewissenhaftigkeit beim Reinigen der Substanzen, bzw. je nach Adhäsions- und Kohäsionskräften von Elementen und ihren Extrakten zurück. Ziel einer solchen Extraktion ist es, einmal mehr das „Grobe, bald Corpus, bald Caput mortuum, bald Hefe, Rückstand, Elemente usw. genannt" von der „Subtilität der Essenz" zu scheiden.[598]

Nun ist eines der beiden Untergruppen des Extrakts das Ens primum, von dem es bei Libavius heißt:

> Das Ens primum ist der Extrakt aus mineralischen Stoffen, die die letzte Vervollkommnung noch nicht erlangt haben, aber an keimhafter Potenz ziemlich reich sind. Danach pflegt man es auch Materia prima zu nennen, die es für jegliche Gattung gibt und die eine dieser am nächsten kommenden Kraft hat, aus der zunächst der natürliche Antrieb zu einer Substanz entsteht.[599]

Das Ens primum des Libavius unterscheidet sich also von den übrigen Extrakten dadurch, dass es ein Extrakt mineralischer Natur, reich an Wirkkräften sei. Schließlich verdichten sich die Merkmale in der Identifikation des Ens primum mit der Materia prima, welcher er die allgegenwärtige Ubiquitäts-Formel anschließt, dass es sie nämlich „für jegliche Gattung gibt".[600] Als solche Materia

---

[596] Keinesfalls sollte hier eine lineare Fortschreibung von Paracelsus, Paracelsismus hin zu Libavius gesehen werden, was dieses Kapitel aufgrund der Abfolge möglicherweise suggeriert. Libavius war ein entschiedener Gegner des Paracelsus sowie der Paracelsisten (ebd.). Trotz dieser Gegnerschaft führt Libavius unter den Praktiken zur Herstellung des Ens primum am Kapitelende auch ein „Primum ens"-Rezept des Paracelsus auf. Mindestens ebenso interessant ist die Tatsache, dass der Paracelsist Martin Ruland in seinem *Lexicon Alchemiae* (1612, S. 199) zur Erläuterung des Begriffs ‚Ens primum' wörtlich die Begriffsbestimmung von Libavius, dem selbsterklärten Antiparacelsisten, verwendet. Das Verhältnis von Libavius zum Paracelsismus ist sicher nicht rein negativ, mindestens jedoch ambivalent zu sehen.

[597] Libavius: *Alchemie*, S. 327.

[598] Ebd.

[599] Ebd., S. 328.

[600] Ebd.

prima hat das Ens primum auch die „natürliche Kraft", dass sie sich zu einer Substanz entwickelt. So wird auch hier der Prädestinationsgedanke an ‚Ens primum' geknüpft.

Folglich heißt es auch weiter, dass das Ens primum, weil es ja vornehmlich in Mineralien zu finden, bzw. „aus den Mineralien zu erhalten" sei, in sogenannten „Metall- und ‚Gemmen'-Adern" zwar nicht „greifbar", weil es in den Adern in „actu" vorliege, aber „als Anlage ‚potenitia' reichlich vorhanden" sei.[601] Trotzdem nennt Libavius das Ens primum nicht „Geist" – wie es in der deuteroparacelsischen Schrift *De natura rerum* gemacht wird. Dies liegt womöglich daran, dass das Ens primum als eine „wachsende", in jedem Fall aber „aktive" Substanz gedacht wird: Einmal durch den Schöpfergott als Erste Materie angelegt, strebt sie selbstständig zu ihrer Vervollkommnung hin bis aus reinem Trieb Substanz wird. Denn schließlich sei das Ens primum als Extrakt aus den Mineralien herauszulösen. Ähnlich sei es auch bei Pflanzen und Tieren. Die Prozesse, mit deren Hilfe man schließlich die „Entia prima aus ihren Mutterstoffen" herstellt, sind das „Digerieren in ihren Menstruen, durch Lösen, ‚Koagulieren', bisweilen auch durch Sublimieren und Destillieren".[602] Daran anschließend werden diverse Verfahrensweisen zur Herstellung des Ens primum zusammengetragen.

Folglich kann auch hier festgehalten werden, dass der Trieb zur Vervollkommnung der Materie vom christlichen Schöpfergott einmal als „Keim" eines „Ens primums" in die Substanzen gesetzt wird, worin das „Ens primum" Substanzen als Gesamteinheit zur Entfaltung gemäß seiner Determination motiviert. Es bedarf keiner erneuten Aktivierung der Materie, auch wenn es zu Beginn des Kapitels heißt, dass der „Schöpfer" durch die „verborgenen Einflüsse des Himmels auch in der Natur Bewahrer" sei, so ist dies nicht im Sinne eines direkten Eingreifens gemeint, sondern insofern er die Natur als Ganzes, eine nach ihrer Vervollkommnung hin strebende erschaffen hat, wirkt dasjenige, das er bereits erschaffen hat, durch seine Wirkungen weiter fort, ohne Eingreifen, sondern lediglich als ein „Bewahren".

---

[601] Libavius: *Alchemie*, S. 328.
[602] Ebd., S. 329.

2.6.4   Schlussbemerkung

Abschließend ist zu bemerken, dass diejenigen Schriften, die Ens primum mit Materia prima identifizieren oder Ens primum zumindest primaterielle Eigenschaften zusprechen, sich im Dunstkreis der Alchemia transmutatoria metallorum befinden. Selbst in paracelsischen Schriften, in denen nicht vornehmlich Mineralien behandelt werden, steht das Ens primum als Körper- und Lebenssubstanz im Dienste einer ‚Materia prima'-Lehre mit besonderer Bedeutung für die Mineralia. Das Ens primum wird nicht selten mit einer primateriellen Ubiquitätsformel belegt, was bedeutet, dass das Ens primum einem jeden Körper zugesprochen wird, ob aus dem Reich der Animalia (Mensch und Tier), Vegetabilia (Pflanzen) oder Mineralia (Gestein und Metalle). Stärkende, vervollkommende zielgerichtete Wirkung sprechen dem Ens primum zudem alle untersuchten Autoren zu.

2.7   Fiat

[Primärtexte: Paracelsus: *Opus Paramirum*; *Liber Meteororvm.* – Ps.-Paracelsus: *Liber Azoth*; *De Pestilitate.* – Valentin Weigel: *Natürliche Auslegung von der Schöpfung*; *Viererlei Auslegung von der Schöpfung*; *Vom Ursprung aller Dinge*]

> Unde, si *fiat* vis in verbo,
> *materia prima* et Deus non differunt,
> sed sunt diversa seipsis.[603]

2.7.1   Einleitung

Bisher wurde der Begriff ‚Fiat' als ‚Materia prima' mit dem Namen des Paracelsus verbunden.[604] Schien er doch als erster in seinem medizinischen *Opus*

---

[603]   Thomas von Aquin [1886-1892]: Die katholische Wahrheit oder die theologische Summa des Thomas von Aquin deutsch wiedergegeben durch Ceslaus Maria Schneider. 12 Bände. Regensburg, Bd. 3, Artikel 8.

[604]   So beispielsweise Pagel (1961), (1962); Pagel/Winder (1974); aber auch Goldammer [1971a] (trotz Kritik in den Fußnoten); und auch Dück (2009a+b).

Paramirum (ca. 1529/31)[605] das göttliche Schöpfungswort Fiat mit der Ersten Materie zu identifizieren: „Dieweil aber prima materia mundi, FIAT, ist gewesen/ wer wil sich vnterstehn das Fiat zuerkleren?"[606] Mit diesem Bezug auf das schöpfungsverursachende Wort des christlichen Gottes gemäß den Kernstellen der *Genesis* „fiat lux" (1. *Mose* 1, 3) sowie „fiat firmamentum" (1. *Mose* 1, 6) führe Paracelsus die Erste Materie der Welt[607] auf einen Einheitsgrund zurück, nämlich die Welterschaffung durch das Wort ihres Schöpfers. Fraglich ist jedoch, ob Paracelsus diese Identifizierung des ‚Fiat' mit ‚Materia prima' auch so meint.

Vorsichtig formuliert schon Goldammer[608] in einer Fußnote diesen Verdacht. Indiz dafür, dass Goldammer damit Recht haben könnte, ist eine textlich sehr ähnliche Stelle im *Liber Meteororvm*:

> Nuhn sollend jhr wissen/ das alle vier Corpora der vier Elementen gemacht seind auß nichts/ dz ist/ allein gemacht durch das Wort Gottes/ das (FIAT) geheissen hatt. Wiesol aber dem also ist/ so ist doch das Nichts/ auß dem Etwas worden ist/ zu einer Substantz vnnd Corpus worden/ wie sie dann erscheinen. Dasselbige Corpus aller vier Elementen/ ist in drey Species getheilt: Also daß das wort Fiat ist worden ein dreyfach Corpus, das ist/getheilet in dreyerley Corpora.[609]

Diese Passage ist der im Opus Paramirum sehr ähnlich, doch heißt es hier „durch das Wort Gottes/ das (FIAT) geheissen hatt". Demnach wäre ‚Fiat' die Ursache für ‚Materia prima' und nicht sie selbst. So ist es nicht unwahrscheinlich – wie Goldammer schon vermutet –, dass im *Opus Paramirum* das Wort „durch" entweder versehentlich ausgelassen wurde oder selbstverständlich mitgedacht werden muss.

---

[605] Im *Opus Paramirum* formuliert Paracelsus seine grundlegenden Aussagen zur Krankheitsentstehung. Eine jede Krankheit habe ihren Ursprung in der Tria Prima: Sal, Sulphur und Mercurius. Siehe dazu das Kapitel über die Drei-Prinzipien-Lehren.

[606] Paracelsus: *Opus Paramirum*, Tl. 1, S. 75.

[607] Ebd., S. 74f.: „Dieweil aber prima materia mundi, FIAT, ist gewesen [...] das ist von der grossen welt [...]." Die Erste Materie „der kleinen Welt", d.i. der Mensch, sei der ‚Limbus': Siehe dazu Kapitel 2.4. – Diesen beiden von einander zu unterscheidenden Bedeutungen von ‚Materia prima' nähert sich Pagel (1962) in seinen Ausführungen über „Das medizinische Weltbild des Paracelsus" (wie Anm. 9), S. 80ff., indem er den Unterschied Paracelsi zwischen ‚Fiat' und ‚Limbus' als „Prima Materia der Welt" und „Prima Materia der Einzeldinge" darlegt.

[608] Goldammer [1971a]: Bemerkungen zur Struktur des Kosmos un der Materie bei Paracelus (wie Anm. 10), S. 282 (FN 24) sowie S. 287 (FN 106).

[609] Paracelsus: *Liber Meteororvm*. In: Paracelsus: *Bücher vnd Schrifften* (wie Anm. 83), Tl. 8, S. 184. – Vgl. dazu auch Goldammer: Bemerkungen, S. 283 (FN 39).

Weitere Indizen dafür, dass Paracelsus ‚Fiat' nicht mit ‚Materia prima' identifiziert, sind, dass zum einen die Stelle im *Opus Paramirum* die einzige Passage im
Corpus Paracelsicum ist, wo eine Übereinstimmung beider Begriffe gezogen
wird, zum anderen scheint Paracelsus mit der Textstelle im *Opus Paramirum*
diese Identifikation wohl auch als einziger vorzunehmen.[610] Durchaus gibt es,
wie es im Verlauf des Kapitels deutlich wird, diverse Autoren, für die es sehr
enge begriffliche und inhaltliche Zusammenhänge zwischen ‚Fiat' und ‚Materia
prima' gibt, doch werden diese beiden Begriffe nicht gleichgesetzt, so dass sich
der Generalverdacht, Materia prima sei nicht Fiat, zu bestätigen scheint. Schließlich und endlich aber fehlt im *Opus Paramirum* das entlastende „durch".[611]

2.7.2   Fiat bei Paracelsus

Eine tragende Rolle bei der Entstehung der Welt spielt das göttliche Schöpfungswort Fiat im Dunstkreis der Materia prima für Paracelsus allemal. Die Erste
Materie der Welt komme von Gott, sei „nit sichtbar" und nicht stofflich.[612] Mit
der Vorstellung eines Schöpfungsaktes der Welt schließt Paracelsus die aristotelische Annahme von der Ewigkeit der Materie aus,[613] welche nicht selten Merkmal in den ‚Materia prima'-Lehren der Frühen Neuzeit war. Vielmehr war Hohenheim Anhänger des ‚Creatio ex nihilo'-Dogmas[614] nach christlicher-
abendländischer Tradition:

---

[610] In Martin Rulands *Lexicon Alchemiae* (1612) ist unter dem Lemma ‚Materia prima' und seinen
      fünfzig Bedeutungen ‚Fiat' als Erste Materie nicht erfasst; ebenso fehlt in Wolfgang Schneiders
      Lexikon alchemistisch-pharmazeutischer Symbole (1962) der Begriff ‚Fiat'.
[611] Aufgrund dieses Zweifels und weil man in der Sekundärliteratur ‚Fiat' als ‚Materia prima'
      durchaus findet, wurde dieser Begriff in die vorliegende Studie aufgenommen.
[612] Paracelsus: *Opus Paramirum*, S. 74.
[613] Paracelsus lehnte generell aristotelische Lehren entschieden ab, wie auch im gleichen Kapitel die
      Qualitätenlehre (*Opus Paramirum*, S. 75). Eines von vielen Beispielen, die sein Werk durchzie-
      hen, hier aus dem *Opus Paragranum*: Aristoteles sei (wie auch Albertus, Thomas, Avicenna und
      Actuarius) ein Spekulant ohne Verstand und seine *Meteorologica* „nichts als Fantasey". In: Para-
      celsus: *Opus Paragranum*, Tl. 2, S. 112-113.
[614] Siehe dazu bspw. Schwanke, Johannes (2004): Creatio ex nihilo. Luthers Lehre von der
      Schöpfung aus dem Nichts in der Großen Genesisvorlesung (1535-1545). (= Theologische Bibli-
      othek Töpelmann Bd. 126). Berlin/New York, S. 3-4.

Nuhn sollend jhr aber wissen/ das alle vier Corpora der vier Elementen gemacht seind auß nichts/ dz ist/ allein gemacht durch das Wort Gottes/ das (FIAT) geheissen hatt.[615]

Bei diesem schöpfungsverursachenden Wort Gottes, durch das alles geschaffen wurde, sieht sich Walter Pagel an den Schöpfer als präexistenten Logos im Locus classicus[616] des Neuen Testaments erinnert:

[T]he allusion to the Forth Gospel is obvious. [...] Primeval matter from which the world was built indeed corresponds to the Logos of the Fourth Gospel – this seems to be an idea advocated by Paracelsus [...]. It serves to emphasize that prime matter is no matter in the ordinary sense, but a Logos, i.e. an immaterial spirit that existed by itself – substantially – in the beginning.[617]

‚Fiat' als Einheitsgedanken verstanden – d.h. das Ganze sei bereits in dem Einen, nämlich dem schöpfungsverursachenden „nit sichtbar[en]" Fiat, vorhanden und aus diesem Einen seien „alle dinge" des „mundi" geschaffen worden – könnte als naturkundlich imprägnierte Logostheologie gesehen werden; eine Analogie mit dem Johannes-Evangelium fehlt jedoch im paracelsischen Text. Paracelsus setzt das ‚ewige Wort' nicht mit ‚Gottes Sohn' gleich und greift damit im Zusammen-

---

[615] Paracelsus: *Liber Meteororum*, S. 148. Eine weitere einschlägige Stelle, wo Paracelsus den ‚Creatio ex nihilo'-Gedanken im Rahmen medizinischer Kosmologie und Anthropologie eng mit dem biblischen Schöpfungsbericht verknüpft, findet sich im paracelsischen Fragment *Astronomia Magna: Oder/ die gantze Philosophia Sagax der Grossen vnd kleinen Welt* (Tl. 10, S. 28f.): „[...] die ersten Geschöpff seind auß Nichten gemacht/ dann also befindt vnnd bewerts sichs/ das in der Welt erstlich nichts gewesen ist/ auch kein Element: Aber durch das Wort ist das Corpus vnnd sein Geist gemacht worden/ auß welchem Corpus nachfolgend alle Creaturen worden vnd geschaffen seind [...]. Erstlich schuff Gott Himmel vnd Erden/ vnd alle Creaturen/ vnnd das durch das Wort [...]."
[616] *Johannes* 1, 1-3: „Im Anfang war das Wort, und das Wort war bei Gott, und Gott war das Wort. Dasselbe war im Anfang bei Gott. Alle Dinge sind durch dasselbe gemacht, und ohne dasselbe ist nichts gemacht, was gemacht ist." (*Johannes* 1, 1-3)
[617] Pagel, Walter (1961): The Prime Matter of Paracelsus. In: Ambix 9, S. 117-135, hier S. 119f. Vgl. auch: Pagel (1962): Das medizinische Weltbild des Paracelsus (wie Anm. 9), S. 80: „Was also im Evangelium vom Wort, dem Logos, erzählt wird, wird bei Paracelsus der Prima Materia, der Urform der Welt, zugeschrieben. Wiederum ergibt sich, daß die Urmaterie keine Materie im modernen Sinne ist. Vielmehr ist sie Logos, d.h. ein eben gerade nicht materieller Geist; und dieser existierte substantiell und für sich selbst im Anfang."; vgl. weiterhin: Pagel/Winder (1974): The Higher Elements and Prime Matter in Renaissance Naturalism and in Paracelsus (wie Anm. 9), S. 93-127, hier S. 109f. – Dieser Interpretation folgen Hannaway, Owen (1975): The Chemists and the Word – The Didactic Origins of Chemistry. Baltimore/London, S. 33; sowie Bergengruen, Maximilian (2005): Verborgene Kräfte und die Macht des Gestirns. In: Strässle, Thomas/Torra-Mattenklott, Caroline (Hg.): Poetiken der Materie. Stoffe und ihre Qualitäten in Literatur, Kunst und Philosophie. Freiburg i.Br./Berlin, S. 133f.

hang seiner Ausführungen zur Weltentstehung die neutestamentarische Logoslehre nicht auf. Möglich wäre es, dass christlich getränkte neuplatonische Logoslehren,[618] wonach der göttliche Logos als Mittler zwischen Gott und Welt mit der Christusfigur identifiziert wird, hier Eingang gefunden haben.

Auch von einer naturkundlich-hermetischen Logostheologie kann hier keine Rede sein. Es fehlt schlichtweg der Gedanke des Teilhabens am Logos als „dem reinen Geist der von Gott kreierten Natur"[619], wie es beispielsweise im IV. Traktat des *Corpus Hermeticum* beschrieben wird.[620] Auch ist fraglich, ob dieser Stelle eine „mystische Unio" unterstellt werden kann.[621]

Vielmehr zeigt sich hier Paracelsus' Neigung, eine Gesamterklärung für die Welt zu finden, wohl um seine Materie-Lehre sowie seine Drei-Prinzipien-Lehre als ‚von Gott gegeben' zu rechtfertigen. Die Entstehung der Welt aus einer Ersten Materie ergibt sich für Paracelsus aus der Tatsache der Welterschaffung durch den Schöpfergott. Eine Gleichsetzung des Wie, nämlich Fiat, mit dem Was, also der Materia prima, scheint nahe zu liegen, wenn alles, was erschaffen wurde, durch Gott erschaffen wurde. Denn die Gleichsetzung des schöpfungs-verursachenden Fiats mit der Materia prima steht im *Opus Paramirum* lediglich im lockeren Zusammenhang mit seiner textlichen Umgebung, losgelöst von weiteren Erläuterungen oder näheren Bestimmungen von Inhalt oder Form der Ersten Materie, aber umrahmt von ausführlichen Beschreibungen seiner drei

---

[618] Vgl. dazu Bormann, Karl (1955): Die Ideen- und Logoslehre Philons von Alexandrien. Eine Auseinandersetzung mit H. A. Wolfson. Inaugural-Dissertation. Monheim; Riecken, Friedo (1967): Die Logoslehre des Eusebios von Caesarea und der Mittelplatonismus. In: Theologie und Philosophie 42, S. 341-358; Atzberger, Leonhard (1880): Die Logoslehre des heiligen Athanasius. Ihre Gegner und unmittelbaren Vorläufer. Eine dogmengeschichtliche Studie. München.

[619] Alt, Peter-André (2010): Das Imaginäre und der Logos. Hermetische Grundlagen frühneuzeitlicher Poetiken. In: Ders./ Wels, Volkhard (Hg.): Konzepte des Hermetismus in der Literatur der Frühen Neuzeit. (= Berliner Mittelalter- und Frühneuzeitforschung). Göttingen, S. 335-371, hier S. 341.

[620] *Das Corpus Hermeticum Deutsch* (wie Anm. 323), 7/1 Traktat IV.

[621] Siehe dazu Pagel, Walter (1979): *Paracelsus als „Naturmystiker".* In: Faivre, Antoine/Zimmermann, Rolf Christian (Hgg.): Epochen der Naturmystik. Hermetische Tradition im wissenschaftlichen Fortschritt. Berlin, S. 52-104. Pagel beschreibt die „mystische Unio" bei Paracelsus als eine mehrstufige Einigung: Auf erster Stufe befinde sich die von Paracelsus geforderte Einigung des „inneren Wissens mit dem Objekt", die dem Menschen möglich sei durch den „bis ins Einzelne gehenden Parallelismus mit dem Weltall und seinen Bestandteilen". Die zweite Stufe sei die Einigung „von Oberem mit Unterem und insbesondere der oberen mit den niederen Elementen innerhalb und außerhalb des Menschen". Die dritte und letzte Stufe bestehe in der „unmittelbaren Einigung mit dem Göttlichen" in einem „Zustand der Exaltation, der Versunkenheit und Ertrunkenheit".

Prinzipien „Saltz", „Schwefel" und „Quecksilber" als Krankheitsursachen: Alle Krankheiten hätten ihre Ursache in diesen drei Prinzipien, die aufgrund des göttlichen Fiat „unsichtbar"[622] und „in allen dingen"[623] seien. Der Grund dafür sei, dass diese drei Prinzipien von Gott im Schöpfungsakt durch Fiat in alle Dinge gesetzt worden seien.

2.7.3 Fiat als Materia prima in Pseudo-Paracelsica

In den Pseudo-Paracelsica dagegen sind vielfache Beschreibungen des Begriffs ‚Fiat' sowie Verknüpfungen des alttestamentlichen Schöpfungswortes Fiat mit dem neutestamentlichen Wort Gottes vorhanden:

> Das Wort aber dz durch den Mund Gottes gehet/ ist das Aeternum i[m] Verbum Fiat, darauß die Seele Adami geschaffen ist/ wie ihr in dem Euangelio Ioannis klerlich lesend/ da geschrieben steht/ das Gott das Wort gewesen sey/ vnnd noch ist/ vnd solches Wort ist Fleisch worden.[624]

Dem *Liber Azoth* zufolge ist Fiat das ewige Wort aus dem Munde Gottes, das nicht nur die „Seele Adami geschaffen" habe, sondern gleichfalls dasjenige Wort des Johannes-Evangeliums, das zu Fleisch [Jesu Christi] wurde. Damit stellt der Pseudoparacelsist die Lehre vom Schöpfer als ewig präexistenten Logos mit dem neutestamentlichen fleischgewordenen Wort Gottes in Analogie, um einerseits zu verdeutlichen, wie das „Verbum Domini, FIAT, [...] noch in allen dingen ist"[625] und auch wie das „Verbum FIAT Materialisch/ greifflich/ vnnd ein Leib ist worden/ darinnen nun alle Praedestinata stecken und verborgen ligen".[626]

Die Verbindung der alttestamentlichen mit der neutestamentlichen Logos-Lehre rechtfertigt sowohl die Materialisation des Schöpfungswortes als auch den allen erschaffenen Dingen immanenten göttlichen Denkinhalt. Somit materialisiert Fiat als Teil des Vorstadiums der Schöpfung Denkinhalte in Seinsinhalte, gleichzeitig ist Fiat als Erste Materie selbst materiell, indem es die sichtbare und

---

[622] Paracelsus: *Opus Paramirum*, S. 74.
[623] Ebd., S. 75.
[624] Ps.-Paracelsus: *Liber Azoth*, Tl. 10, Appendix, S. 15.
[625] Ebd., S. 31.
[626] Ebd., S. 5.

erfahrbare Materie trägt, wie es folgende der Schöpfungsgeschichte nachemp-
fundene Beschreibung darstellt:

> Nota, vor dem vnd ehe der Himmel vnd Erden erschaffen worden/ do schwebet der Geist
> Gottes auff dem Wasser/ vnd trug diß Verbum Domini den Spiritum Domini ob ihme. Diß
> Wasser war Matrix, das lebendige Wasser: Nicht das die Augen sehen/ sondern das Ver-
> bum Domini, so die Cagast[rischen] Augen nicht sehen: daruon ist die Philosophia. Aber
> in dem Wasser das wir sehen/ ist das rechte Elementum Aquae, das ist/ Verbum Domini,
> Fiat, das tregt die Schiffe auff dem Wasser/ etc. dieses trug auch den Geist Gottes/ vnd in
> dieser Wässere ward beschaffen Himmel und Erden/ vnd sonst in keiner andern Matrix.[627]

Materialisation erfährt Fiat durch seine Potenz, Materie in Form der Tria prima
zu erschaffen, die allen Kreaturen und deren Bestimmungen zugrunde liegt:

> Yliastrum ist die erste Materia, darauß [Sal] [Sulphur] vnd [Mercurius] geschaffen sind:
> dardurch verstehen wir/ wie das Verbum Fiat Materialisch/ greifflich/ vnnd ein Leib ist
> worden/ darinnen nun alle Praedestinata stecken vnd verborgen ligen [...][628]

Ähnliche Weltentstehungsvorgänge werden auch in dem pseudo-paracelsischen
De Pestilitate beschrieben:

> Dann da die gantze Welt ist beschaffen worden/ da hat der Geist Gottes geschwebet auff
> den Wassern: durch das wort FIAT, ist am Ersten das Wasser beschaffen worden/ vnd
> hernach auß dem Wasser alle andere Creaturen/ todt vnd lebendig. Vnd werden also dise
> drey ding mit ihrem rechten Nammen genennet/ Sulphur, Mercurius vnd Sal. Das ist nun
> der grund vnd die warhafftige Materia, darauß alle Thiere/ darauß ferner der Mensch be-
> schaffen worden/ beschaffen sind.[629]

Im Kern dieses biblischen Schöpfungsberichts steht erneut das omnipotente Wort
Fiat, das nicht nur „alle andere Creaturen/ todt vnd lebendig" erschaffe, sondern
auch als „die wahrhaftige Meteria" die „drey ding mit ihrem Nammen genennet"
habe, die als Tria prima allen Kreaturen zugrunde liege. Dieser Stelle kann
durchaus eine naturkundlich-hermetisch gesättigte Logostheologie entnommen
werden. Die Welt entstehe nicht nur durch das Wort, sondern das Wort gibt den

---

[627]   Ps.-Paracelsus: *Liber Azoth*, S. 32f.
[628]   Ebd., S. 5. – Zu ‚Yliastrum' siehe Kapitel 2.5.
[629]   Ps.-Paracelsus: *De Pestilitate*, Bd. I, Tl. 3, S. 30.

durch es selbst erschaffenen Dingen ihren Namen und lasse dadurch an diesen Dingen teilhaben.[630]

2.7.4   Fiat bei Valentin Weigel

Der von Paracelus' Schriften beeinflusste Physikotheologe Valentin Weigel (1553-88) setzt in seinen Genesisexegesen – *Natürliche Auslegung von der Schöpfung* (1577), *Vom Ursprung aller Dinge* (1577) sowie *Viererlei Auslegung von der Schöpfung* (1577/1582)[631] – den Begriff ‚Fiat' ebenfalls zu der ‚Materia prima' in Bezug:

> Nun Gott hatt Himmel vndt Erden in einem Huy oder mit einem Wortte geschaffen, do er sprach Fiat, Es werde oder sei. Nemlich Himmel vndt Erde hatt er auff ein mahl mit einem wortte geschaffen, souiel ahnlanget die erste materiam der Himmel vndt Erden etc. des lichts vndt der finsternis.[632]

In Bezug steht die Erste Materie zu Fiat bei Weigel insofern, als dass Fiat eindeutige Ursache für die Schöpfung der Ersten Materie sei und dem, was aus dieser Esten Materie in der Schöpfung hervorgehe, nämlich „Himmel vndt Erde" sowie „licht vndt der finsternis". Interessant ist, dass er hier nicht beschreibt, wobei es sich bei dieser Ersten Materie im Rahmen der Weltschöpfung handelt. Deutlich ist aber, dass das göttliche Schöpfungswort Fiat „Himmel vndt Erde" sowie „licht vndt der finsternis" nicht unvermittelt geschöpft werde, sondern erst durch die Erste Materie sozusagen vermittelt wird. Himmel, Erde, Licht und Finsternis gehen aus der durch Fiat erschaffenen Ersten Materie hervor.

2.7.5   Schlussbemerkung

Anders als bisher in der Historiografie betrachtet, wird Fiat weder von Paracelsus noch von Weigel[633] mit dem schöpfungsverursachenden ‚Fiat' identifiziert. Al-

---

[630] Vgl. dazu *Corpus Hermeticum Deutsch* 7/1, Traktat IV.
[631] Weigel: *Sämtliche Schriften* (wie Anm. 415). Bd. 11.
[632] Weigel: *Natürliche Auslegung von der Schöpfung*, S. 181.
[633] Weigel identifiziert Materia prima in seinen Werken mit „chaos" und „Mysterium magnum". Vgl dazu die entsprechenden Kapitel 2.8 sowie 2.9.

lerdings ist Fiat als Gottes Wort („Es werde oder sei") selbst Ursache der „erste[n] materiam", die „in einem Huy" und „auf ein mahl" im Zuge des Siebenta-
gewerks von Gott erschaffen wurde. Über Form und Inhalt der Materia prima
schreibt Weigel in diesem Zusammenhang: „alle geschöpffe waren verborgen in
der ersten materia, aber noch nicht geschieden", außerdem sei sie „vnförmlich"
und in ihr sei „nichts erkentlichs" – Merkmale, die im Facettenreichtum frühneuzeitlicher Materia-prima-Lehren nicht selten sind. Daneben beschreibt er die
Schöpfung als eine „scheidung" und „ordnung der Creaturen" und chemisiert den
Schöpfergott.[634]

2.8   Chaos

[Primärtexte: Ps.-Paracelsus: *De natura rerum*. – Heinrich Khunrath: *Vom Hylealischen, Das ist/ Pri-
materialischen Catholischen Oder Allgemeinen Natürlichen Chaos*. – Valentin Weigel: *Natürliche
Auslegung von der Schöpfung*; *Viererlei Auslegung von der Schöpfung*; *Vom Ursprung aller Dinge*]

> Mithin war das erste Ergebnis der Schöpfung eine Materia Prima,
> formlos und ohne Dimensionen, Eigenschaften, Qualitäten, Neigungen,
> weder bewegt noch ruhig, reines primordiales Chaos,
> *Hyle*, die noch weder Licht noch Finsternis war.[635]

2.8.1   Einleitung

Als einer der Zentralbegriffe im alchemischen Wortschatz[636] des 16. Jhs.[637] wird
der aus antiken Kosmogonien[638] ererbte und häufig gerade in naturkundlichen

---

[634] Vgl. hierzu das Kapitel über den Begriff ‚Mysterium magnum' 2.9.
[635] Eco, Umberto (1995): Die Insel des vorigen Tages. München/Wien, S. 258.
[636] Telle (2013i): *Vom Tinkturwerk* (wie Anm. 48), S. 761-800, hier: S. 763.
[637] So erfasst z.B. von Gratarolus: „Lapis [philosophorum] item vocatur chaos" in: Gratarolus,
       Guliemus (1561): *Lapidis Philosophici Nomenclaturae*. In: Ders. (Hg.): *Verae alchemiae
       artisque metalicae, citra aenigmata, doctrina, certusque modus*. Basel: Heinrich Petri und Pietro
       Perna. Tl. 2, S. 265; Ruland (1612): *Lexicon Alchemiae* (wie Anm. 2): „Chaos praeter omnium
       rerum confusionem, congeriem et informem materiam [...] Ein grobe vermischte Materien" (S.
       143) sowie unter den Synonymen von ‚Materia prima' aufgezählt (S. 326); sowie Schneider:
       „Der Anfang aller Dinge, ihre ursprüngliche Eigentümlichkeit enthaltend. In alchemischen Sinne

Schöpfungslehren auftauchende, nicht selten mit der Exegese des biblischen Schöpfungsberichts überlagerte und weit verbreitete Terminus ‚Chaos' oft mit dem Begriff ‚Materia prima' in enge Verbindung gesetzt. Das Chaos steht in einem solchen Fall am Beginn der Weltschöpfung. Dabei kann dieser Terminus ein qualtitätenlos ungeordnetes Medium bzw. eine Urmasse meinen, welche alle Elemente der noch zu ordnenden Welt primordial beinhaltet. Die Erste Materie entsteht in diesem Medium oder wird darin zubereitet wie bspw. im alchemischen Reimpaargedicht aus dem 16. Jh. *Vom Tinkturwerk*[639].

2.8.2   Chaos als Materia prima bei Ps.-Paracelsus der *De natura rerum*

Der Begriff ‚Chaos' kann auch unmittelbar mit Materia prima identifiziert werden wie im VIII. Buch der deuteroparacelsischen Schrift *De natura rerum*:

> In Schoepffung der Welt hatt die Erste Seperation an den vier Elementen angefangen/ da die Prima materia Mundi waß ein einiger Chaos: auß demselbigen Chaos hatt Gott gemacht Maiorem Mundum/ gescheiden vnd abgesondert in Vier vnderschiedliche Element/ Nemlich in Fewr/ Lufft/ Wasser/ vnd Erden.[640]

---

eine noch nicht getrennte Mischung, entsprechend der Prima materia" in: Schneider (1962): *Lexikon alchemistisch-pharmazeutischer Symbole* (wie Anm. 48), S.70.

[638]   Beispielhaft seien angeführt: Hesiod: *Theogonie*. V. 116, 123, 693, 807 [http://gutenberg.spiegel.de/buch/theogonie-3295/1]: ‚Chaos' als ‚gähnender Raum' und ‚dunkle Nacht' am Anfang der Weltentstehung; Aristoteles: *Physik*: ‚Chaos' als ‚leerer Raum' (IV, Kap. 1, 208b 29); Platon: *Timaios* (wie Anm. 347): ‚Chaos' als ‚verworren' und ‚ungeordnet' (30a); Ovid: *Metamorphosen*: ‚Chaos' als ‚roher und ungeordneter Klumpen', ‚untätige Last' und ‚zusammengewirrte und misshellige Samen uneinträchtiger Dinge' (1, V. 3f). Später bringen die Stoiker – Zenon von Kiton folgend – ‚Chaos' mit Begriffen wie ‚Fließen' und ‚Sprühen' zusammen. Ihnen zufolge sei ‚Unbestimmtheit', ‚Formlosigkeit' und ‚Unordnung' für das ‚Chaos' charakteristisch – siehe dazu Kurdzialek, Manfred/Dierse, Ulrich/Kuhlen, Rainer (1971): Art. ‚Chaos'. In: Ritter, Joachim/Gründer, Karlfried (Hgg.): Historisches Wörterbuch der Philosophie, Sp. 980-984. – Spätestens der Kirchenvater Augustinus (In: *De Genesi contra Manichaeos* I, 5-7), der in der Frühen Neuzeit eine Autorität für viele Naturkundler war, identifiziert ‚Materie' mit dem griechischen ‚Chaos'-Begriff – vielleicht aufgrund der Verwandtschaft mit dem „Tohuwabohu" der *Genesis*. Er bezeichnet die anfänglich unförmige Materie als ‚unsichtbare und wirre Erde' (ebd., I, 12), ‚das Wasser (über dem der Geist Gottes schwebte)' (ebd.) sowie die ‚Urflut mit der Finsternis' (ebd.).

[639]   Vgl. dazu den Textabdruck *Vom Tinkturwerk* (wie Anm. 539) sowie die Interpretation von Telle 2013i (wie Anm. 48), S. 776-781, v.a. S. 776f.

[640]   Ps.-Paracelsus: *De natura rerum*. In: Paracelsus: *Bücher vnd Schrifften* (wie Anm. 83). Tl. 6, S. 255-362, hier S. 313.

Unter Aufgriff des biblischen Schöpfungsberichts – wobei hier der Begriff
‚Chaos' die Position, nicht jedoch die Bedeutung, des Tohuwabohu[641] aus *Gene-*
sis 1, 2 einzunehmen scheint – chemisiert hier der Verfasser die mit der Weltentstehung verbundenen Prozesse, deren Verursacher der christlich-trinitarische
Gott ist. Am Anfang der „Schoepffung der Welt" stehe ein Teilungsprozess.
Doch im Gegensatz zur biblischen Genesis, nach der Gott das Licht von der
Finsternis scheidet,[642] wird hier die „Erste Separation an den vier Elementen"
durchgeführt, nämlich aus der „Prima materia Mundi" als „einiger Chaos". Aus
diesem ‚Chaos' wird das Ganze der großen Welt („Maiorem Mundum") erschaffen durch die Scheidung der vier Elemente „Fewr/ Lufft/ Wasser/ vnd Erden"
und der ihnen zugewiesenen Primärqualitäten ‚heiß', ‚kalt', ‚nass' und ‚trocken'
– wie es weiter im Text heißt – ein in diesem Zusammenhang für die Naturkunde
der Frühen Neuzeit durchaus üblicher Rückgriff auf die aristotelische Elemen-
ten- und Qualitätenlehre. Weiter führt der Autor die näheren Geschehnisse um
die Weltschöpfung nicht aus, denn es solle nicht „von Scheidung der Elementen
aller natuerlichen dingen hier zu Tractieren" sein, „sonder die Separation
nauerlicher dingen", d.h. der „Materialisch[en] vnd Substantialisch[en]" wie
bspw. der Metalle.

Die Welterschaffung aus dem ‚Chaos' durch eine ‚Separation' dient dem
Autor als Analogie für den „Alchimistischen Proceß"[643]: Auch der Alchemiker
sei Separator und die Materie, die es zu teilen gelte, sei nichts weiter als „chaos".
Bei den natürlichen Dingen (von der Natur hervorgebrachte Materie) sei alles „in
Einem Corpus" und in „nur ein Einige Matery griffen vnd gesehen". Innerhalb
dieses Körpers, der nach außen als eine einheitliche Materie gesehen werden
könne, sei alles „vnder einander vermischt" wie beispielsweise die drei Prinzipien „Mercurius, Sulphur vnd Sal"[644], die „Quinta Essentiae"[645] sowie die Ele-

---

[641] Möglicherweise geschah dies aus Kenntnis der Augustinischen Schrift *De Genesi contra*
       Manichaeos I, 5-7. – Vgl. dazu Anm. 638.
[642] *Genesis* 1, 4.
[643] Hier gemeint die Herstellungsverfahren: „Distillieren/ Resoluieren/ Putrificieren/ Extrahieren/
       Calcinieren/ Reuerberieren/ Sublimieren/ Reducieren/ Coagulieren/ Pulverisieren/ Lauieren."
       (Ps.-Paracelsus: *De natura rerum*, S. 316).
[644] Zur paracelsischen Tria prima und ihren Wirkweisen als Materia prima siehe Kapitel 2.3, hier
       vor allem 2.3.1. – Allein die Nennung der Tria prima entlarvt einen Verfasser als Paracelsisten.
       So wundert es wenig, dass der Autor unter Paracelsus' Namen den Text publizierte.
[645] Zentralbegriff der Alchemia medica der Frühen Neuzeit.

mente. Erst der „Proceß der Seperation", einer „Scheidung Puri ab Impuro"[646], und die „teglich Erfahrung/ in Kunst Alchimia" zeige die Vermischung der Inhaltsstoffe an, die in einem Körper liegen. ‚Chaos' der natürlichen Dinge wäre demzufolge der „natürliche" Zustand, in dem sich die uns umgebende sichtbare Materie befindet.

Mithilfe dieser Analogie und der mit ihr verbundenen indirekten Forderung einer Imitatio naturae lassen sich Rückschlüsse auf die Eigenschaften des weltanfänglichen Chaos als Materia prima ziehen: Vergleichbar dem Chaos der natürlichen Dinge, an denen der Mensch als „Separator" alchemische Prozesse durchführe und die darin enthaltenen Substanzen „ein jedes sonderlich vom andern [...] Anatomiert vnnd [scheidet]", ist auch das weltanfängliche Ur-Chaos aufzufassen, dessen chemisierter Separator der christliche Schöpfergott sei und es in aristotelischer Manier in die verschiedenen Dinge der Welt teilt. Die Analogie mit Ps.-Paracelsus[647] umgekehrt vollzogen, würde das weltanfängliche ‚Chaos' als ‚Materia prima' eine primordial heterogene mit- und ineinander vermengte Masse sein, in der alle „verbundenen und gefangenen dinge" bereits enthalten wären, und aus der die natürlichen Dinge der Welt geschöpft worden seien, wobei diese Masse keine für uns sichtbar „Materialische vnd Substantialische" sei.

2.8.3   Chaos als Materia prima bei Valentin Weigel

Als „vnsichtbar" und „vngreiflich" beschreibt auch der verkezerte Physikotheologe und Paracelsist Valentin Weigel[648] seinen ‚Chaos'-Begriff und identifi-

---

[646] Vielfach kolportierte Formel in der Alchemia medica der Frühen Neuzeit und Kernmotiv speziell der paracelsischen Arzneimittellehre. Vgl. dazu bspw. Paracelsus: *Opus Paramirum* (wie Anm. 83), Tl. 1, S. 82: „Lehrn Alchimiam, die sonst Spagyria heist: die lehrnet das falsch scheiden von dem gerechten"; ebenso Paracelsus: *Labyrinthus medicorum* (wie Anm. 83), Tl. 2, S. 214: „[...] sehend was Alchimia für ein kunst sey: Gleich die kunst ists/ die das vnnütz vom nützen thut [...]".

[647] Im Gegensatz zu Pseudo-Paracelsus gebraucht Paracelsus den ‚Chaos'-Begriff für Verschiedenes, nicht jedoch für Materia prima. Vgl. bspw. Paracelsus: *Paragranum* (Tl. 2, S. 124 f): „Also ist die Natur vnd Mysterium derselbigen/ daß der Chaos hebt und tregt das Gestirn/ Sonn vnd Mon: Wir sehend diesen stuel nit/ noch diesen treger." – Ausführungen darüber, wofür Paracelsus den ‚Chaos'-Begriff gebraucht siehe Pagel (1962): Das medizinische Weltbild des Paracelsus (wie Anm. 9). Wiesbaden, S. 50-52.

[648] Zu Valentin Weigel siehe Anm. 413.

ziert diesen in seinen theosophisch-naturkundlichen Genesisexegesen *Natürliche Auslegung von der Schöpfung* (1577)[649], *Viererlei Auslegung von der Schöpfung* (1577/1582)[650] und *Vom Ursprung aller Dinge* (1577)[651] mit ‚Materia prima'. Dabei sind ‚Unsichtbarkeit' und ‚Nichtgreifbarkeit' keine allein seinem ‚Chaos'-Begriff als ‚Materia prima' vorbehaltenen Eigenschaften, sondern sie begleiten seine der Welterschaffung zugrunde liegende Gedankenfigur ‚die sichtbaren leiblichen Dinge entstehen aus den unsichtbaren geistigen'[652]. Seine Genesisexegesen orientieren sich am biblischen Schöpfungsbericht, aber auch an den verstreuten Aussagen zur Weltentstehung im *Corpus Paracelsicum*[653]. So verwendet Weigel für ‚Materia prima' auch andere Synonyme, wie ‚Mysterium Magnum' und ‚Samen', die nicht strikt voneinander zu trennen sind und die er ebenfalls mit den Prädikaten ‚Unsichtbarkeit' und ‚Nichtgreifbarkeit' charakterisiert.

Ebenfalls gleichen sich die einzelnen Weigel'schen ‚Materia prima'-Synonyme in der Anlage der Weltentstehung: Verursacher der „prima materia" sei stets der christliche Schöpfergott (wie bei Ps.-Paracelsus der *De natura rerum*) im Gewand eines (chemisierten) Scheidekünstlers, der die Tagewerke durch Scheidung der vorhergehenden entstehen lässt.[654] Am Anfang dieses Scheideprozesses stehe die „erste materia", die „auf keine qualitet genaturet | ward, auf keine art der geschöpffe" und die alles in sich „verborgen" habe (besonders deutlich konzentriert sich diese Eigenschaft im Terminus ‚Mysterium magnum'[655]). Weigels ‚Chaos'-Begriff grenzt sich von seinen anderen ‚Materia

---

[649] Weigel, Valentin: *Natürliche Auslegung von der Schöpfung.* In: Valentin Weigel: Sämtliche Schriften (wie Anm. 415), S. 145-194.

[650] Weigel, Valentin: *Viererlei Auslegung von der Schöpfung*, S. 195-389.

[651] Da *Vom Ursprung aller Dinge* (1577) nahezu identisch ist mit der vierten Auslegung der *Viererlei Auslegung von der Schöpfung*, wird sie hier nicht explizit behandelt, sondern im Zuge der Darlegungen über die *Viererlei Auslegung* besprochen.

[652] Weigel: *Natürliche Auslegung von der Schöpfung*, S. 193: „Es soll aber aus diesem büchlein vntter andern auch das gelernet werden, nemlichen, das alle ding aus dem nichts zu etwas kommen, aus dem vnsichtigen in das sichtige". Dieser Gedanke findet sich auch im *Informatorium* (II, 11+12: „Dann vor allen dingen hatt Gott geschaffen das vnsichtbare, darnach das Sichtbare leibliche. Dann nichts leiblichs Jst von sich selbsten, Es kommet auß den vnsichbaren Wesen, [...]") und in der *Viererlei Auslegung* (II, III, 1+3, hier Überschrift) und in *Ursprung aller Dinge* IV, S. 15.

[653] Weigel bedient sich sowohl in Paracelsica wie dem *Opus Paramirum* oder der *Astronomia magna* als auch in pseudo-paracelsischen Schriften wie der *Philosophia ad Athenienses*.

[654] „Den aus dieser dunckeln finsternis ward geschieden das feuer [...] aus diesen waßern, feuer vndt lufft kam herfur das Meerwaßer, durch die scheidung", Weigel: *Natürliche Auslegung von der Schöpfung*, S. 147.

[655] Siehe Kapitel 2.9 zum ‚Mysterium magnum'.

prima'-Synonymen durch dessen nähere Beschreibungen ab: Es sei „ein beschlus vndt begriff aller geschöpffen, ein chaos", darin alles „beisamen vermenget" sei als „ein vnförmliches vngestaltetes wesen". Damit steht Weigel mit seinem ‚Chaos'-Begriff durchaus in der Tradition antiker Kosmogonie-Vorstellungen eines qualitätslosen[656] sowie unsichtbaren, ungeordneten, formlosen und vermengten Chaos[657]. Doch greifen ebenso von Weigel rezipierte Zeitgenossen wie (Ps.-)Paracelsus oder auch Martin Luther[658] auf diese Traditionen des ‚Chaos'-Begriffs zurück. Auch die Darstellung als „ein dunckel düster ding, wüste vnd leer"[659] ist bei Weigel unter den ‚Materia prima'-Begriffen nur dem ‚Chaos' zugeordnet und erinnert an das hebräische ‚tohu wa bohu' des Alten Testaments, das Luther in seiner Gensisvorlesung mit 'wüste' und 'leer' übersetzte und als einen „unordentlichen und unförmlichen Klumpen vermenget" umschrieb.[660] Diese Eigenschaft zeigt Weigls ‚Chaos' als eine vorschöpferische Leere, die durch „manchfeltiger scheidung"[661] sichtbar wird.

Eine besondere Beachtung lohnt Weigels Darstellung des Chaos als Wesen[662]: Der Theosoph verweist explizit auf die Apokryphe *Weisheit* 11,17, wo es heiße: „Denn es mangelte deiner allmächtigen Hand nicht (welche hat die Welt geschaffen aus ungestaltetem Wesen) [...]". Hier bedient er sich einerseits im christlich-theologischen Lehrgutfundus. Andererseits schwingt hier gleichzeitig der aus der Antike ererbte auf Platons *Timaios* [30b] zurückgehende Gedanke

---

[656] Vgl. dazu Origines: *De principiis*, II, 1: „Haec tamen materia quamvis secundum suam propriam rationem sine qualitatibus sit, umquam tamen subsistere extra qualitatem invenitur"; sowie Augustinus: *De trinitate*, VIII, 358c: „Hylen dico quandam penitus informem et sine qualitate materium, unde istae, quae sentimus qualitates, formantur".

[657] Vgl. dazu Anm. 638.

[658] Weigel orientiert sich in Teilen an der *Großen Genesisvorlesung* Martin Luthers (siehe dazu Horst Pfefferl: Einleitung. In: Valentin Weigel: Sämtliche Schriften. Ed. Ders. Bd. 11, S. XCIV). Vgl. dazu bspw. Martin Luther, der schreibt, dass „GOtt diese erste Materie [...] geschaffen" hat. Diese werde „geformet und gleichsam ausgearbeitet, poliret und unterschieden", sie war „erstlich ineinander vermenget, grob und unförmlich" sowie ein „wesentlich Ding". In: Luther, Martin: *Auslegung des ersten Buches Mose*. In: Dr. Martin Luthers Sämtliche Schriften. Hg. v. Georg Walch. Bd. I: Auslegung des ersten Buches Mose. Groß Oesingen 1986, S. 9f. Luthers Verteidigung des ‚Creatio ex nihilo'-Dogmas geht auf Augustinus zurück (Vgl. dazu Delius, Hans-Ulrich Delius (1992): Die Quellen von Martin Luthers Genesisvorlesung. München, S. 18). Weigel könnte diese Vorstellung von Luther oder auch direkt von Augustinus haben.

[659] Weigel: *Natürliche Auslegung*, S. 172.

[660] Luther: *Auslegung des ersten Buches Mose*, S. 9f.

[661] Weigel: *Natürliche Auslegung*, S. 172.

[662] Ebd., S. 160. – Eine beachtenswerte Komponente, die beim ‚Materia prima'-Begriff als ‚Ens primum' selten ist. Vgl. dazu Kapitel 2.6 über das ‚Ens primum'.

der ‚Welt als ein Wesen' mit, wo der Weltanfang aus Geist, Seele und Körper zusammengefügt das κόσμον ζῷον bilde. Nicht unwahrscheinlich ist, wenn dieser Gedanke ebenso von Platon inspiriert wäre, zumal Weigel auch aus Platons Ideengut geschöpft hat,[663] auch wenn Weigel hier Platon als Quelle nicht angibt. Der Verweis auf Platon ist jedoch insofern wichtig, als dass eben diese Formel der ‚Welt als ein Wesen' in naturkundlichen Schöpfungslehren im Zusammenhang mit dem Begriff ‚Materia prima' nicht selten auftaucht, ohne jedoch einen Verweis auf die oben zitierte Apokryphe.

Ähnlichen Vorstellungen begegnet man auch im *Corpus Hermeticum*, das Weigel ebenfalls als Quelle diente.[664] Im XI. und XII. Traktat wird der Kosmos als Lebewesen beschrieben.[665] Flankiert wird diese Vorstellung im XII. Traktat von der leicht umformulierten Formel des *Asclepius-Hermes-Dialog* ‚Totum unum et ex uno omnia'[666], eine Gedankenfigur die auch Weigel in seine ‚Materia prima'-Charakteristik einbindet, denn „alle dinge waren ein ding [...] daraus alle dinge seint herfur kommen"[667]. Die Anwendung dieses hermetischen Einheitsgedankens im Rahmen frühneuzeitlicher Materia-prima-Lehren ist durchaus keine Seltenheit und für Weigel naheliegend, da sein Konstrukt einer ‚Welterschaffung durch einen Schöpfer' bzw. ‚der Weltentstehung aus einer Materie' eine solche Einheitsformel geradezu verlangt. Diese Formel ermöglicht Weigel sowohl ein christlich-theologisch als auch naturkundlich tingiertes Chaos als eine metaphysisch existente Materia prima, einer vor der Schöpfung der sichtbaren Welt „vnsichtbar" und „vngreiflich" und dabei bereits „ein beschlus vndt begriff aller geschöpffen" zu sein.

---

[663] Pfefferl, Horst: Einleitung [zum *Informatorium*]. In: Valentin Weigel: Sämtliche Schriften. Ed. Ders. Bd. 11, S. LXV.

[664] Siehe ebd., S. LXXIX, wo Pfefferl auf Weigels wörtliches Zitat in der *Natürlichen Auslegung* aus dem *Corpus Hermeticum* hinweist.

[665] *Das Corpus Hermeticum Deutsch* (wie Anm. 323), XI, 4; XII, 16.

[666] Die Formel ‚Totum unum et ex uno omnia' des *Asclepius-Hermes-Dialogs* (und ähnlich im XII. Traktat des *Corpus Hermeticum*) hat Ficino durch seine Übersetzung frühneuzeitlichen Naturkundlern zugänglich gemacht.

[667] Weigel: *Natürliche Auslegung*, S. 160f.

2.8.4 Chaos als Materia prima bei Heinrich Khunrath

Das Exempel schlechthin für die gewichtige Bedeutung des ‚Chaos'-Begriffs in enger Verbindung mit dem Begriff ‚Materia prima' mag Heinrich Khunraths[668] Traktat *Vom Hylealischen, Das ist/ Pri-materialischen Catholischen Oder All- gemeinen Natürlichen Chaos*[669] sein. Darin entwickelt der bekannte Leipziger Arzt und Paracelsist eine theosophische Alchemie, indem er Elemente der Bibel, der Kabbala,[670] Alchemie, Medizin, Magie und Geschichte miteinander ver- mengt. Dabei strebt Khunrath eine ganzheitliche Weltanschauung an,[671] bei der Gott und die Natur mit dem Menschen stets in inniger Wechselbeziehung stehen.

Im *Hylealischen Chaos* ist Dreh- und Angelpunkt dieses Weltbildes ein „PRI-MATERIALISCH und aller erstes Weld=anfangs Chaos"[672], welches „der Allein Eine Dreyeinige Gott/ Vater, Sohn und Heil[ige] Geist/ am Anfang durch das Wort/ aus Nichts erschaffen" hat. Wie bei anderen Autoren, die den ‚Materia prima'- mit dem ‚Chaos'-Begriff in Verbindung bringen, ist auch bei Khunrath ‚Chaos' religiös konnotiert, nah am biblischen Schöpfungsbericht in *Genesis* 1,2. Von einem christlich-trinitarischen Schöpfergott Creatio ex nihilo erschaffen, begreife das Chaos „Himmel/ Erde und Wasser" als „zusammen vermischten wässerigem finsterem Abgrunde oder Tiefe" auf dem der „Geist des HErrn [...] schwebete"[673]. Nicht gleichzusetzen sei für Khunrath das Chaos mit dem bibli- schen „Tohu va Bohu, das ist noch Wueste und Leer"[674]. Gleichzeitig werden antike ‚Chaos'-Vorstellungen wie die Ovid'schen herbeizitiert, wonach das Cha- os „ein durch einander gemengter Klump/ etlicher ungleicher Dinge"[675] sei.

---

[668] Zu Heinrich Khunrath siehe Anm. 431.

[669] Khunrath, Heinrich [1708]: *Vom Hylealischen, Das ist/ Pri-materialischen Catholischen Oder Allgemeinen Natürlichen Chaos* (wie Anm. 432).

[670] Unklar ist, wann und wie Khunrath Kenntnisse über die Kabbala gewann. Sie scheinen laut Telle ausschließlich aus der *Artis cabalisticaescriptorum tomus I* (1587) des Johann Pistorius zu stammen. Siehe dazu Telle, Joachim (1986b): Khunraths Amphitheatrum – ein frühes Zeugnis der physikotheologischen Literatur. In: Mittler, Elmar (Hg.): Bibliotheca Palatina. Katalog zur Ausstellung vom 8. Juli bis 2. November 1986 Heiliggeistkirche Heidelberg. Textband. (= Heidelberger Bibliotheksschriften 24). Heidelberg, S. 346.

[671] Gruber, Elmar R.: Einführung. In: Khunrath, Heinrich: *Vom Hylealischen Chaos.* (wie Anm.432), S. XI.

[672] Khunrath: *Vom Hylealischen Chaos*, S. 1.

[673] Ebd., S. 2.

[674] Ebd., S. 38.

[675] Ebd., S. 1, FN d. – Vgl. dazu Ovids *Metamorphosen* (wie Anm. 638), 1, V. 3f.: ‚Chaos' als ‚roher und ungeordneter Klumpen', ‚untätige Last' und ‚zusammengewirrte und misshellige Samen

Das Ganze der raum-zeitlichen Welt gehe aus diesem Chaos hervor, weil es die Potenz enthalte, sich in die Dinge der „Grossen Welt" zu „erbaue[n]".[676] Möglich sei es dadurch, dass der Geist Gottes („Ruach Elohim") dieses Chaos „animiret und impraegniet, geseeliget und geschwaengert"[677], seine Denkinhalte in das „Weld=anfangs Chaos" überführt habe. Darin sei „die erst Materie, daraus alle Materialischen Dinge gemacht seynd"[678]. Dabei ist die Vorstellung der ‚Materia prima' bei Khunrath mit der des ‚Chaos' nicht vollkommen kongruent: Zwar sind beide Begriffe auf das Engste miteinander verbunden, jedoch nicht miteinander gleichzusetzen. Das weltanfängliche Chaos beinhaltet die „Materia Mundi Prima, die Erste erschaffene der Weltanfangs-Materia, sampt aller Materialischen Dingen darinnen"[679]. Die Materia prima selbst ist jedoch nicht identisch mit diesem Chaos, das ein von Gott erschaffener Ort allen noch zu erschaffenen Werdenden ist. Dem Khunrath'schen Chaos kommt Primaterialität als Eigenschaft nicht als Identität zu.

Zu allen Formen des „Weltkreises" kann sich diese „Primaterialität" erst durch eine Aktivierung eines „Hauchens des HErrn/ des Dreyeinigen Gottes"[680] entwickeln. Dieser Hauch enthalte den „Geistlichen Feuer=Funken/ oder feurigen Geist=Fuencklein der Seele der Welt/ das ist/ der Natur/ Ja des Lichts der Natur"[681]. Dieser Hauch mache erst alle „Natürlichen/ Materialischen/ Vegetabilischen/ Animalischen/ Mineralischen/ und Himmlischen Dingen Kraeffte/ Tugenden und Wuerckungen" möglich. Das primaterialische Chaos ist demnach nicht allein durch ihre Erschaffung aktiv und zur selbstständigen Entwicklung fähig. Es müsse durch den „Geist des HErrn", der ein „Mittler/ zwischen Materia und Forma, Leib und Seel"[682] sei, zusätzlich „animiret/ geseeligt [...] impraegniert oder geschwaengert" werden. Dabei ist die Form, die dem primaterialischen Chaos impraegniert wird, eine „vollstaendige sich selbst bewegende und

---

uneinträchtiger Dinge'. Ovid erscheint als Bezug bei der Bildung des ‚Chaos'-Begriffs als nicht unwahrscheinlich, zumal Khunrath im *Hylealischen Chaos* aus Ovids *Metamorphosen* zitiert.

[676]   Khunrath: *Vom Hylealischen Chaos*, S., S. 1.

[677]   Ebd., S. 2.

[678]   Ebd., S. 35.

[679]   Khunrath: *Vorrede und Apologie deß Autors*. In: Ders.: *Vom Hylealischen Chaos*, S. XX 2.

[680]   Khunrath: *Vom Hylealischen Chaos*, S. 40.

[681]   Ebd. – Das Erkennen des ‚Lichts der Natur' (lumen naturae) offenbart Khunrath den in den Dingen verborgenen Geist und ermöglicht so die Erkenntnis Gottes. Dadurch wird die theosophisch-alchemische Naturforschung zum Gottesdienst Evolutionsauftrag. Siehe dazu Gruber, Elmar R.: Einführung, S. X. – Vgl. zum Begriffskomplex ‚Licht der Natur' Anm. 319.

[682]   Ebd., S. 39.

lebendigmachende Krafft des wahren Motus Perpetui"[683]. Das primaterialische Chaos wird also erschaffen, danach aktiviert bzw. materialisiert und wirkt fortan in Materie als selbstständige Wirkkraft fort.

Diese sich überlagernden ‚Chaos'-Vorstellungen laufen bei Heinrich Khunrath in Struktur und Begriff des ‚Philosophischen Steins' zusammen, eine alchemische Universalarznei als „symbolische Contrafactur und ein natürlich-leibliches Ebenbild der übernatürlich-geistigen Universalarznei (Jesus Christus)"[684]. Dieser Philosophische Stein enthält als „Symbol für die Fülle aller Möglichkeiten, die materialisiert zur Erscheinung kommen können"[685] das ‚primaterialische Chaos'[686] und damit die Potenz der Materie, jede Form annehmen zu können. Dabei kommen diesem ‚Philosophischen Stein' denn auch die in naturkundlichen Texten der Frühen Neuzeit üblichen Prädikate der ‚Materia prima' zu: Er sei „dem eussern Ansehen/ Figur/ Form und Gestalt nach/ nur allein Ein Ding [...] Das in sich selbst Alles hat"[687] und „noch nicht [...] specificiret" in eine „Special Form/ Art und Eigenschafft"[688] und deswegen auch „der Philosophen Universal= und Grosse Stein"[689] sei. Er sei „In und Aus Sich Selbst gar gnug zu seiner Vollkommenheit"[690], „nur Ein Ding/ Eine Medizin, Ein Stein/ in deme die gantze Meisterschafft bestehet/ und vollbracht wird/ deme wir kein eusseres oder frembdes Ding zusetzen".[691]

Es bedarf einer (alchemischen) Meisterschaft eines Adepten, einer der großen göttlichen Weltschöpfung des ‚weltanfänglichen Chaos' entsprechenden alchemischen „Kunst und Arbeit", um den Philosophischen Stein in das „vollkommene Elixeir" zu bewegen, denn „er hat aber also/ für sich/ durch sich selbst/ keine wuerckliche Bewegung"[692]. Den biblischen Auftrag Gottes an den Menschen, sich die Welt Untertan zu machen,[693] interpretiert Khunrath als Auftrag, den Philosophischen Stein zu finden und ihn zur Vollendung zu bringen, d.h.

---

[683]   Khunrath: *Vom Hylealischen Chaos*, S.40.
[684]   Telle: Khunraths Amphitheatrum, S. 346f.
[685]   Schmidt-Biggemann, Wilhelm (2013): Geschichte der christlichen Kabbala, S. 3.
[686]   Khunrath: *Vom Hylealischen Chaos*, S. 5f.
[687]   Ebd., S. 6f.
[688]   Ebd., S. 93.
[689]   Ebd.
[690]   Ebd., S. 7.
[691]   Ebd., S. 8.
[692]   Ebd., S. 7.
[693]   *Genesis* 1,28.

eine Universalarznei herzustellen. Als Alchemiker, der in die göttlichen Geheimnisse der Schöpfung eingeweiht sei – dadurch dass auch der Mensch durch
den Geist Gottes „animiret und impraegniret, geseeliget und geschwaengert" sei
– vollzieht sich „die Struktur der Schöpfung [...] für Khunrath theosophisch-
kabbalistisch"[694], während der ‚Materia prima'-Gedanke ihm Rechtfertigung und
auch die Möglichkeit liefert, die Schöpfung Gottes als Adept nachzuahmen.

2.8.5   Schlussbemerkung

In naturkundlichen Schriften wird nicht selten der biblische Schöpfungsbericht
und dessen Vorgänge chemisiert und als Folie auf laborantische Prozesse übertragen. Das anfängliche Schöpfungschaos gleiche einer primateriellen Urmasse,
die zwar ungeordnet, doch auch noch unprägniert und qualitätenlos sei, in belie-
bige Materie gewandelt werden könne. Die Kunst läge darin, diese Urmasse den
eigenen Wünschen entsprechend formen zu können. Das Geheimnis liege im
Wissen um die einzelnen Arbeitsschritte. Dabei wird der biblische Schöpfungsbericht als Verschlüsselung alchemischen Laborierens gelesen, bei der das große
Geheimnis der Materialisation der Welt in der Fähigkeit der richtigen Separation
– und damit Ordnung der Dinge – liege. Beherrscht man die Separation, beherrscht man die Mutation von Materie. So geht man bei der Vorstellung der
Ersten Materie als Chaos davon aus, dass alle sichtbare Materie aus miteinander
vermischten Substanzen bestünde.

    Das Beachtenswerte des ‚Materia prima'-Begriffs als ‚Chaos' ist, dass
hier vornehmlich Eigenschaften der inneren Zusammensetzung von Materie eine
Rolle spielen und nicht die der äußeren. Es geht nicht darum, wie Materie in
Kontakt mit anderer Materie reagiert, ob sie raucht oder ausfällt, klumpt oder
sich verflüssigt. Sondern es geht um die inneren Bestandteile von Materie, ihre
Qualitäten und Elemente, die in der Materie miteinander vermengt seien. So soll
Materie, damit sie den gewünschten Zweck erfülle, zunächst zerlegt und schließlich in ihre einzelnen Bestandteile separiert werden, und zwar ‚Puri ab Impuro' –
das Reine soll vom Unreinen bzw. das Nützliche vom Unbrauchbaren getrennt
werden. Erst die Scheidung bringe die Eigenschaften der Materie zum Vor-

---

[694] Schmidt-Biggemann, Wilhelm (2013): Geschichte der christlichen Kabbala, S. 3.

schein. So muss diese erst vollzogen werden, um einer (neuen) Materie mit gewünschten Eigenschaften eine Form geben zu können, d.h. hier neu zusammenzusetzen. Diese Materie schließlich erfülle die jeweils gewünschten Zwecke, sei
es als Universalarznei, transmutiertes Metall oder als sagenumwobener ‚Stein der
Weisen'. In neuer Form habe die Materie schließlich wieder ein einheitliches
Äußeres eines Einzelobjekts.

Im Rahmen dieser Materie-Anschauungen ist die Khunrath'sche Vorstellung von einer durch Gott einmalig aktivierten Materie besonders bemerkenswert: Materie wird selbst tätig. Zwar benötige sie eine Aktivierung durch
den christlich-trinitarischen Gott – auch, weil sie aus sich nicht zur selbstständigen Entwicklung fähig sei und ihr als qualitätenlose und unimprägnierte Materie
die für sie notwendigen Eigenschaften dazu fehlen –, doch muss sie nicht mehr
wiederholt von einem ‚unbewegten Beweger' aktiviert werden. So wird passive
Materie selbstständig und dynamisch, indem sie mit Aktivität, Eigenbewegung
und Eigenschaften zur eigenständigen Entwicklung ausgestattet wird.

2.9   Mysterium magnum

[Primärtexte: Ps.-Paracelsus: *Philosophia ad Athenienses*; Valentin Weigel: *Natürliche Auslegung
von der Schöpfung, Viererlei Auslegung von der Schöpfung, Vom Ursprung der Dinge*]

> Nos ex nihilo creata à Deo cuncta scimus,
> Paracelsus ex mysterio magno,
> (Sic nominat materia primam)
> res omnes prodijsse,
> non per creationem, sed per secretionem.[695]

2.9.1   Mysterium magnum als Materia prima bei Ps.-Paracelsus der
Philosophia ad Athenienses

Die Identifikation von ‚Materia prima' mit dem Begriff ‚Mysterium magnum'
nimmt ihren Anfang wohl in der deuteroparacelsischen[696] *Philosophia ad*

---

[695] Erastus, Thomas (1571/73): *Disputationes De Medicina Nova Philippi Paracelsi*. Basel: Perna,
S. 4.

Athenienses[697], eine bei vielen Theoalchemikern beliebte Schrift.[698] Hierin wird im Rahmen eines monistischen Materialismus ein chemisierter Schöpfungsprozess formuliert. Der Verfasser der Schrift subsummiert alle mit dem Urgrund der raum-zeitlichen Welt zusammenhängenden Vorgänge unter den Begriff ‚Mysterium magnum', welchen er mit der Ersten Materie gleichsetzt: Es „[...] soll verstanden werden/ dz alle Geschoepff auß Einer Materien kommen/ vnn nit eim jedlichen ein eigens gegeben. Diese Materia aller ding/ ist Mysterium Magnum [...]. Alß nuhn ein solches Mysterium [...] ist doch die Erste Materi gewesen [...]"[699]. Dabei entsprechen die Prädikate, die dem Mysterium magnum zugeschrieben werden, den in frühneuzeitlichen Schöpfungslehren häufig präsenten Charakteristika und zeigen durchaus gängige Auffassungen von dieser Materia prima: Das Mysterium magnum hat weder „begreiffligkeit" noch „Wesen" noch ein vorgeformtes „Bildtnuß", ist „mit keiner Eigenschafft incliniert" und ist gleichsam die „Materia aller ding". Das Mysterium magnum ist dasjenige, aus welcher sich alle Dinge entwickeln und beschreibt eine Überführung von Denkinhalten eines chemisierten Schöpfergottes in Seinsinhalte als „zergenglich[e] Wesen" und „tödtlich[e] ding" mithilfe „Einer Schöpffung/ Substantz/ Materi/ Form/ Wesen/ Natur vnnd Jnclinierung".

---

[696] Eine Dokumentierung der Echtheit fehlt. Johannes Huser fügte in seiner Gesamtausgabe von 1589/1591 [Johann Huser (1605): An den Leser. In: Paracelsus: Chirurgische Bücher vnd Schrifften [...]. Appendix. Hg. von Johann Huser. Straßburg, S. Qqq 1ᵛ] die Randnotiz „[e]x impresso antea Exemplari Colonienses" hinzu; also die von Birckmann herausgegebene Kölner Ausgabe von 1564, die Huser für seinen Druck verwendete, nicht aber die Handschrift seines Lehrers Monatanus. Dies spricht dafür, dass schon Birckmann nicht die Handschrift des Montanus vorlag. Er macht keine weiteren Angaben über die Herkunft dieser Schrift, so dass deren Quelle nicht beglaubigt ist. Deswegen und aufgrund der Tatsache, dass in der *Philosophia ad Athenienses* von Paracelsus in der 3. Person gesprochen wird – was für paracelsische Schriften sehr ungewöhnlich wäre – kommt auch Sudhoff zu dem Schluss, dass es sich hier um eine „recht suspecte Schrift" handle [Sudhoff, Karl (1894): Versuch einer Kritik der Echtheit der Paracelsischen Schriften I. Theil: Die unter Hohenheim's Namen erschienenen Druckschriften. Berlin, S. 101f., S. 398f.]. Ausführlich dazu: Dück, Katharina (2009b): Transformationen des paracelsischen Prima-Materia-Begriffes in der „Philosophia ad Athenienses" (wie Anm. 24).

[697] Ps.-Paracelsus: *Philosophia ad Athenieses*. In: Paracelsus: *Bücher vnd Schrifften* (wie Anm. 83), Tl. 8, S. 1-47. – Der Titel der Schrift nimmt wahrscheinlich auf die klassische Periode der antiken Philosophie Bezug, welche durch die „großen" Philosophen Athens Sokrates, Platon und Aristoteles bestimmt war. Dass sich diese auch mit der Frage nach dem Urgrund (archē) und dem Urgesetz (logos) der Welt und ihrem Einheitsgrund beschäftigten, macht sie als fiktiven Adressaten wahrscheinlich.

[698] Kühlmann/Telle: Corpus Paracelsisticum I (wie Anm. 11), S. 12.

[699] Ps.-Paracelsus: *Philosophia ad Athenienses*, S. 1.

Eine Besonderheit des ‚Mysterium magnum'-Begriffs als ‚Materia prima' in der *Philosophia ad Athenienses* ist, dass die Dinge der raum-zeitlichen Welt nicht lediglich *aus* dem Mysterium magnum – im Sinne eines Wachstumsprozesses – sondern *in* diesem Mysterium magnum entstehen: Es ist „[a]ller geschaffnen dingen [...] einiger Anfang", in welchem „geboren seindt alle Geschöpff"; es ist „ein Mutter gewesen aller Elementen" und „die Materia aller ding". Das Mysterium magnum wird als ein Raum beschrieben, in welchem alles Werdende einen Ort des Erschaffens enthält. Vergleichbare kosmogonische Vorstellungen vom Ort des Erschaffens bündeln sich bei Paracelsus im Begriff ‚Matrix' beispielsweise im *Opus Paramirum*.[700] Darin wird die Matrix als das wesentliche Medium beschrieben, in dem etwas geschaffen wird und ebenfalls mit dem Begriff der ;Mutter' verknüpft. Die paracelsische Materia prima (der Weltschöpfung), aus der etwas erschaffen wird, befinde sich in einer Matrix. Eine ähnliche Gedankenfigur wird vom Autor der *Philosophia ad Athenienses* für seine Konzeption des ‚Mysterium magnum'-Begriffs verwendet und gleichzeitig mit gängigen Vorstellungen von der Materia prima – weder „begreifflikeit" noch „Wesen" noch ein vorgeformtes „Bildtnuß", „mit keiner Eigenschafft incliniert", aber eine „Materia aller ding" – imprägniert.

Der Verfasser der Schrift scheint sich beim „echten" Paracelsus bedient zu haben. Dafür spricht auch der Begriff ‚Mysterium magnum' selbst. Ansatzpunkt mag der Begriff „mysterium" aus der Schrift *Septem Defensiones* sein. Hierin verwendet Paracelsus den Terminus im Zusammenhang mit der Materialisation der intelligiblen zur realen Welt. Der Begriff ‚Mysterium magnum' knüpft terminologisch an, meint jedoch etwas anderes. In der *Philosophia ad Athenienses* hat das ‚Mysterium magnum' eine vorzeitliche Existenz als ungeschaffene Materie. Hier liegt der wesentliche Unterschied zwischen dem paracelsischen ‚Materia prima'-Begriff und dem hier formulierten ‚Mysterium magnum': Während die Materia prima des Paracelsus durch einen Schöpfungsakt des christlichen Gottes Creatio ex nihilo mit konkreten (stofflichen) Eigenschaften erschaffen wurde, ist das „Mysterium Magnum vngeschaffen von dem hoechsten Kuenstler zu bereittet"[701] durch eine „seperatio" eines Scheidekünstlers im Gewand eines chemisierten Schöpfergottes. Das Mysterium magnum besteht demnach in einer Scheidung

---

[700] Paracelsus: *Opus Paramirum* (wie Anm. 83), S. 1-237.
[701] Ps.-Paracelsus: *Philosophia ad Athenienses*, S. 2.

von Vorhandenem, was vor allem für Paracelsus-Kritiker, die die *Philosophia ad Athenienses* für echt hielten (oder echt halten wollten) Angriffsfläche bot.[702]

Der ‚Materia prima'-Begriff erfährt in der *Philosophia ad Athenienses* eine Dissolution, die sich auf die Funktions- und Wirkungsweise bezieht: Das Mysterium magnum soll so verstanden werden, „dz alle Geschoepff auß Einer Materien kommen/ vnn nit eim jedlichen ein eigens gegeben".[703] So scheint das Mysterium magnum eher der Funktion der paracelsischen Matrix, in der ein Prozess der Entwicklung im Sinne einer Ausbildung verläuft, zu ähneln, als einer der Funktionen der verschiedenen paracelsischen ‚Materia prima'-Begriffe von konkreten Stoffen wie den Tria prima. Paracelsus beschreibt beispielsweise in seinen Ausführungen zur Materia prima als Limbus[704], dass bis zum heutigen Tage jeder seine eigene „prima materia" in sich trage. In dieser Bedeutung ist sie Teil seiner Krankheitsätiologie: Ein Arzt müsse die Materia prima des Menschen kennen, um ihn heilen zu können. Hieran zeigt sich, dass der ‚Materia prima'-Begriff des Paracelsus ein „Durchgangsbegriff" ist. Er ist für ihn insofern wichtig, als dass er durch ihn eine Grundlagentheorie seiner Physiologie und Pathologie, seiner Diagnostik und Therapie und andere wesentliche Aspekte seiner praktischen medizinischen Lehre konstruiert. Das ‚Mysterium magnum' dagegen ist in der *Philosophia ad Athenienses* der zentrale und die Schrift maßgeblich konstituierende Begriff.

‚Mysterium magnum' ist ein kompilatorischer Begriff, für dessen Formulierung offensichtlich Paracelsica als Vorlage verwendet wurden. Die paracelsische Terminologie alldderings wurde umfunktionalisiert, so dass das ‚Mysterium magnum' durch Bedeutungsauslassungen, -veränderungen, -einfügungen zu einer Art „Pachwork-Begriff" wurde. Paracelsisches Gedanken-

---

[702] Vehementester Paracelsus-Gegner war sicher der Heidelberger Mediziner und Theologe Thomas Erastus (1524-1583), der in der *Philosophia ad Athenienses* eine Häresie des schöpfungstheologischen Dogma der creatio ex nihilo sah und in seinen vierteiligen *Disputationes* (siehe Anm. 695) mit Paracelsus/den Paracelsisten abrechnet. Siehe dazu Kühlmann/Telle (1985), S. 265-271, 285-287; Gunnoe (1998); Pagel (1982), S. 311-333; Telle (1986b), S. 98-100; eine Zusammenfassung bieten Kühlmann/Telle (2001): Corpus Paracelsisticum I, S. 11-13. – Weiterer Gegner war Bartholomäus Räußer, der durch seine Schrift „Erklärung und Widerlegung unerhörter Gotteslästerung und Lügen, welche Paracelsus in drei Büchern Philosophiae ad Athenienses hat wider Gott, sein Wort und löbliche Kunst der Arzney ausgeschüttet" (1570) ein Verhör des „collegium medicorum sectae Paracelsi" durch den Görlitzer Magistrat in Kirchenangelegenheiten ausgelöst hat.

[703] Ps.-Paracelsus: *Philosophia ad Athenienses*, S. 1.

[704] Paracelsus: *Opus Paramirum*, bspw. S. 204. – Vgl. zum ‚Limbus'-Begriff auch Kapitel 2.4.

gut wurde zusammengetragen und mit anderen Ideen vermengt, um vielleicht mithilfe des großen historischen Namens, der Marke Paracelsus, als Autorisierung eigene Tendenzen im Großgeschäft Alchemie zu etablieren oder „Paracelsus" lediglich als Alibi zu verwenden. Doch bleibt der Materie-Begriff der *Philosophia ad Athenienses* recht vage: Die Erste Materie scheint weder aktiv noch passiv zu sein. Sie ist nicht bloße Möglichkeit, enthält jedoch durchaus Möglichkeiten für Gestalten bzw. Formen. Demnach hat die Erste Materie als Mysterium magnum zumindest den Trieb zur Gestalt. Gleichzeitig macht gerade diese Vagheit sie rezeptionsgeschichtlich relevant. Gerade die Materia prima als Mysterium magnum wurde von Paracelsisten wie Gerhard Dorn[705] und Anti-Paracelsisten wie Thomas Erastus und Bartholomäus Räußer vielfach kommentiert und kolportiert. Nicht zuletzt wurde der Begriff ‚Mysterium magnum' Vorbild für Jakob Böhmes Genesis-Exegese.[706]

2.9.2   Mysterium magnum bei Valentin Weigel

Starke Anziehungskraft übte der Begriff ‚Mysterium magnum' der *Philosophia ad Athenienses* auch auf den Physikotheologen Valentin Weigel[707] aus. In seinen theosophisch getränkten, naturkundlich orientierten Genesisexegesen *Natürliche Auslegung von der Schöpfung* (1577)[708], *Viererlei Auslegung von der Schöpfung* (1577/1582)[709] und *Vom Ursprung aller Dinge* (1577)[710] identifiziert auch er die ‚Materia prima' u.a. mit dem Begriff ‚Mysterium magnum'. Weigels Schöpfungsauslegungen orientieren sich in der Hauptsache am biblischen Schöpfungs-

---

[705]   Z.B. im Brief Gerhard Dorn an Johannes Willenbroch (1584). In: Kühlmann/Telle (2004): Corpus Paracelsisticum II (wie Anm. 11), S. 932-947 sowie die Erläuterungen auf S. 946.

[706]   Böhme, Jakob: *Mysterium magnum, oder Erklärung über das erste Buch Mosis* (1623). In: Böhme, Jakob: Sämtliche Schriften. Faksimile-Neudruck der Ausgabe von 1730 in elf Bänden, neu hrsg. von Will-Erich Peukert. Stuttgart-Bad Cannstatt 1955ff., Bd. 7. Diese Schrift wird hier außer Betracht gelassen, da sie nicht in den zeitlichen Horizont der untersuchten Texte fällt.

[707]   Zu Valentin Weigel siehe Anm. 413.

[708]   Weigel, Valentin: *Natürliche Auslegung von der Schöpfung.* In: Valentin Weigel: Sämtliche Schriften (wie Anm. 413), S. 145-194.

[709]   Weigel, Valentin: *Viererlei Auslegung von der Schöpfung.* In: Ebd., S. 195-389.

[710]   Da *Vom Ursprung aller Dinge* (1577) identisch ist mit der vierten Auslegung der *Viererlei Auslegung von der Schöpfung*, wird sie hier nicht explizit behandelt, sondern im Zuge der Darlegungen über die *Viererlei Auslegung* besprochen.

bericht der sechs Tagewerke,[711] wobei er sich von dem Grundgedanken ‚die sichtbaren leiblichen Dinge entstehen aus den unsichtbaren geistigen'[712] leiten lässt und es als seine Aufgabe sieht, gerade die unsichtbaren Dinge „fur einfeltige leutte vndt fur die liebe Jugent" [713] ausführlich zu erläutern.

So ist die Materia prima, die da „heißet auch Mysterium magnum, Ein gros verborgen geheimnis, daraus alle dinge seint herfur kommen"[714], nach Weigel zu den „vnsichbaren" Dingen zu zählen. Sie ist „vngreifbar"[715], ein „vnförmliches vngestaltes wesen"[716] und „auf keine qualitet genaturet | [...], auf keine art der geschöpffe"[717]. In einer Creatio ex nihilo[718] hat „Gott [...] erstlichen das ding geschaffen doraus Himmel vndt Erden sollen erfur kommen, heißet prima materia, die erse materia aller dinge"[719]. Weigel greift in seinen Beschreibungen der Ersten Materie als Mysterium magnum durchaus auf traditionelle bis auf Augustinus, Origenes und weiter zurückreichende Anschauungen zurück, wie die qualitätslose durch Gott verursachte Materie, die formlos noch zu formen sei.[720] Auch die Vorstellung des ‚Materia prima'-Begriffs im Kleid des

---

[711] Die biblischen Tagewerke werden im Rahmen der Vorstellungen, die auch in anderen Weigel'schen Schriften (*De vita beata, Gnothi seauton, Bericht zur ‚Deutschen Theologie', Vom Ort der Welt*) nachzuweisen sind, behandelt.

[712] Weigel: *Natürliche Auslegung von der Schöpfung*, S. 193: „Es soll aber aus diesem büchlein vntter andern auch das gelernet werden, nemlichen, das alle ding aus dem nichts zu etwas kommen, aus dem vnsichtgen in das sichtige". Dieser Gedanke findet sich auch im *Informatorium* (II, 11+12: „Dann vor allen dingen hatt Gott geschaffen das vnsichtbare, darnach das Sichtbare leibliche. Dann nichts leiblichs Jst von sich selbsten, Es kommet auß den vnsichbaren Wesen, [...]") und in der *Viererlei Auslegung* (II, III, 1+3, hier Überschrift) sowie in *Ursprung aller Dinge* IV, 15.

[713] Weigel: *Natürliche Auslegung von der Schöpfung*, S. 194.

[714] Ebd., S. 161.

[715] Ebd., S. 159.

[716] Ebd., S. 160. Vgl. dazu Martin Luther, bei dem es heißt, dass „GOtt diese erste Materie [...] geschaffen" hat. Diese wurde danach „geformet und gleichsam ausgearbeitet, poliret und unterschieden", sie war „erstlich ineinander vermenget, grob und unförmlich" sowie ein „wesentlich Ding". In: Luther, Martin: *Auslegung des ersten Buches Mose* (wie Anm. 658), S. 9f.

[717] Weigel: *Natürliche Auslegung von der Schöpfung*, S. 161.

[718] In der *Natürlichen Auslegung* heißt es bspw., dass „alle ding aus dem nichts zu etwas kommen" – Ebd., S. 193.

[719] Ebd., S. 158.

[720] Vgl. dazu bspw. Origines: „Haec tamen materia quamvis secundum suam propriam rationem sine qualitatibus sit, umquam tamen subsistere extra qualitatem invenitur" (In: *De principiis* II, 1 (wie Anm. 656)) sowie Augustinus: „Hylen dico quandam penitus informem et sine qualitate materium, unde istae, quae sentimus qualitates, formantur" (In: *De trinitate* VIII, 358c).

‚Mysterium magnum' als einem ungeformten Wesen[721] wurzelt im zeitgenössischen, christlich-theologischen Lehrgutfundus wie dem des Martin Luther.[722]

Gleichzeitig verbindet der Dissident Weigel seine Materievorstellungen
mit der sich gerade entwickelnden, v.a. durch (Ps.-)Paracelsus repräsentierten
philosophisch-naturkundlichen Betrachtungsweise: So tritt in Weigels kosmogonischen Schriften der christliche Schöpfergott ähnlich wie in der *Philosophia ad
Athenienses* als (chemisierter) Scheidekünstler auf, der die einzelnen Tagewerke
durch eine Scheidung der vorhergehenden entstehen lässt: „Den aus dieser
dunckeln finsternis ward geschieden das feuer [...] aus diesen waßern, feuer vndt
lufft kam herfur das Meerwaßer, durch die scheidung."[723] Alles, was „beisamen
vermenget" ist, „ein Jedes durch die scheidung sei [von Gott] geordnet vnd gesetzt worden an seinen ortt, vnd wie eines aus dem andern sei geschieden vndt
erfur kommen"[724]. Wesentlicher Unterschied dabei ist, dass in der *Philosophia
ad Athenienses* die Erste Materie als „Mysterium Magnum ungeschaffen von
dem höchsten Künstler zu bereitet" und vor der eigentlichen Schöpfung der Welt
existent, also ewig sei. Dagegen ist die Schöpfungsfolge bei Weigel: „Aus Gott
kam das wortt, aus dem wort kam das mysterium magnum, die erste materia
[...]."[725] Weigels Mysterium magnum ist metaphysisch zu denken, jedoch nicht
ewig. Hierin orientiert sich Weigel mehr am christlich-theologischen Lehrgut.

Ansonsten gibt es in der Grundanlage des Begriffs ‚Mysterium magnum'
frappierende Ähnlichkeiten: Weigel subsummiert alle mit dem Urgrund der
raum-zeitlichen Welt zusammenhängenden Vorgänge ebenso wie der Autor der
Philosophia ad Athenienses unter den Begriff ‚Mysterium magnum' als ein metaphysisches Seinsprinzip, aus dem sich alle Dinge der Schöpfung entwickeln,
womit dem Mysterium magnum eine allumfassende Wirksamkeit zugesprochen
wird. Allerdings betont Weigel die Creatio ex nihilo und scheint sein Augenmerk
auf eine Materia prima als Sein ohne Qualitäten zu legen. Weigels Mysterium
magnum ist demnach nicht Ort des kosmogonischen Geschehens, sondern Teil
dessen:

---

[721] Vgl. dazu Anm. 716.
[722] Weigel orientiert sich in Teilen auch an der *Großen Genesisvorlesung* Martin Luthers. Vgl. dazu
       Horst Pfefferl: Einleitung (wie Anm. 658), S. XCIV.
[723] Weigel: *Natürliche Auslegung von der Schöpfung*, S. 147.
[724] Ebd., S. 174.
[725] Ebd., S. 175.

> Aus Gott kam das wortt, aus dem wort kam das mysterium magnum, die erste materia des
> lichts vndt der finsternis, oder Himel oder Erden, aus der ersten materia kamen die waßer der
> geislichen vndt materialischen Elementen, welche zusamen gemenget waren, ein düster, leer,
> wüste, dunckel ding, eine finsternis.[726]

Damit steht Weigels Mysterium magnum von Gott geschaffen ebenfalls am
Anfang der Weltschöpfung – zuvor war das Wort Gottes[727] und Gott selbst – als
unumgänglicher Schritt zur Realisation der Welt, allerdings nicht als ewig seien-
der Ort des „gros verborgen geheimnis", sondern als Empfänger von Form, Art
und Qualität eines Werdenden Seins. Allein darin ist er „beschlus vndt begriff
aller geschöpffen"[728].

2.9.3   Schlussbemerkung

Wie schon beim Begriff ‚Chaos' als Erste Materie dient auch für ‚Mysterium
magnum' der biblische Schöpfungsbericht und dessen Vorgänge als Folie für
kosmogonische Prozesse. Und ähnlich den Chaos-Vorstellen werden auch hier
die Dinge der Welt auf einen Urgrund, nämlich das Mysterium magnum, zurückgeführt. Doch anders als das Chaos ist dieser Urgrund weniger mit einer
Urmasse als vielmehr einem Urraum zu vergleichen, in dem alle Schöpfungsvorgänge im Verborgenen von einem chemisierten Schöpfer ausgeübt werden. Dabei besteht die Tätigkeit des genannten Chemiators einmal mehr vornehmlich in
nicht näher erläuterten Teilungsprozessen, hier jedoch nicht an einer Urmasse,
sondern an einem scheinbar eigenschaftslosen Urraum, dem Mysterium
magnum. Dieses Mysterium magnum als Materia prima wird erst durch die Tei-
lungsprozesse mit Eigenschaften geprägt, so dass schließlich daraus alles werden
könne, je nachdem welche Form erteilt werde.

Genauere Angaben als Rückgriffe auf begriffliche Allgemeinplätze von der
Materia prima werden kaum gemacht, so dass die Materia prima als Mysterium
magnum – wie bereits angedeutet – Dissolutionen unterworfen zu sein scheint:
Ihre Eigenschaften diffundieren in die Geheimnisse christlicher Schöpfungslehren von Materialisation, worin alle mit dem Urgrund der raum-zeitlichen Welt

---

[726]   Weigel: *Natürliche Auslegung von der Schöpfung*, S. 147.
[727]   Siehe dazu das Kapitel 2.7 über ‚Fiat'.
[728]   Weigel: *Natürliche Auslegung von der Schöpfung*, S. 160.

zusammenhängenden Vorgänge eingeordnet werden. Von einem chemisierten Schöpfer bereitet scheint diese Erste Materie weder passiv noch aktiv zu sein; auch existiert sie nicht bloß der Möglichkeit nach. Ihre Charakteristika sind so vage, dass sie im großen Geheimnis sich selbst aufzulösen droht. Ihre bedeutendste Eigenschaft scheint zumindest die des Triebes zur Form zu sein, der ihr prädestiniert ist. Das Mysterium magnum betrifft Form und Substanz nur insofern diese ihr Ziel sind, während der Schritt der eigentlichen Materialisation im Dunkeln bleibt.

3 Resümee

Die vorstehenden Darlegungen über ‚Materia prima' in naturkundlichen Sachschriften des 16. Jahrhunderts geben einen Einblick in diverse miteinander konkurrierende Naturkunde-Fraktionen wie Paracelsisten, Mercurialisten, Kabbalisten, Anhänger von Zwei-Prinzipien-Lehren und einige anderer „Sectae" mehr aus technischen, metallurgischen, medizinisch-pharmazeutischen und physikotheologischen Gegenstandsbereichen. So viele Fraktionen es gab, so viele ‚Materia prima'-Lehren gab es mindestens. Zahlreiche Strömungen unterschiedlicher Wissensbereiche überlagern sich und dringen je nach Ausrichtung eines Textes bzw. Anschauung seines Verfassers in unterschiedliche Disziplinen vor, übernehmen die jeweilige Terminologie oder transformieren diese für ihre eigenen Zwecke. Und so lässt sich gerade am Terminus ‚Materia prima' aufzeigen, dass die Erbschaft verschiedener antiker sowie (spät-)mittelalterlicher Konzepte von der Ersten Materie für Naturkundler der Frühen Neuzeit durchaus lebendig waren, es so etwas wie eine einheitliche Alchemie nicht gab, eine Kontinuität von ‚Materia prima'-Vorstellungen aber durchaus festgestellt werden kann.

Bei der Korpusbildung dieser Arbeit wurde als Knoten- und Ausgangspunkt das Corpus Paracelsicum sowie Werke von Paracelsisten und diversen anderen Naturkundlern gewählt und der Versuch unternommen, von dieser Perspektive ausgehend die vielen miteinander konkurrierenden ‚Materia prima'-Lehren zu klären. Denn schon im Corpus Paracelsicum begegnen unterschiedliche ‚Materia prima'-Begriffe wie ‚Tria prima', ‚Limbus', ‚Yliaster', ‚Ens primum' und einige mehr, die schon von Paracelsus selbst innerhalb seines Werks Änderungen unterlagen und von seinen Anhängern (weiter) transformiert worden sind, so dass bereits ein- und derselbe Begriff wie ‚Yliaster' oder ‚Ens primum' unterschiedliche Bedeutungen haben konnte. Die einzelnen Vorstellungen von der Ersten Materie unterliegen mannigfachen Vermengungen mit- sowie untereinander und werden durch zahlreiche weitere Elemente aus dem naturkundlichen Doktrinenschatz wie der Mikrokosmos-Makrokosmos-Lehre, dem Einheitsgedanken, der ‚Seperatio puri ab impuro' und anderen flankiert.

Inwieweit der ‚Materia prima'-Begriff jeweils transformiert wird, unterliegt der Architektur des Gegenstandsbereichs und der Zweckverfolgung des Autors. Dabei kann im Allgemeinen davon ausgegangen werden, dass je praktischer eine Handlungsanweisung orientiert und zur Imitation auffordernd ist,

© Springer Fachmedien Wiesbaden GmbH, ein Teil von Springer Nature 2019
K. Dück, *Materia prima*, Edition Centaurus – Neuere Medizin- und
Wissenschaftsgeschichte, https://doi.org/10.1007/978-3-658-28737-5_3

desto konkreter, d.h. physischer, der Stoff, mit dem ein Autor seine Materia prima identifiziert. Je mehr das Ziel eines Autors darin besteht, eine allseits gültige Lehre von der Weltentstehung zu vermitteln, die auf ein einziges Prinzip, nämlich die Materia prima, zurückgeführt werden soll, desto metaphysischer ist das Verständnis von der Ersten Materie. Sofern ein Autor versucht, die Eigenschaften beider Prinzipien miteinander zu verbinden, desto dynamischer wird die Materia prima, dadurch, dass in ihrem noch nicht physischen, also ihrem praephysischen, Zustand physische Charakteristika bereits keimhaft vorhanden sind.

So bot sich, um einen Überblick über die Formen und Funktionen des Begriffs ‚Materia prima' zu behalten, eine anschauliche Einordnung an – in Anlehnung an die beiden Haupttypen der antiken Reflexion über Materie[729] – ein grobes Raster über die zahlreichen ‚Materia prima'-Lehren zu legen: nämlich diejenige Denkweise, die Materia prima als physisches Seinsprinzip sieht und sie als etwas Körperliches, als konkreten Stoff erfasst, sowie diejenige Denkweise, die Materia prima als metaphysisches Seinsprinzip begreift und sie als geistig betrachtet, sowie jene dritte Denkweise von Materia prima, nämlich als praephysisches Seinsprinzip, das die Erste Materie als etwas beinahe Körperliches begreift, als einem vorphysischen Sein, das einen stoffähnlichen, potenziellen Keim, in dem alles Vorhandene konzentriert angelegt ist, aber erst durch (göttlich-)schöpferische Aktivierung selbstständig wird und seine Form erhält. Dieser Keim enthält nicht den bloßen Trieb zur Form, sondern die Form selbst als Konzentrat. Diese Art der Ersten Materie ist nicht eigenschaftslos: Potenzen, Kräfte, Fähigkeiten und/oder Triebe der späteren, vollkommen entfalteten Form müssen nicht noch imprägniert werden, sondern diese Art der Materia prima enthält sie bereits in sich.

So wurden die in dieser Arbeit behandelten Begriffe danach sortiert: Die ersten drei Hauptuntersuchungskapitel (2.1 Reine Quecksilber-/Merkurius-Lehren, 2.2 Zwei-Prinzipien-Lehren sowie 2.3 Drei Prinzipien-Lehren) sind der Materia prima als physischem Seinsprinzip zuzuordnen, die eine gewisse Anwendungsrelevanz der Ersten Materie abverlangen. Die Hauptuntersuchungskapitel 2.4 Limbus/Limus terrae/Terra Adamica, 2.5 Yliaster/Iliaster und 2.6 Ens primum zeichnen Vorstellungen einer größtenteils praephysisch verstandenen

---

[729] Happ, Heinz (1971): Hyle. Studien zum aristotelischen Materie-Begriff. Berlin/New York, S. 809.

Ersten Materie nach und zeigen ein nur bedingt experimentelles Interesse an der Materia prima. Daran anschließend zeigen die letzten drei Hauptuntersuchungskapitel 2.7 Fiat, 2.8 Chaos sowie 2.9 Mysterium magnum metaphysische Vorstellungen von der Ersten Materie, welche nicht nur die Laborrelevanten, sondern alle in der Welt existenten Stoffe umfasst. Diese Kategorisierung in die genannten drei Cluster geht aufgrund zahlreicher Vermischungen der Begriffe und ihrer Inhalte jedoch nur bedingt auf, sodass die Grenzen durchlässig zu denken sind: Die jeweiligen Übergänge zwischen physischen, praephysischen und metaphysischen Seinsbereichen sind fließend und zum Teil kaum voneinander abzugrenzen. So dient die Gliederung allein als gedankliche Hilfestellung, nicht als ausschließende Kategorisierung, bei der bereichsübergreifende Tendenzen ausgeschlossen werden.

Diese notwendige Lockerung des dreigliedrigen Clustersystems zeigt sich bereits mit dem ersten Cluster der Materia prima als physisches Seinsprinzip: Sowohl bei den reinen Quecksilber-/Mercurius-, den Zwei-Prinzipien-, als auch bei den ‚Tria prima'-Lehren stehen praktische Anwendungen, ob im Bereich der Alchemia transmutatoria metallorum, der Alchemia medica oder Alchemia technica, im Mittelpunkt. In den meisten Texten aus diesem Cluster geht es darum, theoretisch ererbte Vorstellungen über die Erste Materie auf ein praktisches Fundament zu stellen: theoretische Vorstellungen mit Naturbeobachtungen zu vergleichen und diese im Labor nachzustellen, aber auch zu beschleunigen und weiterzuführen. Nicht selten werden dabei aus der Antike ererbte Vorstellungen von der Materiegenese abgelöst (wie bspw. bei den ‚Tria prima'). Gleichzeitig liegen die Endgeschehnisse des Laborierens (‚Materia ultima') nicht selten im Dunkeln, so dass eine Bestätigung von Laborprozessen zuweilen ausbleibt. Manchmal scheitert die Deckungsgleichheit von Theorie und Praxis bereits an der Begrifflichkeit für die Ausgangsmaterie, wie diverse Texte in diesem Cluster aufzeigen. So wird beispielsweise ‚Quecksilber' von ‚Mercurius' und dieser wiederum vom ‚Mercurius Philosophorum' teilweise getrennt, wobei es Eigenschaften gibt, die sich all diese als Materia prima teilen.

Weil die Eigenschaften jedoch sowohl konkret sein können, wodurch die Erste Materie realisiert und strukturiert wird, als auch potenziell sein können, wodurch die Ausgangsmaterie dynamisiert wird, weil ihr Aktivität und keimhafte Wirkkräfte zugesprochen werden, erschwert sich die Einteilung manchen Begriffs wie ‚Mercurius' oder die ‚Unio' aus Sulphur und Mercurius oder manch

einer ‚Tria prima'-Vorstellung in nur ein Cluster. Dies muss von Fall zu Fall
entschieden werden. Denn gelegentlich wird der Begriff der Ersten Materie ex-
klusiv für einen Prozess angewandt, weil organische und anorganische Materie
sich nicht auf dieselbe Erste Materie reduzieren, und auch nicht ineinander überführen lassen. So ist die Selbsttätigkeit der Materia prima, ihre endgültige Form
zu erreichen oder ihre Wirkkräfte zu entfalten oder mit andern Stoffen zu reagie-
ren (d.h. zu vermischen, abzustoßen, aufzulösen auszufällen usw.) in diesem
Cluster insgesamt am stärksten ausgeprägt. Nicht selten agiert der Laborant lediglich als Helfer von Prozessen.

Der Übergang dieses ersten Clusters zum zweiten, nämlich den Haupt-
untersuchungskapiteln   2.4   Limbus/Limus   terrae/Terra   Adamica,   2.5
Yliaster/Iliaster sowie 2.6 Ens primum, die sich dadurch kennzeichnen, dass die
Erste Materie vornehmlich praephysisch aufgefasst wird, ist je nach Begriff zum
Teil recht fließend. Denn die Vorstellung, dass in der Materia prima verborgene
(weil nicht sichtbare) Kräfte wirken, nämlich die primateriellen Grundprinzipien
Unsichtbarkeit, Ubiquität oder die Impression ihres Schöpfergottes in einer
Creatio ex nihilo oder der Einfluss der Gestirne auf sie, gibt es in Ansätzen be-
reits im ersten Cluster, z.B. bei manchen Drei-Prinzipien-Lehren. Allerdings
besteht bei letzteren zumeist das Bestreben, diese primateriellen, wenn auch
unsichtbaren, Grundprinzipen laborantisch nachzuweisen und zu beobachten.

Dagegen zeigt die Denkweise von Materia prima als praephysisches
Seinsprinzip nur bedingtes Interesse an praktischer Bestätigung ihrer Annahmen.
Der Umstand innerer Kräfte auf die Erste Materie wird aus ihrer Aktivität und
Eigenbewegung sowie der Fähigkeit, Wirkungen zu erzeugen, geschlossen, womit die Materia prima dynamisiert wird.[730] Dabei entsteht die Wirkung dieser
Kräfte durch eine einmalige (göttlich-)schöpferische Aktivierung des Keims oder
der keimhaften Anlagen mit dem Trieb zu Vervollkommnung, wodurch Materie
selbsttätig wird. Fortgesetzt können diese Wirkungen nicht selten – beispielsweise gebunden an Mikrokosmos-Makrokosmos-Vorstellungen – reziprok sein. Das
heißt, dass die Materia prima in ihrem Trieb zur Vervollkommnung selbst beeinflusst, aber auch durch kosmische Vorgänge beeinflusst werden kann, weil sie
dem Kosmos substanziell entspreche. Gleiche materielle Bestandteile zwischen
Welt und Kosmos ziehen sich an, sodass der Mensch auch die Möglichkeit hat,

---

[730] Vgl. dazu Breidert, Wolfgang (1980): Art. ‚Materie', Tl. III. In: Ritter, Joachim/Gründer,
Karlfried: Historisches Wörterbuch der Philosophie. Darmstadt, Bd. 5, Sp. 905.

auf ein Weltwissen zurückzugreifen und damit Erkenntnisse über materielle und immaterielle Welt zu gewinnen. Der ‚Materia prima'-Begriff übernimmt hier nicht selten Überbrückungsfunktionen, um Spannungen zwischen den sichtbar leiblichen und unsichtbar geistigen Dingen zu überwinden.

Je mehr sich die Grenze zwischen Jetzt-Welt/Mensch und der vorzeitlichen Welt einem praktisch umsetzbaren Erkenntnisgewinn zu entziehen scheint, desto mehr wird die Materia prima metaphysiert: Sie wird nicht mehr als Substanz begriffen, sie ist nur noch geistige Erscheinung. Das gilt zumindest für das dritte Cluster der Materia prima als metaphysisches Seinsprinzip. Das zeigt allein schon die Tatsache, dass hier vornehmlich Eigenschaften der inneren Zusammensetzung von Materie eine Rolle spielen und nicht die der äußeren. Es ist nicht von Bedeutung, wie Materie in Kontakt mit anderer Materie reagiert – wie es bspw. bei Materia prima als physisches Seinsprinzip häufig der Fall ist –, sondern es geht entweder um die inneren Bestandteile von Materie, ihre Qualitäten, Elemente u.ä., die meist miteinander vermengt sind, oder sie wird als primaterielle Urmasse sämtlicher Eigenschaften beraubt, sodass sie sich allein auf Begrifflichkeiten wie dem ‚Mysterium magnum' zu beschränken und damit aufzulösen scheint. Diese Erste Materie ist weder passiv noch aktiv und ihre Charakteristika so vage, dass sie im großen Geheimnis sich aufzulösen droht.

Behandelt wurden und konnten in diesem Rahmen wichtige Strömungen sowie einige bisher unbeachtete Nebenzweige der ‚Materia prima'-Lehren in naturkundlichen Sachschriften des 16. Jhs. Die drei rasterartig umrissenen Grundmuster, denen die ‚Materia prima'-Vorstellungen zugeordnet wurden, schließen sich aufgrund der zu ihnen jeweils beschriebenen Charakteristika nur teilweise aus. Teilweise jedoch überschneiden sie sich, indem Begriffe und Konzepte übernommen und für eigene Zwecke passend transformiert werden, wie es die einzelnen Analysen in den Hauptuntersuchungskapiteln zeigen. Und so sind nicht allein die drei genannten Cluster von physisch, praephysisch und metaphysisch verstandener Materia prima kaum voneinander zu trennen, sondern auch die jeweiligen ‚Materia prima'-Begriffe, die sich Eigenschaften mit jeweils anderen ‚Materia prima'-Begriffen teilen und so zu Teilmengen werden. Materie-Konzepte aus der griechischen und arabischen Antike sowie dem (Spät-) Mittelalter konnten vielfach detektiert werden und Kontinuitäten dieser Lehren ebenso wie deren Transformationen festgestellt werden. Das Ringen um den ‚Materia prima'-Begriff zeigt hierbei einen beachtlich reichhaltigen Doktrinenschatz an theoretischen und praktischen Vorstellungen von Materie im Bereich der frühneuzeitlichen Naturkunde. Die vorliegende Studie widmete sich einem Teil dieses umfang- sowie spannungsreichen Doktrinenschatzes aus der Sicht des Knotenpunkts ‚Materia prima', um neue Aspekte zur Debatte des Materialismus in der Frühen Neuzeit beizutragen.

Literaturverzeichnis

Alt, Peter-André (2010): Das Imaginäre und der Logos. Hermetische Grundlagen frühneuzeitlicher Poetiken. In: Ders./Wels, Volkhard (Hgg.): Konzepte des Hermetismus in der Literatur der Frühen Neuzeit. (= Berliner Mittelalter- und Frühneuzeitforschung 8). Göttingen, S. 335-371.

Anonymus: Die Erste materia zcw dem ertrich spricht. In: Leiden, Universiteitsbibliotheek, Cod. Voss. Chem. F. 29, Bl. 34^v.

Anonymus: Die Erste materia spricht. In: Johannes Krugers Prozessbuch (um 1570), Gotha, Forschungsbibliothek, Chart. B 366, Bl. 82^v-83^r.

Anselmino, Thomas (2003): Medizin und Pharmazie am Hofe Herzog Albrechts von Preußen (1490-1568). (=Studien und Quellen zur Kulturgeschichte der frühen Neuzeit 3). Heidelberg.

Aristoteles: Physik. Vorlesung über Natur. Hg. von Hans Günther Zekl: Erster Halbband. Bücher I-IV. (= Philosophische Bibliothek 380). Hamburg 1987.

Aristoteles: Meteorologie / Über die Welt. In: Ernst Grumach, fortg. von Helmut Flashar (Hg.): Werke, Bd. 12: Übersetzt von Hans Strohm. Darmstadt 1970.

Atzberger, Leonhard (1880): Die Logoslehre des heiligen Athanasius. Ihre Gegner und unmittelbaren Vorläufer. Eine dogmengeschichtliche Studie. München.

Augustinus, Aurelius: De Genesi contra Manichaeos. Ed. D. Weber. (= CESEL 91). Wien 1998.

Augustinus, Aurelius: *De trinitate*. Hrsg. von Johann Kreuzer. (= Philosophische Bibliothek 523). Hamburg 2003.

Aurnhammer, Achim (1986): Zum Hermaphroditen in der Sinnbildkunst der Alchemisten. In: Meinel, Christoph (Hg.): Die Alchemie in der europäischen Kultur- und Wissenschaftsgeschichte der frühen Neuzeit. (= Wolfenbütteler Forschungen 32). Wiesbaden, S. 179-200.

AVREVM VELLUS Oder Guldin Schatz vnd Kunstkammer: Darinnen der allerfürnemmsten/ fürtrefflichsten/ ausserlesenesten/ herrlichisten vnd bewehrtesten Auctorum Schrifften vnd Buecker/ auß dem gar vralten Schatz der vberblibenen/ verborgnen/ hinderhaltenen Reliquien vnd Monumenten der Aegyptiorum, Arabum, Chaldaeorum et Assyriorum Koenigen vnd Weysen. Rorschach am Bodensee 1598.

© Springer Fachmedien Wiesbaden GmbH, ein Teil von Springer Nature 2019
K. Dück, *Materia prima*, Edition Centaurus – Neuere Medizin- und Wissenschaftsgeschichte, https://doi.org/10.1007/978-3-658-28737-5

Bargheer, Ernst (1987): Art. ,Herz'. In: Bächtold-Stäubli, Hanns (Hg.): Handwörterbuch des deutschen Aberglaubens. 10 Bde. Berlin/New York, Bd. 3, Sp. 1794-1813.

Benzenhöfer, Udo (1993): Paracelsus – Werk – Aspekte der Wirkung. In: Ders. (Hg.): Paracelsus. Darmstadt, S. 7-23.

Benzenhöfer, Udo (Hg.) (1993): Paracelsus. Darmstadt.

Benzenhöfer, Udo (1997): Paracelsus. Reinbek bei Hamburg.

Benzenhöfer, Udo (^{3}2006): Art. ,Theophrast von Hohenheim'. In: Eckart, Wolfgang Ulrich/ Gradmann, Christoph (Hg.): Ärzte Lexikon. Von der Antike bis zur Gegenwart. Heidelberg, S. 320-321.

Bergengruen, Maximilian (2005): Verborgene Kräfte und die Macht des Gestirns. In: Strässle, Thomas/Torra-Mattenklott, Caroline (Hg.): Poetiken der Materie. Stoffe und ihre Qualitäten in Literatur, Kunst und Philosophie. Freiburg i.Br./Berlin.

Bergengruen, Maximilian (2007): Nachfolge Christi – Nachahmung der Natur. Himmlische und Natürliche Magie bei Paracelsus, im Paracelsismus und in der Barockliteratur (Scheffler, Zesen, Grimmelshausen). (= Paradeigmata). Hamburg.

Bernardus Trevisanus (1582): Von der Hermetischenn Philosophia/ das ist vom Gebenedeiten Stain der weisen/ der hocherfarnen vnd fuertrefflichen Philosophen. Straßburg: Christian Muellers Erben, p. G iii.

Biblia sacra iuxta Vulgatam versionem. Ed. Weber, Robert/ Gryson, Roger. Stuttgart 2007.

Die Bibel. Ed. Luther. Stuttgart 1991.

Biedermann, Hans (^{3}2001): Art. ,Materia prima'. In: Ders.: Lexikon der magischen Künste. 2. Bde. Wiesbaden, S. 294-298.

Biedermann, Hans (^{3}2001): Art. ,Zaubersprüche'. In: Ders.: Lexikon der magischen Künste. 2. Bde. Wiesbaden, S. 472-474.

Blanckenfeld, Dominicus (1550): Tractatum de materia, forma et substantia. In: Cod. pal. germ. 467 („Ottheinrichsband" (1552), Universitätsbibliothek Heidelberg), Bl. 457^r-469^v.

Boeren, P[etrus]. C[ornelis]. (1975): Codices Vossiani Chymici. (= Bibliotheca Universitatis Leidensis. Codices Manuscripti XVII). Leiden.

Böhme, Jakob (1623): Mysterium magnum, oder Erklärung über das erste Buch Mosis. In: Böhme, Jakob: Sämtliche Schriften. Faksimile-Neudruck der

Ausgabe von 1730 in elf Bänden. Hg. v. Will-Erich Peukert. Stuttgart/Bad Cannstatt 1955ff., Bd. 7.

Bormann, Karl (1955): Die Ideen- und Logoslehre Philons von Alexandrien. Eine Auseinandersetzung mit H. A. Wolfson. Inaugural-Dissertation. Monheim.

Breidert, W[olfgang] (1980): Art. ‚Materie‘, Teil III. In: Ritter, Joachim/Gründer, Karlfried: Historisches Wörterbuch der Philosophie. Darmstadt, Bd. 5, Sp. 905-912.

Busse, Dietrich/Teubert, Wolfgang (1994): Ist Diskurs ein sprachwissenschaftliches Objekt? Zur Methodenfrage der historischen Semantik. In: Busse, Dietrich/Hermanns, Fritz/Teubert, Wolfgang (Hg.): Begriffsgeschichte und Diskursgeschichte. Methodenfragen und Forschungsergebnisse der historischen Semantik. Opladen, S. 10-28.

Busse, Dietrich (2003): Begriffsgeschichte oder Diskursgeschichte? Zu theoretischen Grundlagen und Methodenfragen einer historisch-semantischen Epistemologie. In: Dutt, Carsten (Hg.): Herausforderungen der Begriffsgeschichte. Heidelberg, S. 17-38.

Corpus Hermeticum Deutsch, Das. Hg. von Colpe, Carsten/Holzhausen, Jens. 2 Bde. Stuttgart/Bad Cannstatt 1997.

Czepko von Reigersfeld, Daniel: Eines offenbahret alles. In: Ders. (2015): *Gedichte*. Vollständige Neuausgabe mit einer Biografie des Autors. Hrsg. v. Karl-Maria Guth. Berlin.

Daems, Willem Frans (1982): „Sal" – „Merkurius" – „Sulfur" und das „Buch der heiligen Dreifaltigkeit". In: Nova Acta Paracelsica X, S. 189-207.

Daniel, Dane Thor (2002): Paracelsus' *Declaratio* on the Lord's Supper – A Summary with Remarks on the Term *Limbus*. In: Nova Acta Paracelsica 16, S. 141-162.

Darmstaedter, Ernst (1922): Die Alchemie des Geber. Mit 10 Lichtdrucktafeln. Berlin.

Darmstaedter, Ernst (1931): Arznei und Alchemie. Paracelsus-Studien. (= Studien zur Geschichte der Medizin 20). Leipzig.

Darmstaedter, Ernst (1929): Art. ‚Andreas Libavius‘. In: Brugge, Günther (Hg.): Das Buch der großen Chemiker, Bd. I, Berlin, S. 107-124.

Delius, Hans-Ulrich Delius (1992): Die Quellen von Martin Luthers Genesisvorlesung. München.

Dijksterhuis, Eduard Jan (1956): Die Mechanisierung des Weltbildes. Berlin/Göttingen/Heidelberg.

Dorn, Gerhard (1584): Dictionarium Theophrasti Paracelsi, Continens obscuriorum vocabulorum, wuibus in suis Scriptis paßim utitur, Definitiones. Frankfurt/M.

Dück, Katharina (2009a): Innovatorisches in den prima-materia-Lehren des Paracelsus? In: Paracelsus – Ein Innovator? Überlegungen zur wissenschafts- und theologie-geschichtlichen Stellung Hohenheims. 57. Paracelsustag 2008. (= Salzburger Beiträge zur Paracelsusforschung 57). Salzburg, S. 9-22.

Dück, Katharina (2009b): Transformationen des paracelsischen Prima-Materia-Begriffes in der „Philosophia ad Athenienses". In: SPRACHREPORT 25/3, S. 12-16.

Dück, Katharina (im Ersch.): Die Acht Regeln der alchemischen Kunst in Johannes Krugers Prozessbuch (um 1570). Zu einem Zeugnis frühneuzeitlicher Laborpraxis. In: Mulsow, Martin/Telle, Joachim (Hg.) unter der Mitarbeit von Katharina Dück: Alchemie und Fürstenhof. Gotha.

Dück, Katharina (im Ersch.): ‚Totum unum et ex uno omnia' – Zum Einheitsgedanken in den Materia-Prima-Lehren des Corpus Paracelsicum. In: „Totum unum et ex uno omnia": Denkformen des Hermetismus in der frühen Neuzeit. (= Berliner Mittelalter- und Frühneuzeitforschung). Berlin.

Dück, Katharina (2018): Zum ‚Limbus'-Begriff als ‚Materia prima' im *Corpus Paracelsicum*. In: Nova Acta Paracelsica. Beiträge zur Paracelsusforschung 28, S. 83-100.

Eckart, Wolfgang Ulrich/ Gradmann, Christoph (Hg.) (2006): Ärzte Lexikon. Von der Antike bis zur Gegenwart. Heidelberg.

Eco, Umberto (1995): Die Insel des vorigen Tages. München/Wien.

Erastus, Thomas (1571/73): Disputationes De Medicina Nova Philippi Paracelsi. Basel: Perna.

Ehrd de Naxagoras (1731): AUREUM VELLUS, Oder Gueldenes Vließ. Frankfurt/M.

Fellmeth, Ulrich/Kotheder, Andreas (Hgg.) (1993): Paracelsus. Theophrast von Hohenheim. Naturforscher, Arzt, Theologe. Stuttgart.

Ferguson, John (1906): Bibliotheca Chemica: A Catalogue of the Alchemical, Chemical and Pharmaceutical Books in the Collection of the Late James Young of Kelly and Durris. 2 Bde. Glasgow.

Ferrarius *Thesaurus Philosophiae* (1561). In: Gulielmus Gratatolus (Hg.): Verae alchemiae artisque metallicae, citra aenigmata, doctrina, certusque modus. Tle. I/II. Basel, S. 237-248.

Finckh, Ruth (1999): Minor Mundus Homo. Studien zur Mikrokosmos-Idee der mittelalterlichen Literatur. (= Palaestra 306). Göttingen.

Figala, Karin (1998): Art. ‚Goldmacherei. In: Priesner, Claus/Dies. (Hgg.): Alchemie, S. 161-165.

Figala, Karin (1998): Art. ‚Materia prima'. In: Priesner, Claus/Dies. (Hgg.): Alchemie, S. 237-240.

Figala, Karin (1998): Art. ‚Quecksilber'. In: Priesner, Claus/Dies. (Hgg.): Alchemie, S. 295-300.

Figala, Karin (1998): Art. ‚Sendivogius', Michael. In: Priesner, Claus/Dies. (Hgg.): Alchemie, S. 332-334.

Figulus, Benedictus (1608) (Hg.): Pandora magnalium naturalium aurea et benedicta. Straßburg.

Figulus, Benedictus (1608) (Hg.): Thesaurinella Olympica aurea tripartita. Das ist: Ein himmlisch gueldenes Schatzkaemmerlein/ von vielen außerlesenen Clenodien zugeruestet/ darinn der vhralte grosse vnd hochgebenedeyte Carfunckelstein vnd Tincturschatz verborgen. Frankfurt/M.

Freedmann, Joseph S. (1988): European Academic Philosophy in the Late Sixteenth and Early Seventeenth Centuries. The Life, Significance an Philosophy of Clemens Timpler (1536/4-1624). 2 Bde. (= Studien und Materialien zur Geschichte der Philosophie). Hildesheim/Zürich/New York.

Ganzenmüller, Wilhelm (1939): Das Buch der heiligen Dreifaltigkeit. Eine Deutsche Alchemie aus dem Anfang des 15. Jahrhunderts. In: Ders.: Beiträge zur Geschichte der Technologie und der Alchemie. Weinheim, S. 231-272.

Ganzenmüller, Wilhelm (1956a): Alchemie und Religion im Mittelalter. In: Ders.: Beiträge zur Geschichte der Technologie und der Alchemie. Weinheim, S. 322-335.

Ganzenmüller, Wilhelm (1956b): Paracelsus und die Alchemie des Mittelalters. In: Ders.: Beiträge zur Geschichte der Technologie und der Alchemie. Weinheim, S. 300-314.

Ganzenmüller, Wilhelm (1956c): Quellen zur Geschichte der Chemie. In: Ders.: Beiträge zur Geschichte der Technologie und der Alchemie. Weinheim, S. 369-381.

Geber (15. Jh.): Liber transformationis. In: Clm. 25110, Bayerische Staatsbibliothek München.

Geber latinus: Summa perfectionis – Die Lehre von der hohen Kunst der Metallveredelung. In: Die Alchmie des Geber. Übersetzt und erklärt von Darmstaedter, Ernst. Berlin 1922, S. 19-95.

Geßmann, Gustav W. (^{2}1922): Die Geheimsymbole der Alchymie, Arzneikunde, Astrologie. Berlin.

Geyer, Hermann (2001): Verborgene Weisheit: Johann Arndts „Vier Bücher vom Wahrem Christentum" als Programm einer spiritualistsch-hermetischen Theologie. (= Arbeiten zur Kirchengeschichte 80/III). Berlin/New York.

Gilly, Carlos (2013): Khunrath und das Entstehen der frühneuzeitlichen Theosophie. In: Heinrich Khunrat: Amphitheatrum Sapientiae Aeternae. (= Clavis Pansophiae 6). Stuttgart/Bad Cannstatt. [Neudruck].

Goldammer, Kurt [1949]: Paracelsische Eschatologie. I. Die Grundlagen. In: Ders. (1986): Paracelsus in neuen Horizonten: Gesammelte Aufsätze. (= Salzburger Beiträge zur Paracelsusforschung 24). Wien, S. 87-122.

Goldammer, Kurt (1953): Natur und Offenbarung (= Heilkunde und Geisteswelt 5). Hannover-Kirchrode.

Goldammer, Kurt (Hg.) (1960a): Paracelsus – Vom Licht der Natur und des Geistes. Eine Auswahl aus dem Gesamtwerk. Stuttgart.

Goldammer, Kurt (1960b): Lichtsymbolik in philosophischer Weltanschauung, Mystik und Theosophie vom 15. bis zum 17. Jahrhundert. In: Studium Generale 13, S. 670-682.

Goldammer, Kurt [1971a]: Bemerkungen zur Struktur des Kosmos und der Materie bei Paracelsus. In: Ders. (1986): Paracelsus in neuen Horizonten: Gesammelte Aufsätze. (= Salzburger Beiträge zur Paracelsusforschung 24). Wien, S. 263-287.

Goldammer, Kurt [1971b]: Die Paracelsische Kosmologie und Materietheorie in ihrer wissenschaftsgeschichtlichen Stellung und Eigenart. In: Ders. (1986): Paracelsus in neuen Horizonten: Gesammelte Aufsätze. (= Salzburger Beiträge zur Paracelsusforschung 24). Wien, S. 288-320.

Goldammer, Kurt (1986): Paracelsus in neuen Horizonten: Gesammelte Aufsätze. (= Salzburger Beiträge zur Paracelsusforschung 24). Wien.

Goltz, Dietlinde (1970): Zur Begriffsgeschichte und Bedeutungswandel von vis und virtus im Paracelsistenstreit. In: Medizinhistorisches Journal 5, S. 169-200.

Goltz, Dietlinde/Telle, Joachim/Vermeer, Hans J. (1977): Der Alchemistische Traktat „Von der Multiplikation" von Pseudo-Thomas von Aquin. Untersuchungen und Texte. In: Sudhoffs Archiv. Zeitschrift für Wissenschaftsgeschichte. Beiheft 19.

Gratarolus, Gulielmus (1561): Lapidis Philosophici Nomenclaturae. In: Ders. (Hg.): Verae alchemiae artisque metalicae, citra aenigmata, doctrina, certusque modus. 2 Tle. Basel: Heinrich Petri und Pietro Perna.

Grimm, Jacob/Grimm Wilhelm (1854-1971 [2018]): Deutsches Wörterbuch. Online Ressource: <http://dwb.uni-trier.de/de/> [Letzter Zugriff: 28.4.2018].

Gruber, Elmar R.: Einführung. In: Khunrath, Heinrich: Vom Hylealischen, Das ist/ Pri-materialischen Catholischen Oder Allgemeinen Natürlichen Chaos. Der Naturgemässen Alchymiae Und Alchymisten. Frankfurt/M. 1708, S. V-XIX. [Erstmals Magdeburg 1597].

Gunnoe, Charles Dewey (1998): Thomas Erastus in Heidelberg. A Renaissance Physician during the Second Reformation, 1558-1580. Ann Arbor/Michigan (Diss. phil., University of Virginia).

Haage, Bernhard Dietrich (2000): Alchemie im Mittelalter. Ideen und Bilder – von Zosimos bis Paracelsus. Düsseldorf/Zürich.

Hannaway, Owen (1975): The Chemists and the Word – The Didactic Origins of Chemistry. Baltimore/London.

Happ, Heinz (1971): HYLE. Studien zum aristotelischen Materie-Begriff. Berliln/New York.

Buch der Heiligen Dreifaltigkeit (1410-1419): Berlin, Staatliche Museen – Kupferstichkabinett, Cod. 78 A 11.

Henisch, Georg (1973): Teutsche Sprach und Weisheit. (= Thesaurus linguae et sapietiae Germanicae). Hildesheim/New York.

Hesiod: Theogonie. [http://gutenberg.spiegel.de/buch/theogonie-3295/1 – letzter Zugriff: 28.4.2018].

Höffe, Otfried (Hg.) (2005): Aristoteles-Lexikon. (= Körners Taschenausgabe 459). Stuttgart.

Hooykaas, Reijer (1949): Chemical Trichotomy before Paracelsus? In: Archives internationales d'histoires des sciences 28, S. 1063-1074.

Hübner, Alfred (1934): Grundsätze für die Herausgabe und Anweisungen zur Druckeinrichtung der Deutschen Texte des Mittelalters. In: Deutsche Texte des Mittelalters 38, S. VI – IX.

Humberg, Oliver (2005): Der alchemistische Nachlaß Friedrichs I. von Sachsen-Gotha-Altenburg. (= Quellen und Forschungen zur Alchemie I). Elberfeld.

Humberg, Oliver (2007): Die Verlassenschaft des oberösterreichischen Landschaftsarztes Alexander von Suchten († 1575). In: Wolfenbütteler Renaissance-Mitteilungen 31, 2007, S. 31-51.

Jammermann, Marco (2007): Traum und Vision bei Paracelsus. In: Salzburger Beiträge zur Paracelsusforschung 41, S. 22-37.

Jentsch, Frieder (2005): Art. ‚Rülein von Calw, Ulrich'. In: Neue Deutsche Biographie (NDB). Bd. 22. Berlin.

Johannes Krugers Prozessbuch (um 1570): Gotha, FB, Chart. B 366.

Joly, Bernard (1998a): Art. ‚Rhazes'. In: Priesner, Claus/Figala, Karin (Hgg.): Alchemie. Lexikon einer hermetischen Wissenschaft. München, S. 302-304.

Joly, Bernhard (1998b): Art. ‚Plato(n)'. In: Priesner, Claus/Figala, Karin (Hgg.): Alchemie. Lexikon einer hermetischen Wissenschaft. München, S. 279-280.

Jung, Carl Gustav (1942): Paracelsica. Zwei Vorlesungen übern den Arzt und Philosophen Theophrastus. Zürich/Leipzig.

Jüttner, Guido (1993): Art. ‚Materia prima'. In: LexMA – Lexikon des Mittelalters. Bde. 1-9. München/Zürich 1980-1998, Bd. 6, Sp. 380.

Jüttner, Guido (1995): Art. ‚Quecksilber'. In: LexMA – Lexikon des Mittelalters. 9 Bde. München/Zürich 1980-1998. Bd. 7, Sp. 358-359.

Kahn, Didier (2010): The „Turba Philosophorum" and ist Frensch Version (15th C.). In: López-Pérez, Miguel/Kahn, Didier/Rey-Bueno, Mar (Hgg.): Chymia. Science and Nature in Medieval and Early Modern Europe. Cambridge, S. 70-114.

Kämmerer, Ernst Wilhelm (1971): Das Leib-Seele-Geist-Problem bei Paracelsus und einigen Autoren des 17. Jahrhunderts. (= Kosmosophie 3). Wiesbaden.

Keil, Gundolf (1995): Mittelalterliche Konzepte in der Medizin des Paracelsus. Anmerkungen zur Verwendbarkeit des Hohenheimers als personalautoritative Berufungsinstanz. In: Volker Zimmermann (Hg.): Paracelsus. Das Werk – die Rezeption. Beiträge des Symposiums zum 500. Geburtstag von Theophrastus Bombastus von Hohenheim, genannt Paracelsus (1493-1541) an der Universität Basel am 3. Und 4. Dezember 1993. Stuttgart, S.173-193.

Keil, Gundolf/Mayer, Johannes G./Reininger, Monika (1995): „ein kleiner Leonardo". Ulrich Rülein von Kalbe als Humanist, Mathematiker, Montanwissenschaftler und Arzt. In: Keil, Gundolf (Hg.): Würzburger Fachprosa-Studien. Beiträge zur mittelalterlichen Medizin-, Pharmazie- und Standesgeschichte aus dem Würzburger medizinhistorischen Institut [Festschrift Michael Holler]. (= Würzburger medizinhistorische Forschungen 38). Würzburg, S. 228-247.

Khunrath, Heinrich (1595): Amphitheatrum sapientiae aeternae solius verae. Hamburg.

Khunrath, Heinrich (1708): Vom Hylealischen, Das ist/ Pri-materialischen Catholischen Oder Allgemeinen Natürlichen Chaos. Der Naturgemässen Alchymiae Und Alchymisten. Frankfurt/M. (erstmals Magdeburg 1597).

Killy, Walther/Kühlmann, Wilhelm (Hgg.): Killy Literaturlexikon – Autoren und Werke des deutschsprachigen Kulturraumes. 2., vollständig überarbeitete Auflage. Hg. von Wilhelm Kühlmann in Verbindung mit Achim Aurnhammer, Jürgen Egyptien, Karina Kellerman, Steffen Martus und Reimund B Sdzuj. Band 1-12. Berlin/New York: 2008-2011.

Koselleck, Reinhart (1979): Begriffsgeschichte und Sozialgeschichte. In: Ders. (Hg.): Historische Semantik und Begriffsgeschichte. (= Sprache und Geschichte 1). Stuttgart, S. 19-36.

Koselleck, Reinhart (2003): Die Geschichte der Begriffe und Begriffe der Geschichte. In: Dutt, Carsten (Hg.): Herausforderungen der Begriffsgeschichte. Heidelberg, S. 3-16.

Koselleck, Reinhart (2006): Begriffsgeschichten. Studien zur Semantik und Pragmatik der politischen und sozialen Sprache. Frankfurt/M.

Krodel, Gerhard (1948): Die Abhängigkeit Weigels von Paracelsus. Erlangen.

Kruger, Johannes (um 150): ‚Prozessbuch'. Chart. B 366, Forschungsbibliothek Gotha. Krüger, Mechthild (1968): Zur Geschichte der Elixiere, Essenzen und Tinkturen. (= Veröffentlichung aus dem Pharmaziegeschichtlichen Seminar der Technischen Hochschule Braunschweig 10). Braunschweig.

Kühlmann, Wilhelm (1999): Der >Hermetismus< als literarische Formation. Grundzüge seiner Rezeption in Deutschland. In: Scientia Poetica 3/1999, S. 145-157.

Kühlmann, Wilhelm (2000): Der vermaledeite Prometheus. Die antiparacelsistische Lyrik des Andreas Libavius und ihr historischer Kontext. In: Scientia Poetica 4/2000, S. 30-61.

Kühlmann, Wilhelm (2010): Art. ‚Paracelsus'. In: Ders. (Hg.): Killy Literaturlexikon Autoren und Werke des deutschsprachigen Kulturraumes, 2. vollst. überarb. Aufl., Bd. 9. Berlin. Online-Ressource: <www.degruyter.com/view/VDBO/vdbo.killy.4890> [Letzter Zugriff: 12.12.2016].

Kühlmann, Wilhelm/Telle, Joachim (1985): Humanismus und Medizin an der Universität Heidelberg im 16. Jahrhundert. In: Doerr, Wilhelm (Hg.): Semper Apertus. Sechshundert Jahre Ruprecht-Karls-Universität Heidelberg 1386-1986. Bd. I: Mittelalter und frühe Neuzeit 1386-1803. Berlin, S. 255-289.

Kühlmann, Wilhelm/Telle, Joachim (Hgg.) (2001): Corpus Paracelsisticum. Der Frühparacelsismus I. (= Dokumente frühneuzeitlicher Naturphilosophie in Deutschland). Tübingen.

Kühlmann, Wilhelm/Telle, Joachim (Hgg.) (2004): Corpus Paracelsisticum. Der Frühparacelsismus II. (= Dokumente frühneuzeitlicher Naturphilosophie in Deutschland). Tübingen.

Kühlmann, Wilhelm/Telle, Joachim (Hgg.) (2013): Corpus Paracelsisticum. Der Frühparacelsismus III. 2 Bde. (= Dokumente frühneuzeitlicher Naturphilosophie in Deutschland). Berlin/Boston.

Kuhn, Michael (1996): De nomine et vocabulo: der Begriff der medizinischen Fachsprache und die Krankheitsnamen bei Paracelsus (1493-1541). Inaugural-Dissertation. (= Germanistische Bibliothek: Reihe 3, Untersuchungen; N.F., Bd. 24). Heidelberg.

Kurdzialek, Manfred/Dierse, Ulrich/Kuhlen, Rainer (1971): Art. ‚Chaos'. In: Ritter, Joachim/Gründer, Karlfried (Hgg.): Historisches Wörterbuch der Philosophie, Sp. 980-984.

Lange, Friedrich Albert ([1866] 1914): Geschichte des Materialismus und Kritik seiner Bedeutung in der Gegenwart. 2. Bde. Leipzig.

Leinkauf, Thomas (Hg.) (2005): Der Naturbegriff in der Frühen Neuzeit. Semantische Perspektiven zwischen 1500 und 1700. Tübingen.

Lexer, Matthias (^{38}1992): Mittelhochdeutsches Taschenwörterbuch. Stuttgat.

LexMA – Lexikon des Mittelalters. Bde. 1-9. München/Zürich 1980-1998.

Libavius, Andreas: Die Alchemie des Andreas Libavius. – Ein Lehrbuch der Chemie aus dem Jahre 1597. Zum ersten Mal in deutscher Übersetzung, mit einem Bild- und Kommentarteil. Gesamtbearbeitung: Friedemann Rex. Weinheim 1964.

Lieb, Fritz (1962): Valentin Weigels Kommentar zur Schöpfungsgeschichte und das Schrifttum seines Schülers Benedikt Biedermann. Eine literarkritische Untersuchung zur mystischen Theologie des 16. Jahrhunderts. Zürich.

Limbeck, Sven (1999): Die »Visio Arislei«. Überlieferung, Inhalt und Nachleben einer alchemischen Allegorie. Mit Edition einer Versfassung. In: Kühlmann, Wilhelm/ Müller-Jahncke, Wolf-Dieter (Hgg.): Iliaster: Literatur und Naturkunde in der frühen Neuzeit. Festgabe für Joachim Telle zum 60. Geburtstag. Heidelberg, S. 167-190.

Linden, M[aximilian]. J. [Joseph] Freiherr von (1794): Handschriften für Freunde geheimer Wissenschaften. Wien: Blumauer.

Luther, Martin: Auslegung des ersten Buches Mose. In: Dr. Martin Luthers Sämtliche Schriften. Hg. v. Georg Walch. Bd. I: Auslegung des ersten Buches Mose. Groß Oesingen 1986.

Mayer, Johannes Gottfried (1995): Konrad von Megenberg und Paracelsus. Beobachtungen zu einem Wandel in der volkssprachlichen naturwissenschaftlichen Literatur des Spätmittelalters. In: Würzburger Fachprosastudien. Beiträge zur mittelalterlichen Wissenschafts- und Geistesgeschichte. (=Würzburger medizinhistorische Forschungen). Würzburg, S. 322-335.

Meier, Pirmin (1993): Paracelsus, Arzt und Prophet. Annäherungen an Theophrastus von Hohenheim. Zürich.

Metzke, Erwin (1943): Paracelsus Anschauungen von der Welt und vom menschlichen Leben. (= Sonderhefte der Deutschen Philosophischen Gesellschaft 8). Berlin.

Mittler, Elmar (Hg.) (1986): Bibliotheca Palatina. Katalog zur Ausstellung der Universität Heidelberg in Zusmmenarbeit mit der Bibliotheca Apostolica Vaticana] vom 8. Juli bis 2. Nomeber 1986 in der Heiliggeistkirche Heidelberg. Textband. Heidelberg.

Möseneder, Karl (2009): Paracelsus und die Bilder. Über Glauben, Magie und Astrologie im Reformationszeitalter. (= Frühe Neuzeit 140). Tübingen.

Müller, Carl Werner (1965): Gleiches zu Gleichem: ein Prinzip frühgriechischen Denkens. (= Klassisch-philologische Studien 31). Wiesbaden.

Müller, Ernst/Schmieder, Falko (2016): Begriffsgeschichte und historische Semantik. Ein kritisches Kompendium. Berlin.

Müller-Jahncke, Wolf-Dieter (1972): Andreas Libavius im Lichte der Geschichte der Chemie. In: Jahrbuch der Coburger Landesstiftung. Coburg, S. 205-230

Müller-Jahncke, Wolf-Dieter (1995): Makrokosmos und Mikrokosmos bei Paracelsus. In: Zimmermann, Volker (Hg.): Paracelsus. Das Werk – die Rezeption. Beiträge des Symposiums zum 500. Geburtstag von Theophrastus Bombasuts von Hohenheim, genannt Paracelsus (1493-1541) an der Universität Basel am 3. Und 4. Dezember 1993. Stuttgart, S. 59-66.

Müller-Jahncke, Wolf-Dieter (1998): Art. ‚Libavius, Andreas‘. In: Priesner, Claus/Figala, Karin (Hgg.): Alchemie. Lexikon einer hermetischen Wissenschaft. München, S. 221-223.

Newman, William R. (1991): The „Summa Perfectionis" of Pseudo-Geber: A Critical Edition, Translation and Study. Leiden.

Newman, William R. (1998): Art. ‚Avicenna‘. In: Priesner, Claus/Figala, Karin (Hgg.): Alchemie. München, S. 67.

Newman, William R. (1998): Art. ‚Geber. In: Priesner, Claus/Figala, Karin (Hgg.): Alchemie. München, S. 145-147.

Newman, William R. (1998): Art. ‚Prinzipien‘. In: Priesner, Claus/Figala, Karin (Hgg.): Alchemie. München, S. 288-290.

Neumann, Hans-Peter (2004): Natura sagax – Die geistige Natur. Zum Zusammenhang von Naturphilosophie und Mystik in der frühen Neuzeit am Beispiel Johann Arndts. (= Frühe Neuzeit 94). Tübingen.

Origines: De principiis libri IV. Origines Vier Bücher von den Prinzipien. Ediderunt, transtulerunt, adnotationibus criticis es exegeticis instruxerunt Herwig Görgemanns et Heinrich Karpp. (= Texte zur Forschung 24). Darmstadt 1976.

Publius Ovidius Naso: Metamorphosen. In der Übertragung von Johann Heinrich Voß (1990). Frankfurt am Main/Leipzig.

Pagel, Walter (1961): The Prime Matter of Paracelsus. In: Ambix. The Journal of the Society für the Study of Alchemy and Early Chemistry. Bd. 9. Cambridge, S. 117-135.

Pagel, Walter (1962): Das medizinische Weltbild des Paracelsus – seine Zusammenhänge mit Neuplatonismus und Gnosis. (= Kosmosophie. Forschungen und Texte zur Geschichte des Weltbildes, der Naturphilosophie, der Mystik und des Spiritualismus vom Spätmittelalter bis zur Romantik 1). Wiesbaden.

Pagel, Walter (1968): Paracelsus: Traditionalism and Mediaeval Sources. In: Medicine, Science and Culture. Historical Essays in Honor of Owsei Temkin, S. 51-75.

Pagel, Walter (1979): Paracelsus als „Naturmystiker". In: Faivre, Antoine/Zimmermann, Rolf Christian (Hgg.): Epochen der Naturmystik. Hermetische Tradition im wissenschaftlichen Fortschritt. Berlin, S. 52-104.

Pagel, Walter (1982): Paracelsus. An Introduction to Philosophical Medicine in the Era of the Renaissance. 2nd revised edition. Basel/New York.

Pagel, Walter (1984): The Smiling Spleen. Paracelsianism in Storm and Stress. Basel.

Pagel, Walter/Winder, Marianne (1974): The Higher Elements and Prime Matter in Renaissance Naturalism and in Paracelsus. In: Ambix. The Journal of the Society für the Study of Alchemy and Early Chemistry, Bd. 21. Cambridge, S. 93-127.

Paracelsus (1589/1591): Bücher vnd Schrifften. Hg. von Johannes Huser, Tle. 1-10. Basel: Konrad Waldkirch. [Reprographischer Nachdruck Hildesheim 1971/1973]

Paracelsus (1922/33): Sämtliche Werke. 1. Abteilung: Medizinischen, naturwissenschaftliche und philosophische Schriften. Hg. von Karl Sudhoff, Bde. 1-14. München/Berlin.

Peuckert, Will-Erich (1956): Pansophie. Ein Versuch zur Geschichte der weißen und schwarzen Magie. Berlin.

Peuckert, Will-Erich (1991): Theophrastus Paracelsus. Hildesheim/Zürch/New York.

Pfefferl, Horst (1988): Valentin Weigel und Paracelsus. In: Paracelsus und sein dämonengläubiges Jahrhundert. (= Salzburger Beiträge zur Paracelsusforschung 26). Salzburg, S. 77-95.

Pfefferl, Horst (1991): Die Überlieferung der Schriften Valentin Weigels. Diss.-Teildruck. Marburg.

Pfefferl, Horst (1995): Die Rezeption des paracelsischen Schrifttums bei Valentin Weigel. Probleme ihrer Erforschung am Beispiel der kompilatorischen Schrift, Viererlei Auslegung von der Schöpfung'. In: Dilg, Peter/Rudolpf,

Hartmut (Hgg.): Neue Beiträge zur Paracelsus-Forschung. (= Hohenheimer Protokolle). Stuttgart, S. 151-168.

Platon: Timaios. Griechisch/Deutsch. Übersetzung, Anmerkungen und Nachwort von Thomas Paulsen und Rudolf Rehn. Stuttgart 2003.

Poensgen, Georg (Hg.) (1956): Ottheinrich. Gedenkschrift zur viertelhundertjährigen Wiederkehr seiner urfürstenzeit in der Pfalz (1556-1559). (= Ruperto-Carola Sonderband). Heidelberg.

Priesner, Claus (1998): Art. ‚Farben‘. In: Ders./Figala, Karin (Hgg.) (1998): Alchemie. München, S. 131-133.

Priesner, Claus (1998): Art. ‚Salz(e)‘. In: Ders./Figala, Karin (Hgg.) (1998): Alchemie. München, S. 319-321.

Priesner, Claus/Figala, Karin (Hgg.) (1998): Alchemie. Lexikon einer hermetischen Wissenschaft. München.

Principe, Lawrence M. (1998): Art. ‚Gold‘. In: Priesner, Claus/Figala, Karin (Hgg.): Alchemie. München, S. 157-160.

Rauner, Erwin et al. (1987): Art. ‚Florilegium‘. In: Lexikon des Mittelalters. München, Bd. 4, Sp. 566-572.

Redl, Philipp (2008): Aurora Philosophorum. Zur Überlieferung eines pseudoparacelsischen Textes aus dem 16. Jahrhundert. In: Daphnis 37, S. 689-712.

Reusner, Hieronymus (Hg.) (1582): Pandora: Das ist/ Die edlest Gab Gottes/ oder der werde vnd heilsame Stein der Weysen/ mit welchem die alten Philosophi/ auch Theophrastus Paracelsus, die vnvolkommene Metallen/ durch gewalt des Fewrs verbessert. Basel.

Riecken, Friedo (1967): Die Logoslehre des Eusebios von Caesarea und der Mittelplatonismus. In: Theologie und Philosophie 42, S. 341-358.

Ritter, Joachim/Gründer, Karlfried (Hgg.) (1980): Historisches Wörterbuch der Philosophie. Darmstadt.

Rosarium Philosophorum. Ein alchemisches Florilegium des Spätmittelalters. Faksimile der illustrierten Erstausgabe 1550. Hrsg. und erläutert von Joachim Telle, aus dem Lateinischen ins Deutsche übersetzt von Lutz Claren und Joachim Huber. 2 Bde. Weinheim 1992.

Rudolph, Hartmut (1980): Kosmosspekulation und Trinitätslehre. Ein Beitrag zur Beziehung zwischen Weltbild und Theologie bei Paracelsus. In: Salzburger Beiträge zur Paracelsusforschung 21, S. 32-47.

Ruland, Martin (1612): Lexicon Alchemiae sive Dictionarium Alchemisticum, Cum obscuriorum Verborum, et Rerum Hermeticarum, tum Tophrast-Paracelsicarum Phrasium, Planum Explicationem continens. Hildesheim. [Reprografischer Nachdruck v. 1964].

Rülein, Ulrich (1527): Ein nützlich Bergbüchlin von allen Metallen/ als Golt/ Silber/ Zeyn/ Kupfer ertz/ Eisen stein/ Bleyertz/ vnd vom Quecksilber. Erffurd [Sächsische Landesbibliothek – Staats- und Universitätsbibliothek Dresden, Signatur 3.A.8150].

Ruska, Julius (1926): Tabula Smaragdina. Ein Beitrag zur Geschichte der hermetischen Literatur. (= Heidelberger Akten der von Portheim-Stiftung). Heidelberg.

Ruska, Julius (1931): Turba Philosophorum. Ein Beitrag zur Geschichte der Alchemie. (= Quellen und Studien zur Geschichte der Naturwissenschaften und der Medizin 1). Berlin.

Ruska, Julius (1935): Das Buch der Alaune und Salze. Ein Grundwerk der spätlateinischen Alchemie. Berlin.

Ruska, Julius (1936): Studien zu Muhammad Ibn Umail al-Tamimi's Kitab al-Ma' al-Waraqi wa'l-Ard an-Najmiyah. In: Isis 24/2, S. 310-342.

Sartorius von Waltershausen, Bodo (1935): Paracelsus am Eingang der deutschen Bildungsgeschichte. (= Forschungen zur Geschichte der Philosophie und der Pädagogik). Leipzig.

Schemann, Hans (2011): Deutsche Idiomatik. Wörterbuch der deutschen Redewendungen im Kontext. Berlin/Boston.

Schipperges, Heinrich (1974): Paracelsus. Der Mensch im Licht der Natur. (= Edition Alpha 4). Stuttgart.

Schipperges, Heinrich (1982): Zum Topos von >ratio et experimentum< in der älteren Wissenschaftsgeschichte. In: Fachprosa-Studien. Beiträge zu mittelalterlichen Wissenschafts- und Geistesgeschichte. Hg. v. Gundolf Keil. Berlin, S. 25-35.

Schipperges, Heinrich (1983): Paracelsus: das Abenteuer einer sokratischen Existenz. Freiburg i.Br.

Schmidt-Biggemann, Wilhelm (2013): Geschichte der christlichen Kabbala. Band 2: 1600-1660. (= Clavis Pansophiae 10,2). Stuttgart/Bad Cannstatt.

Schmitz, Rudolf (1986): Art. ‚Elixier'. In: Lexikon des Mittelalters, Bd. 3, Sp. 1843-1845.

Schneider, Wolfgang (1962): Lexikon alchemistisch-pharmazeutischer Symbole. Weinheim.

Schulz, Wolfgang (1910): Dokumente der Gnosis. Jena.

Schwanke, Johannes (2004): Creatio ex nihilo. Luthers Lehre von der Schöpfung aus dem Nichts in der Großen Genesisvorlesung (1535-1545). (=Theologische Bibliothek Töpelmann, Bd. 126). Berlin/New York.

Schwedt, Georg (2009): Chemische Experimente in Schlössern, Klöstern und Museen. Aus Hexenküche und Zauberlabor. Weinheim.

Sendivogius, Michael (1604): Novum Lumen Chymicum. Prag.

Sendivogius, Michael (1606): Von dem Rechten wahren Philosophischen Stein. Zwoelff Tractaetlein in einem Wercklin verfasset vnd begriffen/ in dem derselbig/ sampt seiner bereitung/ auß dem Vrsprung der Natur/ auch erfahner Handarbeit. Übers. von Isaak Habrecht. Straßburg: Lazarus Zetzner.

Sendivogius, Michael (1607): Dialogus Mercurii, Alchymistae Et Naturae. Köln.

Sendivogius, Michael (1608): Colloqvivm oder Gespraech der Natur/ deß MERCVRII, vnd eines Alchymisten. In: Figulus, Benedictus: Thesaurinella Olympica aurea tripartita. Das ist: Ein himmlisch gueldenes Schatzkaemmerlein/ von vielen außerlesenen Clenodien zugeruestet/ darinn der vhralte grosse vnd hochgebenedeyte Carfunckelstein vnd Tincturschatz verborgen. Frankfurt/Main.

Sendivogius, Michael (1616): Tractatus de Sulphure. Köln.

Smith, Pamela H. (1998): Art. ‚Fürstenalchemie'. In: Priesner/Figala (Hgg.): Alchemie, S. 140-143.

von Suchten, Alexander (1604): Antimonii Mysteria Gemina, Das ist: Von den grossen Geheimnussen deß Antimonij. Leipzig.

Speyer, Carl (1925): Pfalzgraf Ottheinrich und die Alchimie. In: Mannheimer Geschichtsblätter 26, Sp. 130-134.

Sudhoff, Karl (1894): Versuch einer Kritik der Echtheit der Paracelsischen Schriften. I. Theil: Die unter Hohenheim's Namen erschienenen Druckschriften. Berlin.

Sudhoff, Karl (1929): Einleitendes. In: Paracelsus: Sämtliche Werke. 1. Abteilung: Medizinischen, naturwissenschaftliche und philosophische Schriften. Hg. von Karl Sudhoff, Bde. 1-14. Bd. 1. München/Berlin.

Sudhoff, Karl (1936): Paracelsus. Ein deutsches Lebensbild aus den Tagen der Renaissance. Leipzig.

Szydlo, Zbigniew (1994): Water which does not wet hands. The alchemy of Michael Sendivogius. London/Warschau (Polnische Akademie der Wissenschaften).

Szydlo, Zbigniew (1993): The alchemy of Michael Sendivogius. His central nitral theory. Ambix 40, S. 129-146.

Telle, Joachim (1974): Kilian, Ottheinrich und Paracelsus. In: Heidelberger Jahrbücher 18, S. 37-49.

Telle, Joachim (1980): Sol und Luna. Literar- und alchemiegeschichtliche Studien zu einem altdeteutschen Bildgedicht, mit Text- und Bildanhang. (= Schriften zur Wissenschaftsgeschichte 2). Hürtgenwald.

Telle, Joachim (1981): Kurfürst Ottheinrich, Hans Kilian und Paracelsus. Zum pfälzischen Paracelsismus im 16. Jahrhundert. In: Rudolph, Hartmut (Hg.): Von Paracelsus zu Goethe und Wilhelm von Humboldt. (= Salzburger Beiträge zur Paracelsusforschung 22). Wien, S. 130-146.

Telle, Joachim (1983): Art. ‚Buch der Heiligen Dreifaltigkeit'. In: Lexikon des Mittelalters. München, Bd. 2, Sp. 812-813.

Telle, Joachim (1986a): Art. ‚Donum Dei'. In: Lexikon des Mittelalters. München, Bd. 3, S. 393f.

Telle, Joachim (1986b): Khunraths Amphitheatrum – ein frühes Zeugnis der physikotheologischen Literatur. In: Mittler, Elmar (Hg.): Bibliotheca Palatina. Katalog zur Ausstellung vom 8. Juli bis 2. November 1986 Heiliggeistkirche Heidelberg. Textband. (= Heidelberger Bibliotheksschriften 24). Heidelberg, S. 346-47.

Telle, Joachim (1987a): Benedictus Figulus. Zu Leben und Werk eines deutschen Paracelsisten. In: Medizinhistorisches Journal 22/4, S. 303-326.

Telle, Joachim (1987b): Art. ‚Ferrarius'. In LexMA, Bd.4, Sp. 393f.

Telle, Joachim (Hg.) (1991): Parerga Paracelsica. Paracelsus in Vergangenheit und Gegenwart. Stuttgart.

Telle, Joachim (1992): INDEX AUCTORUM. Kommentiertes Verzeichnis der im „Rosarium Philosophorum" zitierten Autoritäten. In: Rosarium Philosophorum. Ein alchemisches Florilegium des Spätmittelalters. Faksimile der illustrierten Erstausgabe 1550. Hrsg. und erläutert von Joachim Telle, aus

dem Lateinischen ins Deutsche übersetzt von Lutz Claren und Joachim Huber. 2 Bde. Weinheim, Bd. 2, S. 225-248.

Telle, Joachim (1994): Paracelsus als Alchemiker. In: Dopsch, Heinz/Kramml,
Peter F. (Hgg.): Paracelsus und Salzburg. Salzburg, S. 157-172.

Telle, Joachim (1995a): Turba Philosophorum. In: Verfasserlexikon, Band 9, Sp.
1151–1157.

Telle, Joachim (1995b): Tabula Smaragdina. In: Die deutsche Literatur des Mittelalters: Verfasserlexikon. Berlin, Bd. 9, Sp. 567-569.

Telle, Joachim (1998): Art. ‚Heinrich Khunrath‘. In: Priesner, Claus/Figala, Karin (Hgg.): Alchemie. München, S. 194-196.

Telle, Joachim (2003): Das Rezept als literarische Form. Zum multifunktionalen
Gebrauch des Rezepts in der deutschen Literatur. In: Berichte zur Wissenschaftsgeschichte 26, S. 251-274.

Telle, Joachim (2004a): Art. Buch der Heiligen Dreifaltigkeit. In: Verfasserlexikon, Bd. 11, Sp. 1573-1580.

Telle, Joachim (2004b): Art. ‚Senior Zadith‘. In: Verfasserlexikon, Bd. 11, Sp.
1425.

Telle, Joachim (2006): Zur Alchemiegeschichte vom Spätmittelalter bis zum
Anfang des 17. Jahrhunderts. In: Early Science and Medicine 11/3, S. 336-
344.

Telle, Joachim (2007): Worte am Paracelsus-Grab. In: Salzburger Beiträge zur
Paracelsusforschung 41: Paracelsus und das Reich, S. 91-98.

Telle, Joachim (2008a): Art. ‚Figulus, Benedictus‘. In: Kühlmann, Wilhelm
(Hg.): Killy Literaturlexikon Autoren und Werke des deutschsprachigen Kulturraumes, 2. vollst. überarb. Aufl. Berlin. Bd. 3, Sp. 440-441.

Telle, Joachim (2008b): Art. ‚Trevisanus, Bernardus‘. In: Kühlmann, Wilhelm
(Hg.): Killy Literaturlexikon. Autoren und Werke des deutschsprachigen
Kulturraumes, 2. Vollst. Überarb. Aufl. Berlin. Bd. 1, S. 477.

Telle, Joachim (2011): Art. ‚Leonhard Thurneisser‘. In: Kühlmann, Wilhelm
(Hg.): Killy Literaturlexikon. Bd. 11, S. 520-522.

Telle, Joachim (2013a): Alchemie und Poesie. Deutsche Alchemikerdichtungen
des 15. bis 17. Jahrhunderts. Untersuchungen und Texte. 2 Bde. Ber-
lin/Boston.

Telle, Joachim (2013b): Das pseudoparacelsische Adler/Löwe-Sinnbild unter
deutschen Lehrdichtern. In: Ders.: Alchemie und Poesie, S. 897-929.

Telle, Joachim (2013c): „De prima materia lapidis philosophici". Zu einer deutschen Lehrdichtung im Basilius-Valentinus-Alchemicacorpus. In: Ders.: Alchemie und Poesie, S. 647-688.

Telle, Joachim (2013d): Der „Sermo philosophicus". Eine deutsche Lehrdichtung des 16. Jahrhunderts über den Mercurius philosophorum. In: Ders.: Alchemie und Poesie, S. 725-760.

Telle, Joachim (2013e): Die Dichtungen im *Dritten Aufgang der mineralischen Dinge* von Johann Hartprecht unter besonderer Berücksichtigung eines Lehrgedichtes *Vom Salz*. In: Ders.: Alchemie und Poesie, S. 931-987.

Telle, Joachim (2013f): Ein Gedicht „Vom Rebis". In: Ders.: Alchemie und Poesie, S. 399-405.

Telle, Joachim (2013g): Neptun unter Alchemikern. Ein deutsches Lehrgedicht „Vom alchemischen Stein" des Görlitzer Juristen Georg Klet (1508). In: Ders.: Alchemie und Poesie, S. 324-349.

Telle, Joachim (2013h): „Vom Stein der Weisen". Eine alchemoparacelsistische Lehrdichtung des 16. Jahrhunderts. In: Ders.: Alchemie und Poesie, S. 408-459.

Telle, Joachim (2013i): *Vom Tinkturwerk*. Ein alchemisches Reimpaargedicht des 16. Jahrhunderts und seine Bearbeitungen von Andreas Ortel (1624) und J.R.V. (1705). In: Ders.: Alchemie und Poesie, S. 761-800.

Telle, Joachim (2013j): Ein Rätselgedicht „Vom Stein der Weisen" von Georg Klet. In: Ders.: Alchemie und Poesie, S. 351-361.

Telle, Joachim (im Ersch.): Art. ‚Alchemie'. In: Müller, Gernot Michael/Rudolph, Enno (Hgg.): Ueberweg. Grundriss der Geschichte der Philosophie. Die Philosophie der Renaissance und des Humanismus. Basel.

Thomas von Aquin [1886-1892]: Die katholische Wahrheit oder die theologische Summa des Thomas von Aquin deutsch wiedergegeben durch Ceslaus Maria Schneider. Regensburg. 12 Bände. [Online-Resource: <www.unifr.ch/bkv/summa/buch1.htm>; letzter Zugriff: 28.4.2018].

Thorndike, Lynn (1923/58): A history of magic and experiental science. Bde.1-8. New York.

Thurneisser zum Thurn, Leonhardt (1587): Magna Alchymia. Daß ist ein Lehr vnd vnterweisung von den offenbaren vnd verborgenlichen Naturen/ Arten vnd Eigenschafften/ allerhandt wunderlicher Erdtgewechssen/ als Ertzen/

Metallen/ Mineren/ Erdsäfften/ Schwefeln/ Mercurien, Saltzen vnd Gesteinen. Köln.

Toxites (1574): ONOMASTICA II. I. PHILOSOPHICVM; MEDICVM;
SYNONYMVM ex varijs vulgaribusque linguis. II. THEOPHRASTI
PARACELSI: hoc est, earum, vocum, quarum scriptis eius solet usus esse,
explication. NVNC PRIMVM IN COMMODVM omnium philosophiae, ac
Medicinae Theophrasticae studiosorum, cuiuscunque; nationis sint: fideliter
publicata. Straßburg.

Tractatum de materia, forma et substantia (um 1520): In: Cod. pal. germ. 467
(„Ottheinrichsband" (1552), Universitätsbibliothek Heidelberg), Bl. 457^r-
469^v.

Ullmann, Manfred (1973): Die Natur- und Geheimwissenschaften im Islam.
Leiden.

Universitätsbibliothek Heidelberg (Hg.): Die Codices Palatini germanici in der
Universitätsbibliothek Heidelberg (Cod. Pal. germ. 304-495). Wiesbaden.

Vom Tinkturwerk (16. Jh.). Hg. v. Benedictus Figulus. In: Pandora magnalium
naturalium aurea et benedicta. Straßburg 1608, S. 263-268.

Weeks, Andrew (1997): Paracelsus. Speculative Theory and the Crisis of Early
Reformation. New York.

Wegener, Christoph (1988): Der Code der Welt. Das Prinzip der Ähnlichkeit in
seiner Bedeutung und Funktion für die Paracelsische Naturphilosophie und
Erkenntnislehre. (= Europäische Hoschschulschriften, Reihe 20: Philosophie,
Bd. 250). Frankfurt/M.

Weigel, Valentin: Sämtliche Schriften. Bd. 11: Informatorium, Natürliche Auslegung von der Schöpfung, Vom Ursprung aller Dinge, Viererlei Auslegung
von der Schöpfung. Hg. von Horst Pfefferl. Stuttgart/Bad Cannstatt 2007.

Wißner, Adolf (1966): Art. ‚Habrecht, Isaak'. In: Neue Deutsche Biographie
(NDB). Band 7. Berlin, S. 400.

Zedler, Johann Heinrich (1731-1754): Grosses vollständiges Universal-Lexicon
aller Wissenschaften und Kuenste. 68 Bde. Leipzig/Halle.

Zeller, Winfried (1940): Die Schriften Valentin Weigels. Eine literarkritische
Untersuchung. (= Historische Studien 370). Berlin.

Zeller, Winfried (1978): Theologie und Frömmigkeit. Gesammelte Aufsätze. Bd.
1+2. Hg. von Jaspert, Bernd. (=Marburger Theologische Studien). Marburg.

Anhang: Textproben

1 Editionsprinzipien

Die Textwiedergabe erfolgt in Anlehnung an die für die „Deutschen Texte des Mittelalters" empfohlenen Richtlinien.[731] Die Orthographie des Textes ist möglichst zeichengetreu. Diakritische Zeichen werden nicht wiedergegeben. Vereinzelte Abbreviaturen sind aufgelöst. Der Gebrauch von *u* und *v* sowie von *i* und *j* bleibt unangetastet. Anstelle alchemischer Zeichen stehen Wörter. Schriftartwechsel (z.B. bei Latinismen) werden nicht wiedergegeben. Die Interpunktion wurde nach modernen Gesichtspunkten eingeführt. Satzanfänge erhielten Großschreibung, ansonsten bleibt die Groß- und Kleinschreibung unangetastet. Fehlende Spatien sind ergänzt, überflüssige sind entfernt worden. Der Zeilenfall wird nicht wiedergegeben. Die Absatzgliederung sowie Seitenzählung folgen der Vorlage. Wort- und Sacherläuterungen befinden sich in den Fußnoten.

---

[731] Hübner, Alfred (1934): Grundsätze für die Herausgabe und Anweisungen zur Druckeinrichtung der Deutschen Texte des Mittelalters. In: Deutsche Texte des Mittelalters 38, S. VI – IX.

© Springer Fachmedien Wiesbaden GmbH, ein Teil von Springer Nature 2019
K. Dück, *Materia prima*, Edition Centaurus – Neuere Medizin- und Wissenschaftsgeschichte, https://doi.org/10.1007/978-3-658-28737-5

2 Textproben

2.1 Anonymus: *Die Erste materia spricht*

2.1.1 Textgrundlage: Überlieferung A

Anonymus: *Die Erste materia zcw dem ertrich spricht*. In: Leiden, Universiteits-bibliotheek, Cod. Voss. Chem. F. 29, Bl. 34ᵛ.[732] Abschrift durch Valentin Hernworst[733].

2.1.2 Textwiedergabe: Überlieferung A

[34ᵛ] Die Erste materia[734] zcw dem ertrich spricht: In allen dingennnn vnd Corpernn Byn jch,[735] vnd doch vnzerstorlich, hette mich die natur[736] geberth, Szo were ich lange Vorstorth, worde meyn Corper durch das fewr vorzcert, doch bleibe ich vnuorserth, der hymelstawe[737] macht mich gnugsam, das der geist[738] bey myr wonen kann vnd vorcheret mich Zcart, das ich durch dye sublimirunge[739] zcw der medicin werde gefurth, Wan du Erde mit dem Wasser

---

[732] Der Codex wurde zwischen 1522 und 1533 angelegt (siehe dazu Telle 2013h, S. 348). Zur Handschrift siehe Boeren (1975): Codices Vossiani Chymici (wie Anm. 120), S. 83-90.

[733] Valentin Hernworst, Mainzischer Gerichtsdiener, Erfurt 1526.

[734] Erläuterungen zu diesem Begriff siehe Kapitel 2.1.4: Quecksilber/Mercurius als Materia prima in *Krugers Prozessbuch*.

[735] ,Ubiquität' in der Form, dass die Erste Materie ,überall und in allem' sei, ist wahrscheinlich die am häufigsten genannte Charaktereigenschaft der Materia prima.

[736] Der „sichtbare äußere Ausdruck einer geistigen, ewig wirkenden unsichtbaren schöpferischen Kraft" (Geßmann (1922): Geheimsymbole (wie Anm. 48), S. 50) hier im Gegensatz zum laboratisch-operativen Wirken des Alchemikers. – In der Überlieferung B steht hier ,materia'. – Ausführlich zum frühneuzeitlichen Naturbegriff siehe Leinkauf, Thomas (Hg.) (2005): Der Naturbegriff in der Frühen Neuzeit. Semantische Perspektiven zwischen 1500 und 1700. Tübingen.

[737] Metaphorischer Begriff für das kondensierende Sublimat am oberen Ende der Sublimationsapparatur.

[738] Gasförmig gewordener Stoff (Sublimat) bei einer Sublimation.

[739] Laborantische Operation der Sublimation, bei der ein fester Stoff durch Erhitzung gasförmig wird, ohne dass er dazwischen eine flüssige Phase hat. Der gasförmig gewordene Stoff wird nach der Abkühlung wieder aufgefangen. Die dafür benötigte Apparatur war die „Aludel": ein Topf mit mehreren übereinander gefügten Aufsätzen. – Vgl. dazu Schneider (1962): Lexikon alchemistisch-pharmazeutischer Symbole (wie Anm. 48), S. 89.

putrificirt[740] vnd schwarcz[741] worden bist, Szo nheme Jch ahn mich metallische
arth vnd werde in eine grosse arczeney gekarth, wer hait ye grosser wonder
gehort, von einer wilkorlichenn geborth, der leze der philozophj worth, der natur
heymlickeit vnd metall bestenthlickeit, wert In vier solution[742] bereyt mit der
putrificirthen[743] fuchtikeit, zcw der tinctur[744] gerechtigkeit, geschrieben durch
valten hernworst In hauße zcum weissen Schilde in der lawen gosse[745] anno
did[...] VVij am Erstenn tage der monden Novembris.

---

[740] ‚Fäulung'. Alchem. eine Stufe der Gradatio, bestehend in der Aufschließung einer Substanz
(dirigieren, lösen usw.) in der Wärme[...]. Pharm. der natürliche Prozeß des Verfaulens. – Vgl.
Schneider 1962, S. 84.

[741] Die erste Stufe des alchemischen Prozesses, auch ‚nigredo' genannt. – Vgl. Schneider 1962, S.
81.

[742] Lösung.

[743] Vgl. Anm. 867.

[744] Ätherische oder geistige Substanz, welche den mit ihr durchdrungenen Stoffen ihre eigenen
Eigenschaften verleiht. So soll bspw. die Goldtinktur allen mit ihr durchdrungenen Stoffen ihre
Eigenschaften verleihen und sie demnach in Gold verwandeln (Geßmann 1922, S. 64).

[745] Adresse konnte nicht ermittelt werden.

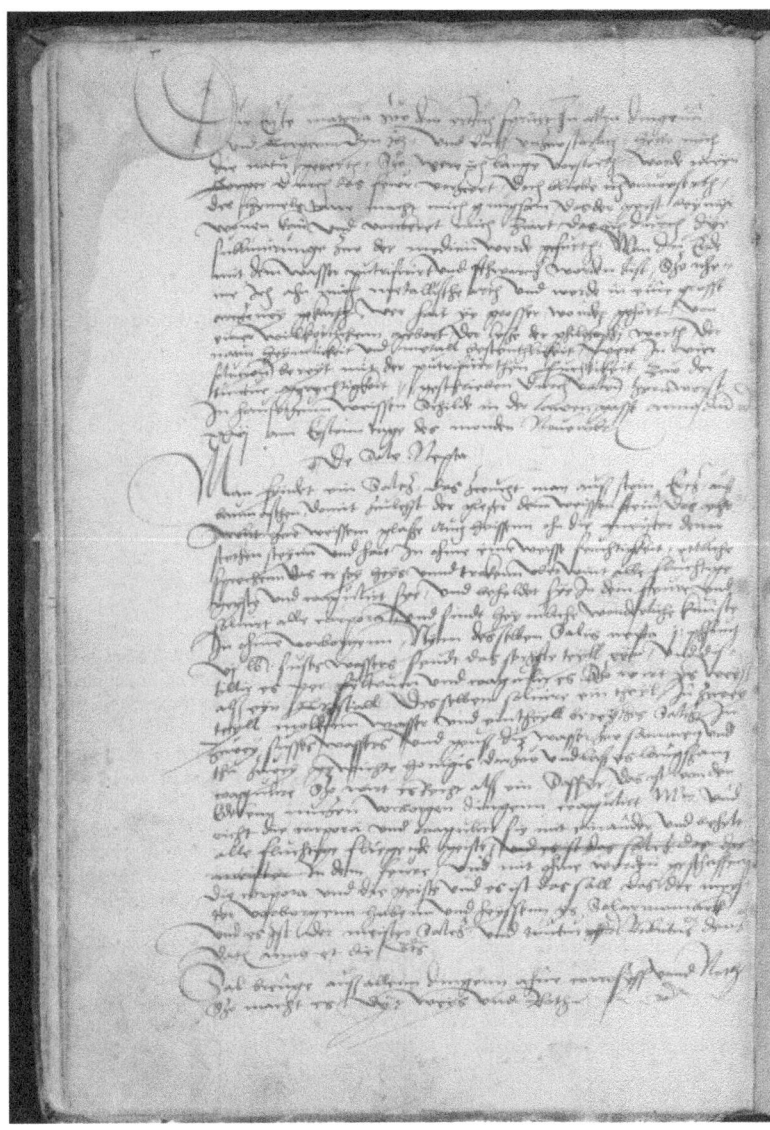

Abb. 3: Anonymus: *Die Erste materia spricht*. In: Universiteitsbibliotheek Leiden, Cod. Voss. Chem. F. 29, Bl. 34^v.

2.1.3 Textgrundlage: Überlieferung B

Anonymus: *Die Erste materia spricht.* In: Johannes Krugers *Prozessbuch*[746] (um 1570)[747], Gotha, Forschungsbibliothek, Chart. B 366, Bl. 82^v-83^r.

2.1.4 Textwiedergabe: Überlieferung B

[82^v] Nota: Die Erste materia spricht tzw dem Erdtreiche: Hor auff mich tzwpeinigenn. In allen corpern vnd dingen bin ich;[748] vnd doch vntzerstorligen hatt mich die materia[749] geberet, sonsten so wehr ich lange verstorth wurden, mein corper durch das Feuer vertzeret, auch pleibe ich vnuerseret. Das Hymmeltaw macht mich genuchsam, das der geist bey mihr gewonen kan, vnd vertzert mich tzarth, das ich durch die suplimirunge tzur medicin werde gefurt.

---

[746] Die Entscheidung, die vorliegende Handschrift als ‚Prozessbuch' zu bezeichnen, wurde aufgrund ihres Inhalts gefällt: Viele praktisch-operative Handlungsanweisungen mit voneinander getrennten Handlungsphasen werden als „Process" bezeichnet. Es wird der Begriff ‚Prozessbuch' verwendet, obwohl eine Untersuchung des Begriffs ‚Prozess' in naturkundlichen Zusammenhängen noch aussteht. Von Bedeutung wäre es, den Begriff v.a. gegen den des ‚Rezepts' (siehe dazu: Telle, Joachim (2003): Das Rezept als literarische Form. Zum multifunktionalen Gebrauch des Rezepts in der deutschen Literatur. In: Berichte zur Wissenschaftsgeschichte 26, S. 251-274.) abzugrenzen und zu klassifizieren, zumal der Prozess neben dem Rezept die wohl wichtigste Textsorte frühneuzeitlicher Sachschriften alchemischer Praktiker ist (siehe dazu Telle, Joachim (2013i): *Vom Tinkturwerk* (wie Anm. 48), S. 762-763).

[747] Die Datierung Krugers (Ir) ist bedauerlicherweise abgerissen. Immerhin ist noch zu lesen:„Anno domini. [...] 15[...] am donnerstag". Früheste Datierung eines Prozesses ist das Jahr 1573 (58v). Deswegen datiere ich das Krugersche *Prozessbuch* auf etwa 1570. Sein Nachbesitzer Johannes Schauberdt schreibt auf Iv „1580", wahrscheinlich das Jahr, in dem Schauberdt das Prozessbuch erworben hatte und sich als Besitzer und Liebhaber des Buches nennt (Iv).

[748] Die bereits in Anm. 735 erläuterte ‚Ubiquität' in der Form, dass die Erste Materie 'überall und in allem' sei, ist hier – wie auch sonst nicht selten – mit einem Einheitsgedanken verknüpft, nämlich dass 'das Ganze im Einen' sei. Vgl. dazu die durch den Schreiber veränderte Stelle in der letzten Zeile, in der es heißt, dass die Erste Meterie „metallisch[e] arth" annehme und „mith Jm eins" werde.

[749] Im Gegensatz zum Leidener Exemplar wurde hier statt „natur" „materia" eingesetzt. Auch wurde aus dem Konjunktiv „hett" „hatt", was dieser Passage eine offensichtlich andere Gewichtung beigemisst: Die „materia" ist es, die die „Erste materia" geberet und sie „vntzersorlig[...]" macht. Deswegen kann mit ihr auch operiert werden. Womöglich wurde die Textvorlage nicht verstanden und verändert. Zumindest im Leidener Exemplar meint die Passage genau das, dass die „Erste materia" vom Alchemiker geschaffen wird und eben nicht von der Natur, die jedoch die Ausgangssubstanz für die Operation der Sublimation geschaffen hat.

Vnd wan du erden, mith Wasser putrificiren vnd schwartzs wirth ist,[750] So nem ich an mich [83ʳ] metallischer arth vnd werde mith Jm einß et L:[?].

---

[750] Stelle wurde vom Schreiber entweder falsch gelesen, wenn man sie mit der Überlieferung A vergleicht, oder es wurde versucht einen sinnvollen Abschluss zu finden, da der Schluss ihaltlich oder aus Platzgründen offenbar nicht benötigt wurde.

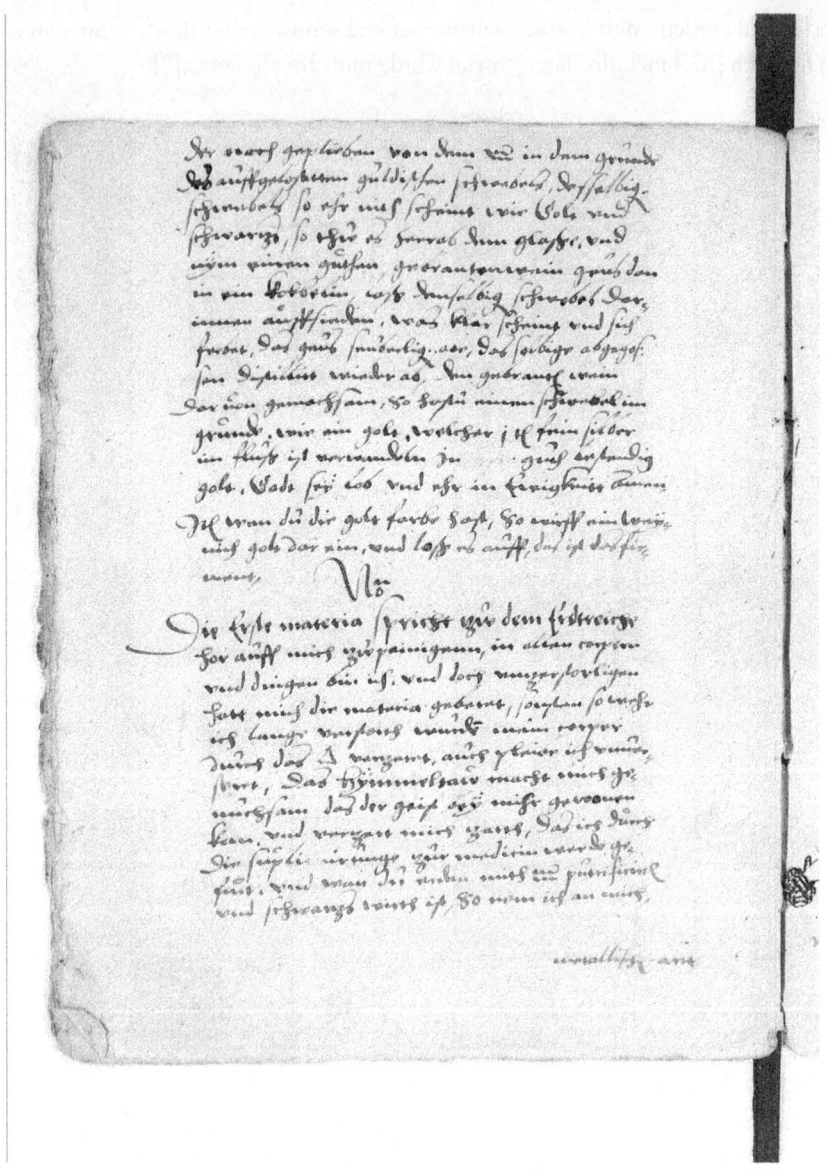

Abb. 4: Anonymus: *Die Erste materia spricht*. In: *Krugers Prozessbuch*, Forschungsbibliothek Gotha, Chart. B 366, Bl. 82ᵛ.

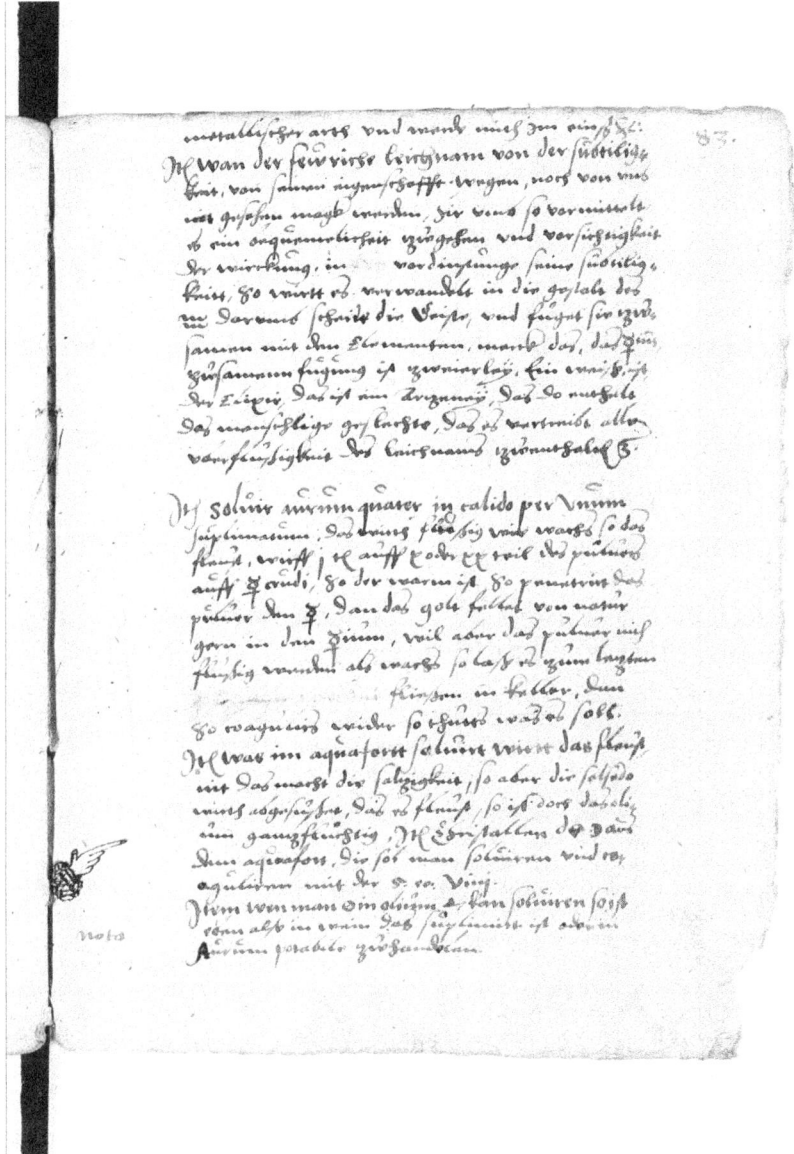

Abb. 5: Anonymus: *Die Erste materia spricht*. In: *Krugers Prozessbuch*, Forschungsbibliothek Gotha, Chart. B 366, Bl. 83ʳ.

2.2   Michael Sendivogius: *COLLOQVIVM*

2.2.1   Textgrundlage

Sendivogius, Michael[751] (1608): *COLLOQVIVM oder Gespraech der Natur/ deß MERCVRII, vnd eines Alchymisten.* In: Figulus, Benedictus: *Thesaurinella Olympica aurea tripartita. Das ist: Ein himmlisch gueldenes Schatzkaemmerlein/ von vielen außerlesenen Clenodien zugeruestet/ darinn der vhralte grosse vnd hochgebenedeyte Carfunckelstein vnd Tincturschatz verborgen.* Frankfurt/M.

[Erstausgabe (latein): Sendivogius, Michael (1607): *Dialogus Mercurii, Alchymistae Et Naturae.* Scriptus In Gratiam Amici Coroades. Köln.]

2.2.2   Textwiedergabe

[S. 96] COLLOQVIVM oder Gespraech der Natur/ deß MERCURII, vnd eines Alchymisten.

EJns mahls haben sich Chymisten versammlet/ vnd Raht gehalten[752]/ wie man den LAPIDEM PHILOSOPHORVM[753] bereiten koennte/ die haben vnter jhnen

---

[751]   Der Naturforscher und Alchemiker Michał Sędziwój (lat. Michael Sendivogius) (1566-1636) war Verfasser von bestsellerartigen Alchemica wie *De lapide philosophorum tractatus duodecim* (*12 Traktate über den Stein der Philosophen, gewonnen aus der Natur und durch Forschung*) (1604), auch im *Novum Lumen Chymicum* 1604 unter dem Pseudonym ‚Divi Leschi Genus Amo' (Anagram des Namens Sendivogius) publiziert. Veröffentlichte auch unter dem Pseudonym ‚Cosmopolitanus' oder auch ganz anonym wie beim vorliegenden Text. Jedoch weisen alle Indizien darauf hin, dass das *Coloqvivm* von Sendivogius ist. So steht dem *Colloquium* in einem Vorwort einerseits voran: „Qvisqvis sit tractatuli huius Auctor, amici Lector, quaerere desine […]. Ego quoque quis sim quod scias non opus." (p. A 2r) [„Höre auf zu fragen, lieber Leser, wer der Autor dieses kleinen Werkes ist […] Auch wer ich bin, ist nicht nötig für dich zu wissen."], andererseits passt gerade diese Bemerkung durchaus in das Bild eines bemüht anonym oder unter einem Pseudonym publizierenden Sendivogius. So erschien die lat. Erstausgabe *Dialogus Mercurii, Alchymistae et Naturae* unter Sendivogius' Pseudonym ‚Divi Leschi Genus Amo' 1607 in Köln.

[752]   Anknüpfung an die *Turba* Philosophorum, die als arabische Dicta-Sammlung alchemischer Autoritäten aus der Frühzeit der Rezeption griechischer Alchemie im Islam sich als Protokoll der ‚Dritten Pythagoreischen Synode' gibt, auf der Naturphilosophie und Alchemie diskutiert wurde. Zur Turba Philosophorum siehe Ruska (1931): Turba Philosophorum (wie Anm. 70). Berlin; sowie Telle (1995a): Art. ‚Turba Philosophorum' (wie Anm. 71), Sp. 1151-115; Kahn (2010): The „Turba Philosophorum" and its Frensch Version (15th C.) (wie Anm. 70), S. 70-114. – Die Ausgangssituation der sich auflösenden ‚Turba philosophorum'-Versammlung scheint in der

beschlossen/ es sollte ein jeder diß Orts sein Gutduencken an tag geben. Diese
Versammlung war beschehen vnter offenem freyen Himmel/ auff einer Heyden/
vnnd zumal an einem heytern Tag: Da haben viel deren einhelliglich zugestim-
met/ daß das Quecksilber oder Mercurius die erste Materi were[754]/ andere aber
den Schweffel vermeynt/ andere gleichfals ein anders an tag gegeben. Jedoch
war von dem Mercurio oder Quecksilber vornemlich gehandelt/ sonderlich auß
Schrifften der Philosophen/ dieweil sie es fuer die wahre Materi dargeben/ wie
auch fuer die erste Materi der Metallen: Sintemal[755] die Philosophi ruffen vnd
schreyen/ vnser [Mercuri]us, vnser Quecksilber/ etc. Jn dem sie nun der gestalt
vnter einander stritten vnd kaempfften mit besonderer Arbeit/ (dieweil ein jeder
begierig den Endschluß dieser Frag erwartete) hat sich inmittelst ein schweres
Wetter/ mit Donner/ Plitz vnd Hagel/ vnerhoertem Wind vnd Platzregen bege-
ben/ welche Vngestuemmigkeit diese Versammlung zerstrewet/ einen jeden
besonders in frembde Laender vnd Prouintzen verschlagen/ zertheilt/ vnd gantz
zertrennet hat/ daß also die endtliche Conclusion vnd Schlußredt dazumahl ver-
hindert/angestanden vnnd verblieben ist.

Nichts desto minder hat ein jeder jh[n] folgender Zeit eyngebildet/ was doch
dieser Disputation vnd Streits Endschluß moechte. Derohalben auch ein jeder ins
Werck getretten/ vnd angefangen/ zwar der eine in dieser der ander in einer andern Materi den Lapidem Philosophorum auffzusuchen/ welches noch biß auff
den heutigen Tag vnablaeßlichen beschicht. Deren aber einer sonderlich/ so noch
eingedenck deß gehaltenen Gespraechs/ daß nemlichen auß dem [Mercur]io oder
Quecksilber der Stein der Weisen zu bereiten were/ hat bey sich selbsten diese
Wort gesprochen: Ob gleichwol keine Schlußred [S. 97] erfolgt ist/ so will ich
nichts desto minder im [Mercur]io oder Quecksilber arbeiten/ ja ich selbst will

---

Frühen Neuzeit nicht unbeliebt zu sein. Verwendet wird sie beispielsweise auch in der ‚scientia
gigendi‘ gewidmeten Traumallegorie der *Visio Arislei*. Zur *Visio Arislei metrica* siehe Sven
Limbeck (1999): Die »Visio Arislei« (wie Anm. 70), S. 167-190.

[753] Sagenumwobener ‚Lapis Philosophorum‘ (‚Stein der Weisen‘) war hypothetisch durch
alchemisches Laborieren zu gewinnende Universalarznei/-mittel zur Heilung von Krankheiten
aller Art (Alchemia medica) oder Transmutation niederer Metalle in höhere wie Gold oder Silber
(Alchemia transmutatoria metallorum), welchen allein die ‚wahren
Alchemiker‘/Adepten/Philosophen erreichten (vgl. dazu Schneider 1962, S. 76f.). Gleichfalls ist
der Lapis kein Stein, sondern viel mehr eine ‚Tinctur‘ oder ein ‚Elixir‘, die nicht selten synonym
zum Lapis Philosophorum gebraucht werden (vgl. dazu Ruland 1612, S. 323 und 197f. sowie
Schmitz: Art. ‚Elixier‘. In: Lex MA, Bd. 3 (1986), Sp. 1843-1845.

[754] Siehe ausführlich zum Begriffskomplex ‚Quecksilber‘/‚Mercurius‘ als Materia prima Kapitel 2.1.

[755] ‚sintemal‘: später.

die Conclusion vnd den Endschluß machen/ vnd diesen gebenedeyten Stein zu-
bereiten: Dann er war ein Mensch/ so viel mit sich selbsten heimlich redet vnd
murmelt/ wie der Alchymisten Gewonheit ist. Derwegen hat er angefangen/ die
Buecher der Philosophen zu lesen/ vnnd kam vber das Buch ALANI[756], da er von
dem [Mercur]io oder Quecksilber handelt.

Also war dieser Alchymist ein Philosophus worden/ doch ohne Conclusion vnd
endliche Schlußredt. Nam derowegen das Quecksilber/ hebt an zu laboriren/ thut
es in ein Glaß zum Fewer. Der Mercurius, wie sein Natur ist rauchet auß vnd
darvon.[757] Der armselige Alchymist/ als der deß Quecksilbers Art nicht gewust/
schluge sein Weib vnnd sprach: Es haette ja niemandt sonst darzu kommen
koennen als sie/ derhalben sagt er/ du hast mir das Quecksilber auß dem Glaß
genommen/ das Weib heulet vnnd entschuldiget sich: Sprach doch heimlich bey
sich selbst zu dem Mann: Es wirdt dir doch nur ein Dreck darauß werden. Der
Alchymist nimbt wider andern Mercurium, thut jhn abermals ins Glaß/ vnd
verwahrets fleissig/ damit das Weib jhm ja nicht darzu kaeme vnd beruret. Aber
das Quecksilber flog wider zum Camin oder Kaemmet hinauß. Jn dem bedencket
sich der Alchymist/ daß die Prima Materia deß Lapidis fluechtig seyn mueste/
frewet sich derowegen hoechlich/ vermeydendt/ es koendte jhm nun nimmer
fehlen/ vnd er haette die rechte Materien vnter Haenden/ faengt derwegen an den
Mercurium kecklich[758] anzugreiffen/ lernet ferner denselben sublimiren[759]/ auff
vielerley Art calciniren[760]/ jetzt mit Saltz/ das ander mahl mit Schwebel[761]/ auch
mit Blut/ mit Haar/ baldt mit Aq[ua] Fort[is][762] abermals mit Kraeutern/ Harm/

---

[756] Das „Buch ALANI", obwohl im *Colloqvivm* von „Buecher" die Rede ist (S. 97). Gemeint ist
        Rhazes' *De Aluminibus et Salibus*. Vgl. dazu die Edition von Ruska, Julius (1935): Das Buch der
        Alaune und Salze (wie Anm. 76).
[757] Hier zeigt sich eine der Eigenschaften des Quecksilbers, nämlich die Verdampfbarkeit durch
        Erhitzen, was zur Formulierung des Prinzips der Flüchtigkeit führte.
[758] ‚kecklich': frisch, mutig.
[759] ‚Sublimieren': Laborantische Operation der Sublimation, bei der ein fester Stoff durch Erhitzung
        gasförmig wird, ohne dass er dazwischen eine flüssige Phase hat. (Schneider 1962, S. 89)
[760] ‚Calcinieren': Laborantische Operation, bei dem feste Körper durch diverse Manipulationen
        brüchig oder pulverig gemacht werden. Dabei konnte es sich um „einfaches Glühen", um
        trockene oder feuchte Umsetzungen, in der Kälte oder Hitze handeln. Das dabei entstehende
        Produkt wird Calx genannt. Der Vorgang des Calcinierens war einer der Arbeitsschritte bei der
        Bereitung des ‚Lapis Philosophorum' (siehe Anm. 753). (Schneider 1962, S. 69).
[761] ‚Schwebel': Schwefel.
[762] Das ‚Aqua fortis' wurde durch eine trockene Destillation von Salpeter mit kristallwasserhaltigen
        Sulfaten (Vitriol oder Alaun) hergestellt. Mithilfe des „Scheidewassers" wurde u.a. eine

Essig vnnd dergleichen.[763] Aber in diesem allem befindet er nichts zu seinen Fuernemmen. Darueber ist in der Welt nichts/ damit er den guten Mercurium oder Quecksilger nit gepeiniget haette. Da er aber durchauß/ ja im geringsten nichts außgerichtet/ ist jhm dieser Spruch eingefallen/ daß es im Mist[764] gefunden werde.

Hierauff hat er mit allerley Koth vnn Mist den Mercurium beschmeysset/ saemtlich vnd sonders: Vnter diesem vielfaeltigen Laborirn vnd Arbeiten ward er hinden nach mued/ vnd stunde bey sich selbsten in tieffen schweren Gedancken. Endlich entschlieff er darueber. Jn dem Schlaff erschien jhm ein Gesicht[765]. Es trate zu jhm ein alter Mann[766]/ gruesset jhn vnd sprach: Freundt/ was betrawerst vnd bekuemmerstu dich? Er aber sprach: Jch wollte gern den Lapidem Philosophorum machen. SENEX: Darauff der alte Mann fraget/ Freund/ worauß woltestu jhn machen? ALCHYM[IST]: Auß dem Quecksilber/ HERR, oder Mercurio. SENEX (Der Alte): Ja was fuer einen Mercurio? ALCH[YMIST]: Es ist ja nit mehr dann einer. SEN[EX]: Es ist wahr/ gleichwol/ dz [S. 98] nur ein

---

Trennung von Gold und Silber herbeigeführt (allein das Silber löst sich darin). Das ‚Aqua fortis‘ war bereits im späten Mittelalter bekannt. (Schneider 1962, S. 64).

[763] Die Experimentierfreudigkeit mancher Alchemiker schöpfte aus der gesamten Bandbreite der mineralischen, pflanzlichen, tierischen und schließlich auch der menschlich-organischen Stoffeswelt und war vornehmlich in den Bereichen der Alchemia transmutatoria metallorum verbreitet. Einen aufschlussreichen Einblick bietet das *Rosarium Philosophorum* (wie Anm. 45, S. 101) sowie die pseudoparacelsische *Aurora Philosophorum* aus dem 16. Jh. In: Paracelsus: *Chirurgische Bücher vnd Schrifften* (wie Anm. 83). Appendix, S. 78-92, hier vor allem S. 81-85.

[764] Das Alchemikerlager der Stercoristen hatte die Vorstellung, die Ausgangssubstanz für den ‚Lapis Philosophorum‘ in Exkrementen zu finden. Unter ihnen gab es auch solche Vertretern, die ihre Ausgangssubstanz mit dem Kot selbst identifizierten. – Bekannte kritische Bilddarstellung dieser Stercoristenfraktion zeigt die lateinische Handschrift aus dem 15. Jh.: Geber: *Liber transformationis*. In: Bayerische Staatsbibliothek München, Clm 25110, Bl. 21^v, 22^r. – Das Laborieren mit Fäkalien war in der Frühen Neuzeit durchaus umstritten. So spricht sich u.a. auch das *Rosarium Philosophorum* gegen die Verwendung organischer Stoffe aus, weil es „unmöglich [sei], mindere Mineralien durch die Kunst zu Metallen zu machen", ja solche, die es tun, werden als „Toren", „Narren" und „Betrüger" bezeichnet. *Rosarium Philosophorum*, Bd. 2, S. 99.

[765] Topos einer ‚Erkenntnis im Schlaf‘: Marco Jammermann zufolge spielen ‚Traum‘ und ‚Vision‘ in naturkundlichen Schriften in der Frühen Neuzeit eine wichtige Rolle, wenn es um die „Autorisierung oder Verschleierung von Erkenntnis" geht. In einem solchen Traum oder einer Vision könne durch eine auf Schau ausgerichtete Weise Erkenntnis erlangt werden, die sich einem Suchenden auf herkömmliche diskursive Erschließung und Wahrheitsfindung nicht (vollständig) finden lässt. Vgl. Jammermann (2007): Traum und Vision bei Paracelsus (wie Anm. 77), S. 24.

[766] Das ‚Traumgesicht‘ erscheint hier mit der Figur eines alten Mannes („Senex") als Traumführer, eine durchaus häufige Figur in frühneuzeitlichen, naturkundlich als Erkenntnisform durchaus anerkannten ‚Visio‘-Traktaten.

Mercurius ist/ aber derselbige außgetheilt in mancherley/ auch nit Theil
deßhalben reiner als der ander. ALCHYM[IST]: O Herr/ ich kann Kunst genug
jhn zu reinigen auffs aller best mit Essig/ Salpeter vnd Vitriol[767]. SENEX: Glaube mir/ diß ist nicht die rechte Reinigung/ auch ist diß nicht der rechte wahre
Mercurius. Es haben die alten Weisen vnnd Philosophi ein anders Quecksilber
vnnd Mercurium, vnnd ein andere Reinigung/ damit ist der alte Mann verschwunden. Jn deme erwacht der Alchymist auß dem Schlaff/ betrachtet bey
sich/ was diß fuer ein Gesicht gewesen/ bedencket sich auch/ was fuer ein
Mercurius PHILOSOPHORUM diß seyn mueste/ kundte doch kein anders
Quecksilber erdencken/ als das gemeine.[768] Er wuendschet jhme beneben/ daß er
mit diesem Alten haette laenger koennen Sprachhalten. Nichts desto weniger
arbeitet er vnablaeßlich/ jetzo im Koth von Thieren vnnd kleinen Kindern/ baldt
auch hernach/ mit Verlaub zureden/ jnn seinem eygenen Koth. Jnnmittels
spatzierte er alltaeglich an den Orth/ da jhme diß Gesicht vnnd Traum erschie-
nen/ damit er/ (vermeynendt) diesen Alten weiter anreden moechte. Vnterweilen
stellet er sich auch/ als ob er schlieff mit zugethanen Augen ligendt/ vnnd
erwartendt den alten Mann. Als aber nicht mehr wollte herbeykommen/ gab er
dem die Schuldt/ der alte Mann wuerde vermercken/ daß er nicht recht schlieffe/
derowegen schweret[769] er/ vnnd bethewret sprechendt: Mein lieber alter HERR/
foerchte dich nicht/ warlich ich schlaffe/ besiehe mir die Augen/ wilt du nicht
trawen. Vnnd dieser armselige ALCHYMIST, nach Verschwendung viel Guts
vnnd gehabter vielfaltiger Muehe vnnd Arbeit wardt nun mehr darueber zum
halben Narren/ auch schier vnbesunnen worden/ in dem er jhm diesen Alten ohn
vnterlaß fuerbildet.
Jnn dieser starcken Einbildung ist jhme ein Fantasey[770] im Schlaff fuerkommen/
inn Gestalt deß bemeldten alten Manns zu jhm sprechendt: Freundt/ hab ein gute

---

[767] Im Allgemeinen handelt es sich bei Vitriolen um kristallwasserhaltige Sulfate zweiwertiger
Metalle.
[768] Zum Zusammenhang sowie zu Unterschieden von gemeinen Quecksilber, Mercurius sowie
Mercurius Philosophorum vgl. das entsprechende Kapitel über ‚Mercurius' als Materia prima in
Sendivogius' *Colloqvivm*.
[769] ‚schweren': schwören.
[770] Der Unterschied zwischen ‚Visio' und ‚Fantasey' scheint darin zu liegen, dass die ‚Visio' dem
Eingeschlafenen aufgrund einer intensiven Beschäftigung („Laborirn vnd Arbeiten" sowie
„tieffen schweren Gedancken") mit der Natur eine von außen nicht beeinflussbare
Naturerkenntnis im Traum offenbart. Die ‚Fantasey' dagegen scheint eine willentlich

Hoffnung/ dein Quecksilber vnnd dein Materi ist gerecht: Aber will sie dir nicht gehorsamen/ so beschwere[771] sie/ damit sie nicht mehr fluechtig seye/ beschweret man doch die Schlangen/ warumb sollte man den Mercurium nit auch beschweren koennen? Damit wollte das Gesicht verschwinden/ Aber der Alchymist ruffet/ HERR warte/ vnnd von dem Geschrey ist der armselige Mensch erwachet/ doch nicht ohne sonderlichen Trost. Darueber nimbt er ein Geschirr voll Quecksilber oder Mercurii, denselbigen beschweret er vnerhoerter massen/ wie jhm im Schlaff fuerkommen war. Beneben[772] fiel jhm auch zu/ daß jhm das Gesicht deß alten Manns gesagt haette/ man beschwuere doch auch die Schlangen. So dann der Mercurius sonsten wirdt mit 2 Nattern oder Schlangen gemahlet. Dabey bedencket [S. 99] er/ fuerwar den Mercurium muß man beschweren wie die Schlangen. Damit name er das Geschirr mit dem Mercurio, fahet an[773] zu sprchen: Vx Vz Osy Osyas, etc.[774] Vnnd wo er solte sprechen den namen der Schlangen/ setzet er den Namen deß Mercurii[775] darfuer/ sagendt: Vnnd du Mercuri, du schalckhafftige Bestia. MERCVRIVS: Vber diese Wort hebt der Mercurius an zu lachen/ vnd sagt zu dem Alchymisten/ was begerest du? Was plagest du mich/ HERR Alkhumista? ALCHYMIST: Oho/ gelt[776] du nennest mich jetzt einen HERR/ wann ich dir das Lebendig triff/ vnnd den gar auß mache. Gelt ich hab dir ein Biß eingelegt[777]/ warte noch ein weil/ du wirst mir baldt mein Liedlein singen/ vnnd faehet an scharpff zu jhm zu reden/ als were er zornig/ Bist du/ sagt er/ der Mercurius PHILOSOPHORVM? MERCVRIVS: Der Mercurius, als befoerchte er sich/ sprach: Ja Herr/ ich bin der Mercurius.

---

herbeigeführte und damit beeinflussbare Erkenntnisform ohne größeren bzw. höheren Erkenntniswert zu sein.

[771] ‚beschweren‘: beschwören.

[772] ‚beneben‘: nebenzu, nebenbei.

[773] ‚anfahen‘: anfangen.

[774] Formelhafter Beschwörungsspruch (das geht aus der Doppellung ähnlich klingender Worte hervor (vgl. dazu Biedermann, Hans (2001): Art. ‚zaubersprüche‘. In: Ders.: Lexikon der magischen Künste. Wiesbaden, S. 473)), der sich offenbar an den Geist ‚Mercurius‘ richtet, um dessen Gegenwart herbei zu wirken. Es scheint ein Versuch zu sein, mit mystischen Lauten und bewusst sinnlosen an Sinnvolles anknüpfen zu wollen, das Unsagbare sagbar zu machen und dem eigenen Wollen zu unterwerfen (vgl. dazu Schulz, Wolfgang (1910): Dokumente der Gnosis. Jena, S. XVI).

[775] Dahinter verbirgt sich die Vorstellung, dass in Namen das Wesen der Benannten eingeschlossen sei (vgl. dazu Biedermann (2001): Lexikon der magischen Künste, S. 473)

[776] ‚gelt‘ (von ‚gelte‘: es möge gelten): gell (Zustimmung bzw. Bestätigung verlangende Partikel).

[777] ‚jm. einen Biß einlegen‘: jm. bändigen, züchtigen. (vgl. Henisch, Georg (1973): Teutsche Sprach und Weisheit. (= Thesaurus linguae et sapietiae Germanicae). Hildesheim/New York, Sp. 395).

ALCHYMIST: Warumb hast du mir dann nicht wollen vnterthaenig seyn? Vnnd hab dich nicht fix machen koennen? MERCVRIVS: O großmaechtiger Herr/ ich bitte/ verzeihet mir armen/ dann ich hab nicht gewust/ daß jhr also ein grosser gewaltiger Philosophus seydt. ALCHYMIST: Ja/ hast du das nicht auß meinem Laboriren koennen abnemmen/ dieweil[778] ich also Philosophisch mit dir procedirt[779] vnnd vmbgangen bin? MERCVRIVS: Es ist also/ großmaechtiger Herr/ jedoch wollte ich mich verbergen vor diesem meinem großmaechtigen Herrn. ALCHYMIST: Darueber sprach der Alchymist mit frewdigem Hertzen: Nun hab ich in der Warheit funden/ was ich gesucht/ vnd sagt abermals mit schrecklicher Stimm zu dem Mercurio: Nun/ tya/ jetzo sey mir gehorsam vnnd vnterdienstlich/ sonsten wirdts dir vbel gehen. MERCVRIVS: Gar gern/ mein Herr/ wann mirs nur mueglich ist/ dann warlich ich bin jetzto gar schwach. ALCHYM[IST]: Was? Wilt du dich noch entschuldigen? MERC[VRIVS]: Nein/ mein Herr/ sondern ich bin gar krafftloß vnd matt. ALCHYMIST: was ist dir dann angelegen? oder dir schaedlich? MERCVRIVS: Der Alchymist ist mir vberlegen vnnd schaedlich. ALCHYMIST: Was/ spottest du nur meiner? MERCVRIVS: Ach lieber Herr/ nein/ behuete mich GOTT/ ich rede allein vom Alchymisten/ jhr aber seydt ein Philosophus.[780] [ALCHYMIST]: O recht/ recht/ geredt/ ich bins/ aber was hat dir der Alchymist leydts gethan? MERCVR[IVS]: O mein Herr/ groß Vbels hat er mir zugefueget/ dann er hat mich armen mit vielen widerwertigen Sachen vermischet/ deßwegen ich zu meinen Kraefften nicht kommen kann/ vnnd bin halb gestorben/ dann er hat mich biß auff den Todt gemartert. ALCHYM[IST]: O dir ist wol recht geschehen/ dann du bist vngehorsam. MERC[VRIVS]: Keinem Philosopho bin ich jemals vngehorsam

---

[778] ‚dieweil': bis so lang, solange.

[779] ‚procediren': Alchemische Prozesse durchführen.

[780] Hier und im Weiteren des *Colloqvivms* stehen die Begriffe „Alchymist" und „Philosophus" einander gegenüber und sind keinesfalls bedeutungsgleich (wie sonst häufig in frühneuzeitlichen Alchemica): Während der „Alchymist" hier nur vorgibt, die Materie beherrschen und alchemische Prozesse durchführen zu können, dabei aber „blind", ja „stockblind", ist und vom Mercurius „auß Eygenschafft [seiner] Natur verlacht vnn verspottet" und zu den „vnweisen Narren" gezählt wird, ist der „Philosophus" einer, der die alchemische Kunst beherrscht, dem die Materie „gehorsam" ist. Und auch wenn der Mercurius zu Beginn des Dialogs noch behauptet „O Herr/ jhr seydt ein herrlicher fuertrefflicher Mann/ ein groß erleuchteter Philosophus, mit ewerm Ansehen vnbertrefft jhr den Hermetem", so zeigt sich spätestens, wenn der Alchemiker den Mercurius fragt, wie er mit ihm umgehen solle und ob er der „Mercurius der Philosophen" sei und ob er aus ihm den ‚Lapis Philosophorum' bereiten könne, dass der Alchemiker eben kein „Philosophus" sei (p. 99ff.).

gewesen/ sondern [S. 100] auß Eygenschafft meiner Natur verlache vnn verspot-
te ich die vnweisen Narren. ALCHYM[IST]: Was haeltestu dann von mir?
MERCVR[IVS]: O Herr/ jhr seydt ein herrlicher fuertrefflicher[781] Mann/ ein
groß erleuchter Philosophus mit ewerm Ansehen vbertrefft jhr den Hermetem.
ALCHYM[IST]: ja wol recht gesagt/ ich bin ein gelehrter Mann/ aber doch will
ich mich selbst nicht ruehmen. Mein eygene Fraw sagt offt zu mir/ ich sey gar
ein geschickter Philosophus, so viel hat diß Weib an mir ersehen.
MERCVR[IVS]: Das glaube ich wol/ dann also muste man Philosophos, welche
vor eittler Weißheit vnd Witz zu Narren. ALCHYM[IST]: Wolan/ so sagt mir/
was soll ich mit dir anfangen? Wie muß ich auß dir den Lapidem Philosophorum
bereiten? MERC[VRIVS]: O mein Herr Philosophe, das weiß ich nicht/ jhr seydt
ein Philosophus, ich bin ein Knecht der Philosophen/ was sie auß mir machen
woellen/ das stehet jhnen frey/ ich leiste jhnen Gehorsam/ so viel ich kann.
ALCHYM[IST]: Du must mir sagen/ wie ich mit dir vmbgehen soll/ vnnd ob ich
auß dir den Lapidem Philosophorum bereiten koendte. MERCVR[IVS]: Wann
du es weist/ so wird's dir gerahten/ weistu es nit/ so faelets dir/ von mir wirstu
nichts lernen/ wann du es vorhin nicht kanst. Mein Herr Philosophe.
ALCHYM[IST]: Wie? Redestu also mit mir/ gleichsam als mit einer schlechten
Person/ weist du nit/ daß ich bey grossen Fuersten vnnd Herren laborirt habe/
vnd bey jhnen ein witziger[782] Philosophus gewest? MERCVR[IVS]: Das glaub
ich dir wol/ mein Herr/ vnd darumb sage ich noch recht/ dann ich stincke noch
von dem Vnflat/ damit du mich mit deinem schoenen Laboriren beschmeyset
hast. ALCHYM[IST]: So sage mir doch/ bistu der Mercurius der Philosophen?
MERCVR[IVS]: Ich bin Mercurius/ ob ich aber der Mercurius der Philosophen
seye/ das must du wissen. ALCHYM[IST]: Sage mir nur/ ob du der rechte
Mercurius beyest/ oder ob ein anderer seye? MERCVR[IVS]: Ich bin das Quecksilber oder Mercurius, doch ist noch ein anderer/ damit ist der Mercurius also
verschwunden. ALCHYM[IST]: Der Lachymist schreyet jhm nach vnd rufft/
aber niemand wolt jhm Antwort geben. Jn dem gedenckt er bey sich selbsten
vnnd sprach: Warlich ich bin ein rechtschaffener Mann/ der Mercurius hat selbst
mit mir geredt/ gewißlich hat er mich lieb. Damit fangt er an wider zu laboriren

---

[781] ‚fuertrefflich': vortrefflich.
[782] ‚witzig': verständig, klug, geistreich (vgl. Deutsches Wörterbuch von Jacob und Wilhelm Grimm
online, Bd. 30, Sp. 891).

auff das aller fleissigste/ sublimirt[783] das Quecksilber/ distillirts[784]/ calcinirts[785]/ praecipitirts[786]/ soluirts[787] vnd loests auff mit viel wunderbarlicher Art vnd Manier/ auch mit mancherley Wassern: Jedoch alles vmbsonsten/ gleich wie zuvor verzehret die Zeit mit sampt dem Vnkosten. Derwegen hindennach sucht er dem Mercurio, vnd der Natur/ sie dasselbige erzielet vnd geboren haette. Als aber die Natur dieses erhoeret/ ruffet sie dem Mercurio vnnd spricht zu jhm: Was hastu diesem leyds gethan? Warumb fluchet er mir deinethalben vnd redet mir so vbel? War-[S. 101] umb verrichtetstu nicht was du schuldig bist? Darueber entschuldiget sich der Mercurius gar hoefflich. Doch befihlt jhm die Natur/ daß er sollte Gehorsam leisten den Soehnen der Weißheit/ die jhn suchten. Der Mercurius verspricht das zu thun/ vnd sagt zu seiner Mutter der Natur: Lieber/ was soll man aber mit Narren anfangen? Oder/ wer kann jhrem Begeren gnug thun? Darueber schmoechlaechelt[788] die Natur/ vnnd scheidet von dannen. Der Mercurius aber ward dem Alchymisten gram vnnd vffsetzig/ begab sich auch an sein gelegenes Ort. Nach dem nun etliche Tage verloffen/ faellet dem Alchymisten wider ein/ daß er in seinem Arbeiten vnd Laboriren etwas vergessen hatte/ kehret sich abermals zum Quecksilber/ name jhm fuer/ dasselbige mit Schweinekoth zu vermischen. MERCVR[IVS]: Aber der Mercurius erzuernet/ dieweil er jhn ohne das vnschuldiger weiß bey seiner Mutter der Natur angeklagt hatte/ vnnd sprach zu jhm: Du Narr/ was wilstu mit mir anfangen? warumb hastu mich verklagt? ALCHYM[IST]: Sich/ bist du vorhanden was ich such? MERCVR[IVS]: Ja eben ich bins: Aber kein blinder kann mich sehen. ALCHYM[IST]: Jch bin nit blind. MERCVR[IVS]: Du bist gantz stockblind/ dann du siehest dich selber nicht/ wie woltestu dann mich sehen? ALCHYM[IST]: O wie stoltz vnd vbermuetig bist du worden/ ich redt mit dir gantz sanfftmuetig/ vnnd du schnarchest mich also veraechtlich an! Gewißlich weistu nicht/ daß ich bey vilen Fuersten vnd Potenta-

---

[783] Siehe Anm. 759.

[784] ‚Destillare‘: Unter Erhitzung eines Destillationsguts in einem Destillationsgefäß (Vesica destillatoria) werden die flüchtigen Anteile ausgetrieben. Diese kondensieren in einer Kühlvorrichtung und werden in einer Vorlage (Receptaculum) aufgefangen. (vgl. Schneider 1962, S. 72)

[785] Siehe Anm. 760.

[786] ‚Praecipitatio‘ („Niederschlagung"): Eine Substanz wird aus einer Lösung ausgefällt.

[787] ‚solvieren‘: Ein fester Körper wird in einer Flüssigkeit aufgelöst (vgl. Grimm online, Bd. 16, Sp. 1507).

[788] Aus ‚schmoch‘ (seltene Form von ‚Schmach‘; vgl. Grimm online, Bd. 15, Sp. 877) und ‚lächeln‘ gebildetes Kompositum, etwa: verachtend belächeln; wobei das verachtende belächeln dem „Narren" gilt.

ten[789] laboriret habe/ vnd ein Philosophus bey jhnen gewesen. MERCVR[IVS]:
An die Fuerstenhoeffe lauffen die Narren/ die Esel/ daselbst werden sie geehrt/
vnd vor andern wol angesehen. Bistu dann auch zu Hoff gewesen?
ALCH[YMIST]: O du bist der Teuffel/ vnd kein guter Mercurius, wann du also
mit den Philosophis reden wilt/ dann du hast mich schon zuvor auch betrogen.
MERC[VRIVS]: Kennestu die Philosophos? ALCHYM[IST]: Ich bin selbst
einer. MERCVR[IVS]: Secht diesen Philosophum! Sprach der Mercurius mit
lachen/ vnd redet mit jhm weiter sagend: Mein lieber Philosophe, so sage mir
dann/ was suchestu? was ist dein Begeren? was wiltu machen? ALCHYM[IST]:
Den Lapidem Philosophorum. MERCVR[IVS]: Auß welcher Materi wilt du jhn
aber machen? ALCHYM[IST]: Auß vnserm Quecksilber oder Mercurio.
MERC[VRIVS]: O mein Philosophe, so will ich von dir Vrlaub nemmen/ dann
ich bin nicht derselbige Mercurius. ALCHYM[IST]: O du bist ein muendlicher
oder leibhafftiger Teuffel/ vnnd begerest mich nur hinders Liecht zu fuehren.
MERCVR[IVS]: Freylich/ mein Philosophe, Bistu mir ein Teuffel/ aber ich dir
nicht/ dann du hast mich zum aller vbelsten gepeiniget Teufflischer Art.
ALCHYM[IST]: O was hoere ich/ warlich du bist der Teuffel selbst/ dann ich
habe alles verrichtet nach den Schrifften der Philosophen/ vnd kann
außbuendig[790] wol laboriren vnd arbeiten. MERCVR[IVS]: Außbuendig kanstu
es/ du thust jhm nur zu viel vnnd [S. 102] mehr/ weder du weist vnd liesest.
Dann die Philosophi sprechen: Man solle die Natur mit der Natur vermischen[791]/

---

[789] Fürstenhöfe waren Schauplatz für die Fürstenalchemie, die im 16. und 17. Jh. ihren Höhepunkt
erreichte. Dabei konnten sowohl Alchemiker wie Leonhard Thurneisser (am Hof des Markgrafen
Johann Georg von Brandenburg) oder Michael Sendivogius (am Hof von Kaiser Rudolph II.) als
auch Fürsten selbst wie die Medici, die spanischen und österreichischen Habsburger, die
Kurfürsten von Sachsen, der Pfalz und Brandenburg oder die Herzöge von Braunschweig-
Wolfenbüttel und die Landgrafen von Hessen-Kassel Laboranten an Fürstenhöfen sein. Am
Fürstenhof zu laborieren war für diverse Alchemiker (gerade in Bereichen der Alchemia medica
oder technica) eine gute Möglichkeit, um Geld zu verdienen (siehe dazu Smith, Pamela H.
(1998): Art. ‚Fürstenalchemie'. In: Priesner/Figala (Hgg.) 1998, S. 140-143). Allerdings gab es
auch Transmuationsalchemiker mit Goldmultiplizierungsversprechen, die von Hof zu Hof zogen
und sich zuweilen als Schmarotzer an Fürstenhöfen einnisteten (vgl. dazu Figala, Karin (1998):
Art. ‚Goldmacherei. In: Priesner/Dies. (Hgg.): Alchemie, S. 164).

[790] ‚ausbündig': ausgesucht, musterhaft (vgl. Grimm online, Bd. 1, Sp. 841).

[791] Als ‚Homoion-Homoio' seit den griechisch-antiken Naturphilosophen und Naturkundlern be-
kanntes Prinzip, das als erster womöglich Demokrit in seinem Grundsatz, dass Gleiches zu Gleichem gehen solle, festgehalten hat. Alchemiker haben das ‚Homoion-Homoio'-Prinzip in vielen
Ausprägungen ihrer laborantischen Praxis angewendet (vgl. dazu Müller, Carl Werner (1965):
Gleiches zu Gleichem: ein Prinzip frühgriechischen Denkens. (= Klassisch-philologische Studien
31). Wiesbaden).

vnnd ausserhalb der Natur woellen sie nichts frembdes haben. Aber du hast mich
allbereit mit den allerschnoedesten Dingen/ vnd mit Koth vermischet.
ALCHYM[IST]: Jch verrichte nichts ausserhalb der Natur/ sondern ich saehe
den Samen in seine Erden/ wie die Philosophi befehlen[792]. MERCVR[IVS]: Du
saehest mich in Koth/ vnnd wann die Zeit der Erndten herbey kommen/ fleug ich
darvon/ vnd du findest nichts dann Dreck einzuschneiden oder einzuerndten.
ALCHYM[IST]: Es haben doch die Philosophi geschrieben/ daß jhr Materi im
Mist zu finden sey[793]. MER[CVRIVS]: Was die Philosophi geschrieben/ das ist
wahr/ aber du verstehest dem Buchstaben/ vnd nicht den Verstand vnd Begriff
oder Jnhalt nach. ALCH[YMIST]: Jetzo mercke ich/ daß du vielleicht der
Mercurius bist/ aber du wilt mir nit gehorsam seyn? Darueber faengt er
widerumb an denselben zu beschweren/ vnd spricht: Vx, Vx. MER[CVRIVS]:
Aber der Mercurius lacht vnd sagt: Du richtest nichts auß mein lieber Fuchß.
ALCH[YMIST]: Man sagt nit vergeblich/ du seyest wunderbarlich/ vnbestaendig
vnnd fluechtig. MER[CVRIVS]: Du sagst/ ich sey vnbestaendig/ das widerlege
ich dir: Jch bin bestaendig einen standhafften Kuenstler[794]/ vnd bin fix einem
fixen Meister. Aber du vnd deines gleichen seyndt wandelbar vnd vnbestaendig:
Kommet von einem Ding zum andern/ von einer Materi inn die ander.
ALCH[YMIST]: So sag mir derohalben/ ob du derselbige Mercurius seyest/
davon die Philosophi[795] geschrieben/ daß er zu sampt dem Schweffel vnnd Saltz
aller Ding Anfang seye[796]/ oder ob man ein andern suchen muesse?
MERCVRIVS: Wahr ists die Feucht faellet nicht weit von dem Baum hindan/
doch begere ich meinen Rhum keines wegs zu suchen: Jch bin eben der/ der ich
zuvor gewest[797]. Aber mein Alter vnd meine Jahr seyndt vnterschieden.
ALCHYM[IST]: Jetzo gefaellestu mir/ dieweil du sagst/ daß du etwas alt bist/
dann ich hab allezeit nach dergleichen einem getrachtet/ der zeitiger vnd fixer

---

[792] In alchemischen Schriften weit verbreitete Analogie von anorganisch-chemischen Geschehnissen
      mit biologisch-pflanzlichen Keim-, Wachstums- sowie Reifungsprozessen (Telle 2013a:
      Alchemie und Poesie (wie Anm. 12), S. 418).
[793] Vgl. dazu Anm. 764.
[794] ,Künstler': Alchemiker, der die Kunst des Laborierens beherrscht.
[795] Gemeint sind hier Paracelsus und die Paracelsisten.
[796] Paracelsische ,Tria prima'-Lehre, der zufolge der Mercurius von Sulfur und Sal flankiert wird. –
      Vgl. dazu Kapitel 2.3.1.
[797] 2. *Mose* 3,14: „Ich bin der ich bin!" – Biblische Vorstellung des christlichen Schöpfergottes am
      brennenden, nicht verbrennenden Busch gegenüber Mose. Die Parallele liegt in der
      Beständigkeit der Materie, die nicht verbrennt und sich verflüchtigt, sondern fixiert werden soll.

sey/ damit ich desto leichter mit jhm moechte zu End kommen. MERCVR[IVS]:
Du suchst mich vmbsonst vnd vergebens in meinem Alter/ der du mich in meiner
Jugendt nicht gekennet hast? ALCHYM[IST]: Wie? Solt ich dich nicht gekennt
haben/ dieweil ich mit dir jederzeit vielfaeltig bin zu Werk gangen/ als du selbst
bezeuget hast/ vnd will noch nicht ablassen/ biß ich den Lapidem Philosophorum
vberkommen hab. MERCVR[IVS]: Ach mir armseligen/ was soll ich doch anhe-
ben? Zu besorgen/ daß ich vielleicht wider mit Koth vnnd Mist beflecket vnnd
besudelt werden muß. Also hab ich ein newes Creutz/ weh mir armen. O Herr
Philosophe ich bitte euch/ jhr wollet mich doch auffs wenigst nicht mit
Sewkoth[798] vermischen/ sonst hab ich das letzte inn der Rauffen[799]/ oder werde
gar dahin fahren: Dann mit diesem Gestanck werde ich getrungen[800]/ meine
Natur abzuleben vnd zu veraen-[S. 103]dern/ was begerestu weiter/ daß ich thun
soll. Bin ich nicht gnugsam von dir geplaget? Bin ich dir nicht auch gehorsam?
Werde ich nit zu einem Sublimat[801]? Bin ich nicht praecipitirt[802]? Oder werde ich
nicht zu einem Praecipitat? Bin ich nicht zum Thurbith[803] worden? Ein
Amalgama[804] vnd Muehslein[805] worden? Ein Massa vnd Teyglin worden? Was
begerestu nun weiter von mir? Mein Leib ist nun mehr also gegeisselt vnd
verspeyet/ daß sich auch ein Stein meiner erbarmen moechte. Auß mir hast du
gemacht ein Milch/ ein Fleisch/ ein Blut/ ein Butter/ ein Oel/ ein Wasser. Ja
welches Metall oder Mineral vnter allen mit einander koendte das alles
außstehen/ so ich alleinig hab erlitten/ vnnd ist doch noch kein Barmhertzigkeit
vorhanden/ weh mir armen. ALCHYM[IST]: Oho/ es schadet dir nichts: Du bist
ein Schalck[806]. Gleichwol ich dich hin vnd her auff alle weiß gesotten vnd gebra-
ten/ so veraenderst du dich doch nicht. Es ist zwar nit ohne/ du nimbst etwan ein
andere betruegliche Gestalt an dich/ doch kommest du jederzeit wider inn dein

---

[798] ‚Sewkoth‘: Schweinekot.
[799] ‚Rauffen‘: Schlägerei, Kampf.
[800] ‚getrungen‘: gezwungen.
[801] Siehe Anm. 759.
[802] Siehe Anm. 786.
[803] ‚Turbithum‘: Leuchtend gelbes sowie kristallines Pulver, das durch das Abrauchen von
    Quecksilber mit Schwefelsäure und Auswaschen des Rückstandes mit heißem Wasser hergestellt
    wird. Es besteht aus basischem Quecksilbersulfat (Schneider 1962, S. 91).
[804] ‚Amalgama‘: Verbindung von Quecksilber sowie einem weiteren Metall (Schneider 1962, S. 63).
[805] ‚Muehslein‘: Mus, Brei.
[806] ‚Schalck‘: Knecht, Diener.

altes Wesen.[807] MERCVRIVS: Jch thue eben/ wie du mich haben wilt: Wilt du
mich leiblich zu einem Coerper haben/ so wuerdt ich ein Leib/ wilt du mich zu
einem Puluer[808] haben/ so bin vnnd wuerdt ich ein Puluer: Jch kan nicht wissen/
wie ich mich mehr vnd gnugsam demuetigen solt oder moechte/ dann so ich zu
Puluer vnd Aschen werde. ALCHYM[IST]: Darumb so sage mir/ wer bist du in
deiner innerlichen Wurtzel oder Centro[809]? MERCVRIVS: Jetzt werde ich
getrungen/ vndmuß mit dir auß dem Fundament oder Grund reden/ vnd wann du
wilt/ kanstu mich wol vernemmen. Du sichest meine Gestalt/ darvon ist ohn noht
dir was zu melden. Daß du mich aber von meinem innerlichen Kern vnnd
Mittelpuncten befragst: So ist das Hertz meines innerlichen Centri das aller fi-
xest/ vnsterblich vnnd durchtringendt: Jn jhm ist Rast vnnd Ruhe meines Herrn.
Jch selbst aber bin der Weg[810]/ der frembde vnnd einheymische Lauff. Jch bin
allen meinen Gefreunden der aller getrewest/ ich vberlasse nit die jenigen/ die
mir nachfolgen/ mit jnen bleib ich/ mit jnen sterb ich/ ein vnsterblicher Leib vnd
Ding bin ich. Ich sterbe zwar/ wann ich werd vmbgebracht: Aber z[um] Gericht
eines klugen Richters vffersteh ich wider. [811] ALCH[YMIST]: Bistu der Lapis
Philosophorum [?] MERC[VRIVS]: Mein Mutter ists/ auß jhr waechst ein solch
einiges kuenstliches[812] Ding. Aber mein Bruder/ der im Schloß wohnet/ hat inn
seinem Willen/ was deß Philosophi Begeren ist. ALCHYM[IST]: Bistu aber alt?
MERCVR[IVS]: Meine Mutter hat mich geboren/ vnd bin doch aelter als mein
Mutter. ALCHYM[IST]: Welcher Teuffel wolt dich verstehen/ dieweil du mir
nicht auff mein Fuernemmen antwortest/ sondern lauter Parabel vnd Raetzel

---

[807] Paraphrase der (aristotelischen) Artkonstanzformel, der zufolge Gleiches auch nur Gleiches
       hervorbringe, so dass eine wesenhafte Veränderung, in der Vorheriges nicht mehr vorhanden,
       nicht möglich sei. Zum Artkonstanzformelschatz siehe Goltz/Telle/Vermeer 1977 (wie Anm.
       157), S. 25, 66f.
[808] Zerkleinerter fester Körper von größerem Volumen zu einem mehlartigen Puder (Geßmann
       1922, S. 53).
[809] ‚Wurtzel‘ und ‚Centrum‘ sind häufige Synonyme für ‚Materia prima‘.
[810] *Johannes* 14, 6: „Jesus spricht zu ihm: Ich bin der Weg und die Wahrheit und das Leben;
       niemand kommt zum Vater denn durch mich." Im Rahmen der in vielen alchemischen Texten
       gängigen Christus-Lapis-Parallele wird hier eine Analogie zwischen der Passion Christi und der
       Lapis-Gewinnung beim Laborieren eingeleitet.
[811] Frei nach *Johannes* 8, 12-17. Weiterführung und Endgeschehen der Materie in Form der Lapis-
       Christus-Parallele: Nach der Zerstörung („Tötung") der Substanz, wird sie in ein neues Stadium
       überführt („Auferstehung").
[812] „kuenstlich" im Sinne von ‚artifiziell‘, vom Künstler mit Hilfe der Natur zubereitet. Hier steht
       „kuenstlich nicht im Gegensatz zu Natur.

gerfuer bringst. Sage mir/ Ob du seyest die Fontina[813], darvon Bernhardus der
Graff von Teruis[814] geschrieben hat. MER[CVRIVS]: Die Fontina bin ich nit/
aber ein [S. 104] Wasser:[815] Die Fontina hat mich vmbgeben. ALCHYM[IST]:
Wirdt das Goldt in dir auffgeloest/ dieweil du ein Wasser bist? MERCVR[IVS]:
Was mit mir ist/ das lieb ich doch als meinen Freund/ vnnd dem jenigen/ so mit
mir geboren wirdt/ gib ich Nahrung was nackend vnd bloß ist/ bedeck ich mit
meinen Fluegeln.[816] ALCHYM[IST]: Jch sehe/ daß nicht mit dir zu reden ist.
Von andern Sachen frag ich/ von anderm vnd frembden gibstu mit Antwort.
Wann du nicht besser antworten wirst/ so will ich warlich mit dir wider zu
Werck. [MERCVRIVS]: O Herr/ ich bitt euch/ seyd barmhertzig/ jetzo will ich
gern sagen/ was mir bewust. ALCHYM[IST]: So sage mir/ ob du das Fewer
foerchtest? MERCVR[IVS]: Jch bin selbst ein [Feuer]. ALCHYM[IST]:
Warumb fleuchstu dann das [Feuer]? MERCVR[IVS]: Mein Geist verliebt sich
mit dem Fewer Geist/ vnd so viel mueglich/ folget einer dem andern nach.
ALCHYM[IST]: Vnd wohin kommestu dann/ wann du mit dem [Feuer]
auffsteigest? MERCVR[IVS]: Wisse/ ein jeder Frembdling begert jmmer in sein
Vatterlandt/ vnnd wann er wider dahin ankommen/ daher er anfangs außgangen
so ruhet er vnnd kompt auch alle mal klueger heim/ weder er außgangen.
ALCHYM[IST]: Kehrest du dann auch erwan[817] widerumb hero[818] zu uns?
MERCVRIVS: Jch komme wider/ aber inn einer andern Gestalt.
ALCHYM[IST]: Jch verstehe nicht/ was du sagest/ viel weniger das Fewer/
darvon du redest. MERCVR[IVS]: Wer das Fewer meines Hertzens kennet/ der
sichet/ daß das Fewer (nemlich die gebuerende Waermb) mein Speiß vnd Nahrung ist/ vnd je mehr der Geist meines Hertzens mit Fewer gespeiset wirdt/ je

---

[813] Parabolische Erzählung aus dem vierten Teil der Bernardus Trevisanus zugeschriebenen
Hermetischen Philosophia (15. Jh.), darin ein König (‚Gold') eine ‚chymische Hochzeit' mit der
Fontina (‚Mercurius') begeht. Das Werk behandelt die reine Quecksilberlehre in der Form, dass
arkanes Quecksilber mithilfe des Goldes Metalle zu wandeln vermag (Telle 2008b: Art.
‚Trevisanus, Bernardus' (wie Anm. 67), S. 477).

[814] Bernardus Trevisanus war ein im 15. Jahrhundert tätiger Autor, dessen Leben und Wirkung
weitgehend im Dunkeln liegen. Der *Hermetischen Philosophia* steht ein autobiografischer
Absatz voran, der wohl frei erdichtet ist (ebd. sowie Kühlmann/Telle 2004: Corpus
Paracelsisticum II (wie Anm. 11), S. 283).

[815] ‚Wasser' ist häufig gebrauchtes Synonym für ‚arkanen Mercurius' (vgl. dazu Ruland 1612:
Lexicon Alchemiae, S. 332).

[816] Eigenschaft des Quecksilbers Metalle zu amalgieren.

[817] ‚erwan': irgendwann.

[818] ‚hero': her, hierher.

mehr fruchtbarer vnd fetter wirdt er: Dessen Todt vnd Absterben hernach das Leben aller Ding ist/ die in diesem meinem Reich zu finden sind.[819]

ALCHYM[IST]: Bistu groß oder maechtig? MERCVR[IVS]: Betrachte mich zum Exampel. Auß 1000 Troepfflein werde ich ein einiges Ding: Auß einem einigen zertheil ich mich in viel 1000 Troepfflein/ vnnd zu gleich wie du mich leiblich vor Augen hast/ vnnd mit mir zu spielen weist/ so kanstu mich in so viel Stueck zertheilen/ als dir gefaellig/ so werde ich doch hinwider zu einem Ding. Was soll dann mein Geist/ (das innerliche Hertz) außrichten? welcher jederzeit auß dem aller geringsten Theil vnzahlbar tausendt herfuer[820] bringt.

ALCHYM[IST]: Wie soll ich mich dann mit dir verhalten/ damit ich dich auff diese Weiß zurichten moege? MERCVR[IVS]: Jnnerlich bin ich ein Fewer/ das Fewer ist mein Speiß/ aber deß Fewers Leben ist der Lufft/ ohne Lufft wirdts Fewer außgeloescht/ das Fewer vbertrifft den Lufft: Deßhalben habe ich kein Rast noch Ruhe/ vnnd kann mich auch kein gemeiner Lufft fesseln oder behalten. Setz Lufft zu Lufft/ damit sie beyde eins werden/ vnd wichtig oder schwer seyen: Vermische sie mit Fewer/ vnd stells seine gebuerliche Zeit ein zu verwahren.[821] ALCHYM[IST]: Was wirdt letzlich darauß werden? MERCVR[IVS]: Das vberfluessige wirdt abgeschie-[S. 105]den/ was hinderstellig ist/ verbrenn Fewer/ vnnd thu es ins Wasser/ darnach kochs/ wanns gekocht ist/ so gibs krancken Leuten zur Artzney. ALCH[YMIST]: Du antwortest mir gar nichts auff meine Fragen/ ich befinde/ daß du mich allein mit deinen Fabeln vnd Gedicht außspottest. Frau bring mir Schweinskoth/ ich will diesen Mercurium von newem tribuliren[822]/ vnd ans Creutz hencken/ biß er mir sage/ wie der Lapis Philosophorum auß jhm zu machen ist. MERCVR[IVS]: Als aber der Mercurius das erhoeret/ fangt er an sich zu beklagen vber den Alchymisten/ begibt sich zu seiner Mutter der Natur/ verklagt bey jhr den vndanckbaren Laboranten. NATUR: Die Natur glaubet jhrem Sohn Mercurio, der warhafft ist/ kompt deßwegen zorniglich zum Alchymisten/ rufft jhm/ hoerestu? wo bistu? ALCHYM[IST]: Wer da/ wer rufft mir? NATUR: Du Narr/ was faengstu hewer vnd faehrt mit meinem Sohn? warumb erzeigest du jhm solche Schmach? weßhalben peinigestu

---

[819] Vermutlich ist hier von der thermischen Zersetzung (hier: Sublimation) von Zinnober die Rede, das durch Verreiben mit Essig zu Quecksilber wird.

[820] ‚herfuer‘: hervor.

[821] Hier wird die Bedeutung des richtigen Feuerregiments beim Laborieren hervorgehoben.

[822] ‚tribulieren‘: plagen, quälen (Grimm online Bd. 22, Sp. 410).

jhn also/ der dir doch alles guts zu erweisen gesinnet ist/ wo du es alleinig nur
verstehen wolltest. ALCHYM[IST]: Welcher Teuffel schilt mich? Einen solchen
Mann vnd Philosophorum? NATUR: O du Narr/ wie ein grosser Philosophischer
Dreck vnd Vnflat bistu/ wie ein aberwitzige Ganß? Jch kenne die Philosophos
vnd alle wahre Weisen/ die liebe ich/ wird auch von jhnen geliebt/ sie erzeigen
mir auch alles Liebs/ vnd was mir zu thun nicht mueglich ist/ helffen sie mir.
Aber jhr Alchymisten/ auß derer Zahl auch du einer bist/ erzeiget mir ohne meinen Willen vnd Wissen alle Widerwertigkeit: Deßwegen widerfaehret euch auch
jederzeit das Widerspiel. Jhr vermeynent/ jhr koendt gar wol meine Soehn
tractiren: Jedoch ist all ewer Arbeit vmbsonst/ vnnd wann jhr die Sachen gruend-
lich bedencken wolt/ so fueren sie euch bey der Nasen herumb/ vnd jhr sie nicht/
sintemal[823] sie euch/ wanns jhnen gefaellt/ zu Narren machen vnd kroenen.
ALCHYM[IST]: Es ist erlogen/ ich bin auch ein Philosophus, vnd weiß/ daß ich
wol laboriren kann. So bin ich nicht nur bey einem einigen Fuersten gewest/ als
ein gewaltiger ansehenlicher Philosophus, welches auch meinem Weib wol
bewust. Jtem: Jch hab auch alle weil noch ein geschrieben Buch in Haenden/ so
etlich hundert Jahr inn einer alten Mawren verborgen gesteckt ist[824]/ darumb will
ich bey meinem Eydt noch wol den Lapidem zu bereiten wissen. Vber das ist mir
eine Offenbarung im Traum fuerkommen/ O meine Traeum fehlen mir nicht/ gelt
Weib/ du weists? NATUR: Du bist eben ein Gesell/ wie deines gleichen alle/ die
anfangs alles wissen woellen/ vnnd vermeynen sie haben die Kunst gar gefres-
sen/ am Ende ist es nichts. ALCHYMIST: Es habens doch andere kuenstlich auß
dir/ Natur/ gemacht. NATUR: Das ist wahr/ aber allein die jenigen/ die mich
gekandt haben/ deren gar wenig seyndt. Der mich nun kennet/ der peiniget meine
Soehn vnd [S. 106] Kinder nit/ er thut mir auch kein Vbels/ sondern was mir
gefaellig vnd dienstlich/ ist/ damit vermehret er meine Gueter/ vnnd heylet meiner Kinder Leiber. ALCH[YMIST]: Jch thue jhm doch auch also. NATUR: Alle
Widerwertigkeit erzeigestu mir/ vnn wider meinen Willen gehestu mit meinen
Kindern zu werck/ da du mich solltest lebendig machen/ toedtestu mich/ da du
mich solltest fix machen/ erhoehest und sublimirest du mich/ da du mich solltest

---

[823] ‚sintemal': da, weil (Grimm online, Bd. 16, Sp. 1211).
[824] Womöglich ist mit dem Buch *Der Schatz Alexanders des Großen* gemeint, ein Buch, das seinem
      eigenen Mythos zufolge „der Schatz des Du'laqurnain und die Wissenschaft des Aristoteles und
      des großen Hermes" beinhalte und in einer Klostermauer gefunden wurde. Ausführlich dazu
      Ruska 1926: *Tabula Smaragdina*, S. 68-107.

calciniren/ distillirst du/ sonderlich der gestalt erzeigstu dich gegen meinem
vnterthaenig gehorsambsten Sohn [Mercur]io, welchen du mit so viel scharpffen
Corrosiuischen[825] vnd aetzenden [Wa]ssern/ so viel gifftigen Dingen peinigest.
ALCH[YMIST]: Ey so will ich jn fuerohin[826] gar holdselig vnd lind nur in die
Digestion[827] setzen. NAT[UR]: Wol recht/ wanns dir nur bewußt ist/ wo nicht/ so
schadestu jhm nit/ sonder dir selbsten vnn deinem Beutel. Dann es gilt jhm
gleich/ er vermischt sich gleich so wol mit Koth/ als mit dem Goldt. Ein Edelgestein ist jederzeit herrlich vnd gut/ wirdt nicht vom Koth bemackelt oder besu-
delt/ ob es schon mit jhme vermischt worden. Dann so es abgewaschen wirdt/ ist
es eben das Edelgestein wie zuvor. ALCH[YMIST]: Jch wolt aber gern den
Lapidem Philosophorum haben vnd wissen zu machen. NATUR: Wann du deß
Sinns bist/ mustu meinen Sohn nit also sieden vnd braten. Du sollst wissen/ daß
ich viel Soehne vnnd Toechter hab/ ich bin auch bereitwillig zugegen den
jenigen/ die mich suchen/ wann sie meiner wuerdig seynd. ALCHYMIST: So
sage mir dann/ was ist das fuer ein Mercurius? NATUR: Wisse/ daß ich nur
einen einigen Sohn dergleichen hab/ einen einigen sage ich/ einen auß Sieben[828]/
der der aller erste ist/ der auch alles in allem ist/alles sage ich ist er/ der doch ein
einiger war/ vnd ist doch Nichts:[829] Dannoch ist seine Zahl vollkommen vnnd
gantz. Jn jhm seyndt vier Element/ vnnd ist er selbsten doch kein Element. Er ist
ein Geist/ vnn hat doch keinen Leib. Er ist ein Mann/ vnnd vertritt doch Weibes
statt/ oder/ er ist Mannlicher vnd Weiblicher Art/ das ist/ ein Hermaphrodit.[830] Er
ist ein Knab/ vnd fuehret gleichwol mannliche Waffen. Er ist ein Thier/ vnd hat
doch Fluegel als ein Vogel. Er ist ein Gifft/ vnd heylet doch den Außsatz. Er ist
das Leben/ vnd toedtet doch alles. Er ist ein Koenig/ doch besitzt ein anderer sein
Koenigreich. Er flengt[831] sampt dem [Feuer] hinweg/ vnd wirdt doch auß jhm ein

---

[825] ‚corrosivisch': ätzend (Schneider 1962, S. 66).
[826] ‚fürohin': forthin, weiterhin (Grimm online Bd. 4, Sp. 785).
[827] ‚Digestion': mäßige Erwärmung.
[828] Hinweis darauf, dass der Gesuchte eines der sieben antiken Metalle (Gold, Silber, Kupfer, Zinn, Blei, Eisen und Quecksilber) sei.
[829] Gängige ‚Materia prima'-Charakteristika.
[830] Mercurius als das Zwitterwesen des ‚Hermaphroditeni' gehört zum gängigen Bildinventar bereits altdeutscher Alchemica. Vgl. dazu bspw. das *Buch der Heiligen Dreifaltigkeit* (Berlin, Staatliche Museen – Kupferstichkabinett, Cod. 78 A 11) oder *Sol und Luna* (vgl. Ed. Telle 1980). Siehe auch Aurnhammer 1986, S. 179-200.
[831] ‚flengen': eventuell eine regionale Variante von ‚fliegen' oder ‚fliehen'.

Fewer zubereitet. Er ist ein [Wasser], vnd naetzet doch nit.[832] Er ist ein Erdreich/ vnd wirdt doch gesaehet. Er ist ein Lufft/ vnnd lebt doch im Wasser.[833] ALCH[YMIST]: Jetzt sehe ich/ daß ich nichts weiß/ aber ich darffs nit sagen/ dann ich verloehre mein Ansehen vnnd Lob/ vnd meiner Freund keiner hielte nichts mehr auff mich/ doch will ich sagen vnd thun/ als wenn ich viel wueste/ sonst gebe mir niemandt kein Stueck Brodts mehr/ dann viel deren sind/ die grosse Gueter von mir hoffen. NATUR: Wie aber/ wann du es lang also anstreibest? was [S. 107] wirdt es fuer ein End nemmen? Hindennach wirdt ein jeder deiner Freund das seinige wider haben woellen. ALCHYM[IST]: Jch will sie alle mit guter Hoffnung speisen/ also lang als ich kann. NATUR: Was wirdt aber letzlich darauß werden? ALCH[YMIST]: Jch will heimlich viel seltzame Practicken mit Laboriren erdencken/ wanns mir geraechnet/ will ich bezahlen: Wo aber nit/ so will ich in ein ander Land ziehen/ vnnd will daselbsten auch also außhalten. NAT[UR]: Mein/ was wirdt aber schließlich darauß werden vnnd folgen? ALCHYM[IST]: Ha ha/ he/ die Welt ist weit/ vnnd sind der land viel/ auch viel der Geldtgeitzgen Leut/ denen will ich groß Gut verheissen/ inn kurtzer Zeit zuleisten. Also verlaufft ein Tag in den andern. Jn mittelst wirdt Cuntz oder heintz/ Bissoff oder Bader/ Koenig oder der Esel vffm Platz bleiben[834]/ oder ich. NAT[UR]: Ein Strick wirdt folgen/ der gehoert solchen Philosophis von Rechts wegen.[835] Troll dich hinweg/ vnnd mache dir vnd deiner Philosophey wol baldt nur End/ zum Galgen. Dann mit diesem einigen Rath wirstu weder mich noch einen andern/ viel weniger dich selbsten betriegen/ etc.
FINIS.

---

[832] Gemeint ist die Eigenschaft des Quecksilbers bei Raumtemperatur flüssig zu sein. Aufgrund seiner Oberflächenspannung benetzt das Quecksilber seine Unterlage nicht, sondern wird aufgrund seiner starken Kohäsion kugel- bis linsenförmig.

[833] Zusammenschau alchemischer Spekulationen über die Doppelnatur des arkanen ‚Mercurius Philosophorum‘, zum Teil in Verba metaphorica gehüllt, zum Teil mithilfe von antithetischen Begriffspaaren wie Flüchtigkeit/ Beständigkeit, Männlichkeit/Weiblichkeit, Gift/Heilmittel sowie Tod/Unsterblichkeit charakterisiert.

[834] ‚auf dem Platz bleiben‘ (Redewendung): Nach einer Auseinandersetzung der Verlierer sein. (Schemann, Hans (2011): Deutsche Idiomatik. Wörterbuch der deutschen Redewendungen im Kontext. Berlin/Boston, S. 621).

[835] Nicht selten wurden windige Goldmacher und ihre Betrugsmanöver aufgedeckt und die Delinquenten zum Tod verurteilt, wobei die Verurteilung dem Betrug galt, nicht der alchemischen Betätigung (vgl. Figala, Karin (1998): Art. ‚Goldmacherei‘. In: Priesner/Dies. (Hgg.): Alchemie, S. 164).

2.3 Tractatum de materia, forma & substantia

2.3.1 Textgrundlage

Dominicus Blanckenfeld[836] (1550): *Tractatum de materia, forma et substantia.*[837]
In: Cod. pal. germ. 467 („Ottheinrichsband" (1552), Universitätsbibliothek Heidelberg), Bl. 457ʳ-469ᵛ. Dem Traktat hängen drei Verstexte sowie eine Zusammenfassung des Traktats an – diese werden hier nicht wiedergegeben.

Der Traktat wurde mit Sicherheit nicht von Dominicus Blanckenfeld verfasst. Dies lässt eine 1794 veröffentlichte Überlieferung des Traktats von Maximillian Joseph Freiherr von Linden vermuten, der in sein Werk *Handschriften für Freunde geheimer Wissenschaften*[838] auch den vorliegenden Traktat aufgenommen hat. Nicht unwahrscheinlich ist, dass Blanckenfeld und Linden unterschiedliche Versionen des Traktats vorlagen, worauf einige irritierende Stellen hindeuten.[839] Welchen der beiden die frühere Version vorlag, lässt sich lediglich anhand von Indizien spekulieren, wie etwa eine dem Traktat bei Linden mitgedruckte (bei Blanckenfeld fehlende) Schlussformel: „Geschrieben durch Valentin Hern/wörste Buerger zu Erfurt zu der gulden/ Laden bey Sanct Gotthard wohnhaftig./ Anno Domini 22. Freytags nach Erhardi, der da was der zehend Tag des/ Monats Januarii."[840] Das Jahr scheint hier zwar korrumpiert zu sein, der Name des Schreibers „Valentin Hernwörste" legt die Vermutung nahe, dass es sich um das Jahr 1522 handelt, eine Zeit zu welcher der Schreiber und

---

[836] Dominicus Blanckenfeld war Vertreter der Alchemia medica sowie Alchemia transmutatoria metallorum. In den 1530er Jahren war er Alchemiker am brandenburgischen Hof unter Kurfürst Joachim I. Nestor in Berlin. Zwischen 1537-1553 unternahm Blanckenfeld ausgedehnte Studienreisen unter anderem nach Italien und Ungarn, um seine alchemischen Fertigkeiten zu vervollkommen. Über den weiteren Lebensweg ist kaum etwas bekannt (vgl. dazu Anselmino 2003 (wie Anm. 42), S. 154-158).

[837] Der Traktat ist zum großen Teil eine Zitatenkollektanee und bietet in Patchworktektonik Fremdtexte als Essenz zugunsten einer mercurialen Lehre mit verkappten Aristotelismen.

[838] Linden, M. J. (Maximillian Joseph) Freiherr von (1794): Handschriften für Freunde geheimer Wissenschaften. Wien: Blumauer, S. 265-284.

[839] Wie bspw. die nicht nachvollziehbare Origines-Quelle bei Blanckenfeld [Bl. 465ʳ], während im Lindener Exemplar Morienes als Quelle angegeben wird (vgl. Anm. 938).

[840] Ebd., S. 284.

Mainzer Gerichtsdiener Valentin Hernworst sich in Erfurt aufhielt und Alchemica[841] abschrieb. Ob diese Indizien für einen Beleg reichen, dass Linden eine frühere Version des Traktats vorlag, lässt sich endgültig jedoch nicht entscheiden. Dass der Text jedoch vor 1550 erschien, dem Jahr, in dem Blanckenfeld das Traktat Kurfürst Ottheinrich schickte, ist wahrscheinlich.

---

[841] Alchemica wie bspw. mindestens das Cod. Voss. Chem. F. 29, Bl. 89^r-96^r oder Cod. Voss. Chem. F. 3, Bl. 312^v-314^r (beide Universiteitsbibliotheek Leiden).

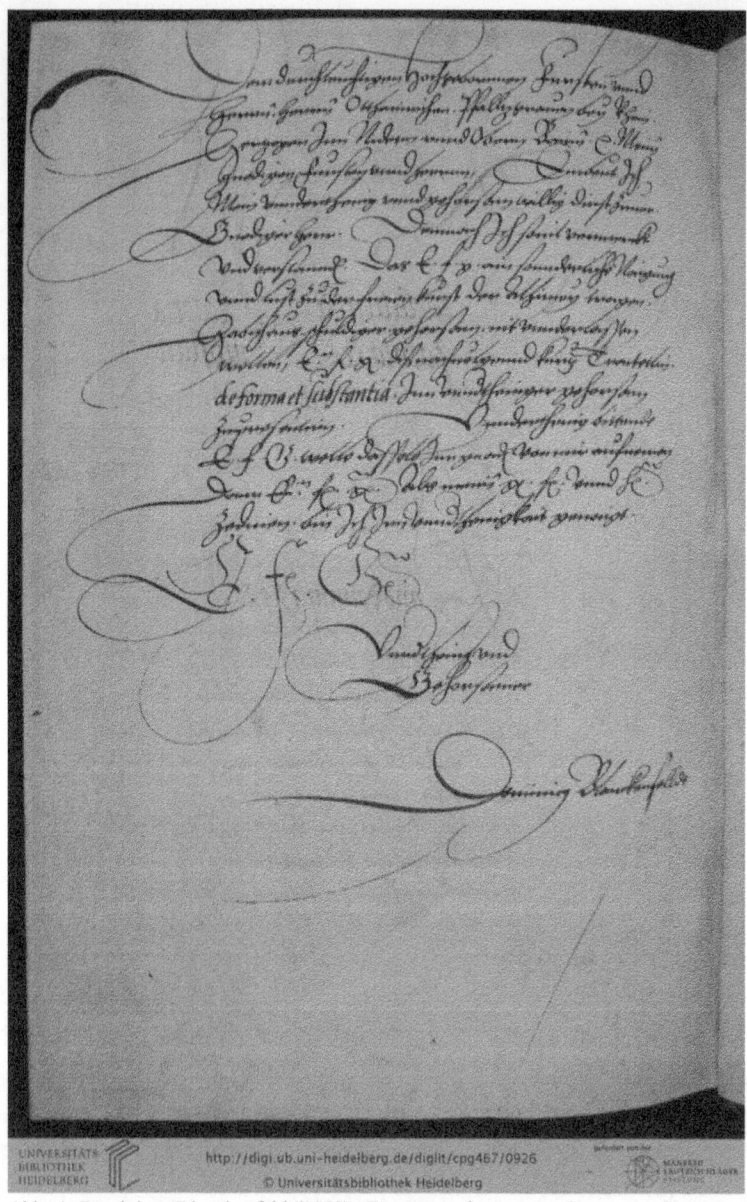

Abb. 4: Dominicus Blanckenfeld (1550): *Tractatum de materia, forma et substantia*. In: Cod. pal. germ. 467 (Universitätsbibliothek Heidelberg), Bl. 457ᵛ.

2.3.2   Textwiedergabe

[Bl. 457^r] Tractatum de Materia forma et Substantia. Anno dominj. 1550.

[Bl. 457^v] Dem durchleuchtigen hochgebornnen fursten vnnd herrnn, herrnn Otthainrichen Pfalltzgrauen bey Rhein, Hertzogen Inn Nidern vnnd Obern Bairnn. etc. Mainn[842] gnedigen fursten vnnd herrnn, Embeut[843] Ich Mein vnnderthenig vnnd gehorsam willig dinst zuuor, Gnediger herr. Demnach Ich souil vermerckt vnd verstannden, Das E[ure] f[ürstlich] g[naden] ain sonnderliche Naigung vnnd Lust zu der freien Kunst der Alhimey tragen. Hab ich aus schuldiger gehorsam, nit vnnderlassen wollen, E[ure]r f[ürstlich] g[naden] diß nachuolgennd kurtz Tractetlin: de forma et substantia, Inn vnndertheniger gehorsam zupresentirn. Vnnderthenig bittendt E[ure] f[ürstlich] G[naden] welle dasselb Inn gnaden von mir aufnemen

dann E[ure]r f[ürstlich] G[naden] Als meinn g[nädiger] f[ürst] vnnd H[errn] zedinen, bin Ich Inn vnnderthenigkait genaigt. E[uer] F[ürstlich] G[naden]

Vnndertheniger vnd Gehorsamer

Dominicus Blanckenfelldt

[Bl. 458^r] Seid dz dj himlischen Crefften sindlichait[844] allso zuuoran, dj Metalli-schen Crefften, dj wirckung durch dj Materia, der vnndersten dinger, gleichsamb durch ainn gezeug, vnnd ye behennder, dann dj Materia ist, ye subtiler vnnd

---

[842] Der Traktat ist Kurfürst Ottheinrich (1502-1559) gewidmet, der zur Familie der pfälzischen Wittelsbacher gehört und von 1522 an Regent von Pfalz-Neuburg und von 1556-1559 Kurfürst von der Pfalz in Heidelberg war. Ottheinrich war in den Wissenschaften und Künsten vielseitig interessiert und hatte ein ausgeprägtes Interesse an der (paracelsischen) Alchemie (v.a. Alchemia transmutatoria metallorum sowie Alchemia medica), so dass an ihn zahlreiche Schriften – wie das vorliegende Traktat – gerichtet wurden (Kühlmann/Telle 2001, S. 45-47). Im Karmeliterkloster in Weinheim richtete er sich ein alchemisches Labor ein (siehe bspw. *Inventarium vasorum* (Cod. Pal. Germ 302), das einen recht aufschlussreichen Einblick in Ottheinrichs Laborgerätschaften gewährt) und sammelte alchemische Literatur. – Ausführlich zu Ottheinrich siehe Poensgen, Georg (Hg.) (1956): Ottheinrich. Gedenkschrift zur viertelhundertjährigen Wiederkehr seiner urfürstenzeit in der Pfalz (1556-1559). (= Ruperto-Carola Sonderband). Heidelberg; Mittler, Elmar (Hg.) (1986): Bibliotheca Palatina. Katalog zur Ausstellung der Universität Heidelberg in Zusmmenarbeit mit der Bibliotheca Apostolica Vaticana) vom 8. Juli bis 2. Nomeber 1986 in der Heiliggeistkirche Heidelberg. Textband. Heidelberg; Speyer, Carl (1925): Pfalzgraf Ottheinrich und die Alchimie. In: Mannheimer Geschichtsblätter 26, Sp. 130-134; Telle 1981: Kurfürst Ottheinrich, Hans Kilian und Paracelsus (wie Anm. 43), S. 130-146.

[843] ,Embeut' von ,embieten': Variante zu ,entbieten': einem etwas melden (Grimm online, Bd. 3, Sp. 419 und 494).

[844] ,sindlichkeit': ,Sinnlichkeit' (Grimm online, Bd. 16, Sp. 1065), (fähigkeit der) ,sinnlichen Wahrnehmung' (Grimm, Bd. 16, Sp. 1191).

behennder, auch stercker Sy wirckt, vnnd darumb so wircken solhe Crefften, vil höher vnd subtiler inn der aller behendest substantia deß Goldes.[845] Dann so dz gold Inn Imm selbs bleibt, vnd vmb desswillen sind etliche Alhimisten, die noch tieffer anfahen Jr werck zuuoran schaffen deß Goldes Crafft, vnnd sinlichait, damit sy es zu ainer wurtzl vnnd samen bringen,[846] Als es vor gewesen ist. Aber mit dem es ist herkommen, damit ain ding geborn ist. Also gebirt es noch. Ist ain Korn hergekommen vnd gewachsen. Mit der Wurtzl vnd dem Graß. Hierumb soll es geberen. So mueß es wider zu seiner Wurtzlnn kommen. Vnnd dz geschicht durch die feulung[847], dann also kombt es wider zu seinen samen, Vnd also durch dj feulung wirdt es geoffnet, dj Crafft dess Korns, vnnd samlet sich Inn der Erden Inn ain wurtzl vnnd durch dj wurtzl empfahet[848] es mer Crefft aus der Erden vnd zeucht[849] dj zu Ime, nach seiner Natur, vnd allso wirdt sein Crafft gestercket vnd bringet mer annder feucht. Vnd darumb ist geschrieben Inn dem Euangelio: Es sey dann, das das Korn nit Werde sterben, so wirdts allain bleiben, Wirdt es aber sterben [Bl. 458ᵛ] so wirdt es vil frucht tragen,[850] Darumb so mues ain yglich ding sterben, das es wider, von wegen seiner Natur Zu der feulichait[851] vnd wurtzlung kommen soll, es annderst wider frucht bringen, Wann mit solher Wurtzl vnnd samigkeit[852] Es forter[853] zu Ime zeuhet aus der Erden anndere sterck vnnd Creft, durch die gemeret wird sein gleich, Das annderst nit mag geschehen,

---

[845] In der Vorstellung zahlreicher Alchemiker ist Gold das vollkommene Metall, da in ihm die Prinzipien Mercurius (oder auch Mercurius und Sulphur, später auch Sal) in reinster Form vorhanden und optimal verbunden waren. Gleichzeitig reifen alle Metalle im Erdinnern langsam zum Gold. Der fähige und (die Naturgesetze) verständige Alchemiker könne diesen Reifeprozess imitieren und beschleunigen (Principe 1998: Art. ‚Gold‘ (wie Anm. 565), S. 157-160).

[846] Semenlehre nach Aristoteles' *De generatione animalium* (‚Über die Entstehung der Lebewesen‘): „Alles entseht anscheinend aus Samen und der Samen kommt von den Erzeugern." – Ein in den Alchemien der Frühen Neuzeit häufig geliehenes Bild. Nicht selten wurde ‚Materia prima‘ mit der Metapher des ‚Samens‘ umschrieben. Hier liegt zusätzlich die Vorstellung einer Zerlegung des Goldes zugrunde. Dabei sollte der Samen des Goldes, der alle seine essenziellen Bestandteile enthalte, gewonnen werden, um in unedle Metalle eingepflanzt zu werden, um sich dort zu vervielfachen (Principe1998, S. 158).

[847] Siehe Anm. 740.

[848] ‚empfahen‘: ‚empfangen‘ (Grimm online, Bd. 3, Sp. 420).

[849] ‚zeuche(l)n‘: ‚ziehen‘ (Grimm online, Bd. 31, Sp. 825).

[850] Vgl. Johannes-Evangelium 12, 24: „Wenn das Weizenkorn nicht in die Erde fällt und erstirbt, bleibt es allein; wenn es aber erstirbt, bringt es viel Frucht."

[851] ‚Feuligkeit‘: hier ‚Fäulung‘ (vgl. Anm. 740).

[852] Eigenschaft des Samenbildens.

[853] ‚forter‘ (Variante von ‚fort ‘): ‚weiter‘ (Grimm online, Bd. 4, Sp. 8).

Dieweil[854] dz ding Inn seiner grobigkait verschlossen hat seinen samen. Aber Wann es wider kombt zu seiner feulung, oder Inn dj feulung der Erden,[855] So wirdt es zu Ime vil anndere samigkait vnnd Crefften. Aber Inn solher Maß, soll dj samigkait vnnd Creffte deß Goldes gesercket werden, vnd vil anndere Metallische Crefft vnd sterck zu Jme ziehen, so mues es wider zu seiner Wurtzl vnnd grundt kommen, Aus der es zum ersten ist herkommen. Auch ein solhes, dz es furter[856] annder Crafft vnnd sterckung zu Jme ziehen. Dann solhe Wurtzl ist nichts annderst, Als auch geschriben steet von der geburt der Metall. Dann ainer feuchten vnd faisste brodemickait[857] oder Rauch gesamlet von den beiden Naturen, deß Mercurij vnnd deß Schwefels.Vnnd darumb Calcinirn[858] dj Alhimisten Jr ainsteils dz gold vnd Jnbibirns[859] oder eindrenckens mit etlichen Oliteten[860] oder geistern, bis dz sy solhe behende Natur deß Goldes daraus Ziehen. Vnd dann [Bl. 459^r] Kochenn sy dieselbigenn vnnd Jnbibierns oder eintrencken sy auch noch furter mit etlich Zumal behenndenn Geistern vnd fixirn sy damit bis sy sein Samigkait Zumal gros stercken, vnnd ain Tinctur[861] daraus machenn.

Solhe Wirckung ist nicht annderst, dann gleicherweis aber ain Mannlicher samen, wiewol der grosste Crafft hat. Ydoch wirdt er wider Jnn des Weibes leib genommen, vnd also dasselbs furter gekocht vnd digirirt Jnn allen steden[862] deß leibes so sich dz geburt.

Gleicherweis haben auch ausgezogen, dj Philosophj di behenndesten Materien deß goldes, vnd haben dj beslossen vnnd soluiret[863] Jnn den glesern mit etlichen behenden spiritus[864] vnnd Metallischen Crefften, vnd Coagulieren[865] vnnd

---

[854] ,dieweil': ,solange'.
[855] Marginalie am Rand: [So]lis terra alba.
[856] ,furter' (Variante von ,furt'): ,ferner'/,weiter' (Grimm online, Bd. 4, Sp. 900).
[857] ,brodem' (Variante von ,bradem'): ,Dampf', ,Rauch' (Grimm online, Bd. 2, Sp.291).
[858] Siehe Anm. 758.
[859] ,Imbibere': „Imbibiren oder eintränken. Imbibitio, die Eintränkung: Anfeuchten oder Anteigen mit einer Flüssigkeit" (Schneider 1962, S. 76).
[860] „Oliteten": Öle; häufig werden so Produkte von Destillationen oder Arzneipräparate, die nach verschiedenen Vorschriften bereitet werden, genannt (Schneider 1962, S. 82).
[861] Zum ,Tinctura'-Begriff siehe Anm. 48.
[862] ,stede' (Variante von ,stete'): ,stätte', ,Platz'.
[863] Siehe Anm. 787.
[864] ,Spiritus': zumeist flüchtige Stoffe wie Schwefel, Arsenik, Quecksilber u.v.m. im Gegensatz zu nichtflüchtigen Stoffen (insbesondere Metalle); auch durch die Destillation gewonnene Präparate, die Geschmacks- und Geruchsstoffe der Ausgangssubstanzen erhalten (bspw. ,Spiritus vini' aus Wein, ,Spiritus salis' aus Kochsalz oder ,Spiritus urinosi' aus Tierprodukten) (Schneider 1962, S. 88).

soluirn dj solang, bis dz es zumal vil der Crefften von solhen spiritusen zu Jme Nimpt. Dann fixiren sy es, so tingirn[866] Sy zumal vil anndere vnuolkomne Metalla vnd Mercurium, Vnnd solhe behennde Materia deß goldes, haist Mann Jnn der Alhimia Mercurius Philosophorum[867] den alle philosophj suechen. Vnnd wiewol dz vil andere Weg sind, dj Merung deß golldes, ydoch, so ist diß der bessste Weg.[868]

Das mann das gold auf dz aller bessste vnnd behenndest Rainiget[869] auf seinem aigenn Mercurius. Wann [Bl. 459ᵛ] allso volget Mann dem gleich recht nach der Natur als obenn geschribenn steet.

Nemet dj Natur Mercurj vermischt mit Schwefel, vnnd koch dz miteinannder, als oben steet. bissolang dz sichs aufs letzte, die grob schweblichait[870] ganntz absonndert vnnd allain rain lauter Mercurius da ist, vnnd dz wirdt dann Jnformirt zu gold.

Vnd also gleicherweis, so dj Natur allain gibt dj forma[871] des golldes, Jnn den aller feinsten Mercurium Allso muessten Wir auch dj Crefften vnnd dj foermliche samlichait alle fuegen Jnn den aller lautersten Mercurium Vnnd Jnn der aller subtilsten substantia deß Mercurij. Wann solhe subtile substantia, Jst empfanngen dj formen deß goldes deß Mercurij vnnd auch der Geisten vnd Creffte, daraus dj forma deß goldes hat Jmm Vrsprung.

---

[865] ‚Coagulatio': ‚Gerinnung' von Flüssigkeiten, indem man Kristallisationen oder Fällungen mithilfe von Einengen oder Abkühlen erzeugt. Die Coagulatio konnte auch eine Umwandlung von flüssigen Quecksilber in festes Silber oder Gold meinen. (Schneider 1962, S. 70).

[866] ‚Tingere': färben, die Natur eines Metalls verwandeln (Ruland 1612, S. 475).

[867] Der „Mercurius Philosophorum" ist hier nicht mit dem ‚gewöhnlichen' Mercur bzw. Quecksilber gleichzusetzen. Vielmehr meint er einen mithilfe der alchemischen Kunst laborantisch herbeigeführten, aus Gold reduzierten Stoff („solhe behennde Materia deß goldes"), der in der Lage sei, Gold zu vermehren. – Vgl. auch Kapitel 2.1 über die reine Quecksilber-/Mercurius-Lehre.

[868] Marginalie am Rand: „Nota: der bessste Weg".

[869] Die laborantische Operation der „Reinigung" oder „Purificatio" kann verschiedene Arbeitsschritte meinen, beispielsweise die Destillation, die Sublimation, die Lösung (durch Filtration oder Kristallisation), das Verbrennen, das Verrauchen u.a. Die Reinigung kann bei der Bereitung des ‚Lapis philosophorum' auch die ‚Nigredo'-Phase bedeuten (Schneider 1962, S. 84). – Hier soll das Gold zum ‚Mercurius' purifiziert werden.

[870] Eigenschaft des Schwefels, die beim ‚puro ab impuro'-Verfahren abgesondert wird.

[871] Der der aristotelischen *Physik* entlehnte ‚forma'-Begriff, dem zufolge erst die bestimmte „forma" einer unbestimmten und unterschiedslosen „materia" zur substanziellen Existenz verhelfe. Erst durch die ‚Form' wird ‚Materie' zur Wirklichkeit.

Vnnd darumb so Nimbt der Konig Geber[872] fur sich den Mercurium, vnnd leret daraus Zumachen dj allerbehenndeste substantia. Allso, dz Mann Jme auf das aller beste vnnd behenndeste Mues beraiten, Aber es ist Zumaiststen, das solher Mercurius, gantz vnd gar ytzund[873] ist durch dj Natur Jnn dem Gollde ganntz vnnd behennde, vnd vil behennder vnnd subtiler dann wir Jme Mugen von vns selber auf Weg bereiten.

Vnnd darumb spricht [Bl. 460^r] auch Faerrarius[874] Jnn dem xxj Capitl: Die da wellenn nachuolgen der Natur, dj sollen nit Mercurium allain, auch nit Sulphura allain Nemen, Sonnder Mercurium vnd Sulphur miteinander Zuhaupf fuegen. Niht deß gemainen Schwefls vnd Mercurj, besonnder den dj Natur Zuhaupf gefuegt hat, wolberait vnnd gekocht mit suesser[875] flussigkait, vnd dz ist nit annderst, dann Jnn dem gold. Wann Jnn dem ist geschehen die gar behennd verainigung deß Mercurij vnnd Sulphurs die sonnst niemannds also durch dj Kunst beraiten mag, Als dj Natur, Wann warumb gleicherweis Als dj Natur hat solhe verainigung deß aller behenndteste Mercurij vnnd Schwefels gethan, vmb der geberung willen deß golds oder vmb der empfahung willen der forma deß golds. Also ist auch verainigung geschehen, Zu gute der Kunst, vmb der empfangne vnd Merungwillen der Craft, die sich dann Jnn solhe Materia legen vnnd darjnn Ziehen, aus den geisten, gleichsam sich dj forma deß Goldes darjnn gefueget hat, vnd darumb spricht Senior[876] ganntz Clerlich: Es haben dj Alltenn

---

[872] Geber latinus: *Summa perfectionis*, Kapitel 1. – Es handelt sich hier nicht um den Araber Abū Mūsā Ğābir ibn Ḥayān (2. Hälfte des 8. Jhs.), dessen Name zu Geber latinisiert wurde, sondern um Geber latinus (Pseudo-Geber aus dem 13./14. Jh.), den Verfasser der *Summa perfectionis*, in welcher Geber latinus eine reine Quecksilber- bzw. Mercuriuslehre formuliert. Dieser Lehre zufolge sei die Basis der Metalle allein Quecksilber; der Schwefel lediglich eine Verunreinigung. – Zu Geber latinus siehe Newman, William R. (1991): The „Summa Perfectionis" of Pseudo-Geber: A Critical Edition, Translation and Study. Leiden; Newman, William R. (1998): Art. ‚Geber. In: Priesner/Figala: Alchemie, S. 145-147 sowie Vorwort von Darmstaedter, Ernst (1922): Die Alchemie des Geber. Mit 10 Lichtdrucktafeln. Berlin, S. V-VIII.

[873] ‚ytzund‘ (Variante von ‚jetzund‘): Nebenform von ‚jetzt‘ ohne Bedeutungsunterschied (Grimm online, Bd. 10, Sp. 2322).

[874] Wahrscheinlich ist hier Ferrarius’ (14. Jh.) *Thesaurus Philosophiae* (In: Gulielmus Gratatolus (Hg.) (1561): *Verae alchemiae artisque metallicae, citra aenigmata, doctrina, certusque modus.* Tle. I/II. Basel, S. 237-248] gemeint; textlich mit dem *Rosarium Philosophorum* (siehe *Rosarium Philosophorum. Ein alchemisches Florilegium des Spätmittelalters*, wie Anm. 45.) verwandt. Zu Ferrarius siehe Telle, Joachim (1987b): Art. ‚Ferrarius‘. In LexMA, Bd.4, Sp. 393f.

[875] ‚suess‘: ‚kostbar‘ (Grimm online, Bd. 20, Sp. 1282).

[876] Muḥammad ibn Umail at-Tamīmī (~900-960) war arabischer Sachschriftsteller und unter Lateinern als Senior Zadith bekannt sowie als Autorität anerkannt. Er verfasste allegorisch geprägte Alchemica. – Zu Senior Zadith siehe Telle, Joachim (2004b): Art. ‚Senior Zadith‘. In:

dj Tinctur gemacht aus dem [Bl. 460^v] Gold. Wann es ist ain fix vnnd ain blei-
bende substantia.

Vnnd darumb spricht Auicenna[877]: solhen sulphur, daraus dj Natur wircket dz
gold Jnn der Erden, das haben wir nicht auf Erden, Es sey dann Jnn dem gold
oder Jnn dem silber.

Vnnd darumb spricht Geber Jnn seiner Summa[878]: solhe Mercurium Zeucht
mann baide aus dem Mercurius vnnd aus vnuolkommen Metallenn, Aber volkommen aus den Metallen deß goldes vnnd deß silbers. Vnnd darumb so ist der
aller besste Mercurius von dem Golde. Wann dz ist dj recht Minera[879] der Kunst
oder der Tinctur, vnd solher Mercurius wirdt gehaissen dj Wurtzl vnd der
Anfanng der Tinctur vnnd Kunst.[880]

Vnnd darumb spricht Geber Jnn seiner Summa Jmm ersten Capitl: Der nit waiß
den Annfanng der Natur, der ist verr[881] von dießer Kunst. Vnd ist furter
Zuwissen, das diser Mercurius so er berait ist, Erscheinet Er Weis, wiewol dz
Zuuorhin Jnn seiner ausziehung, Mancherlay farben gleich als Jnn der geberung
der frucht, Ee[882] dj Reupfen[883] werden, so haben Sy Zuuorhin Mancherlay farben, Als ytz, grun, gelb, [Bl. 461^r] vnd darnach auf dz letzte, wann Sy reupf[884]
werden, so gewinnen sy Jr aigen farb, vnnd dj behallten sy.

Dann allso ist es auch alhie: Wann mann solhen den behennden Mercurium daraus Ziehe, so erscheinen Zuuor Manncherlay farben, Alß Schwartz, grav, vnd

---

Verfasserlexikon, Bd. 11, Sp. 1425 sowie Ruska, Julius (1936): Studien zu Muhammad Ibn
Umail al-Tamimi's Kitab al-Ma' al-Waraqi wa'l-Ard an-Najmiyah. In: Isis 24/2, S. 310-342.

[877]   Der persische Arzt und Universalgelehrte Abd Allāh ibn Sīnā (980-1037), zu Avicenna latinisiert, hinterließ zahlreiche Schriften aus den verschiedensten Wissensbereichen, von denen das
medizinische *Qānūn at-Tibb* (Kanon der Medizin) sowie das *Kitāb aš-Šifā'* (Buch der Heilmittel) zu den bekanntesten zählen. Die Alchemie lehnte Avicenna ab, wobei er (dennoch) zu den
Autoritäten frühneuzeitlicher Alchemiker zählte. Im Abschnitt über Mineralogie, Chemie und
Geologie seines *Kitāb aš-Šifā'* schrieb er, dass alchemisch erzeugtes Gold lediglich eine Imitation sei. Allein das von der Natur erzeugte Gold sei echt (vgl. Newman, William R. (1998): Art.
,Avicenna'. In: Priesner/Figala (Hgg.): Alchemie, S. 67).

[878]   Geber latinus: *Summa perfectionis*, Kapitel 1. – Allgemein zu Geber latinus siehe Anm. 872.

[879]   ,Miner': erzhaltiges Gestein; „minera, wird genennet die rohe materie derer erze und metallen,
wie sie zu erst aus denen bergwerken ausgegraben wird, und ehe solche noch von ihren schla-
cken gesäubert wird" (Grimm online, Bd. 12, Sp. 2237); ,Minera verra terrae': „Ein Ertz Ader"
(Ruland 1612, S. 335).

[880]   Marginalie am Rand: „Ecce hic habetur Radix Tincture".

[881]   ,Verr': Variante von ,fer(r)'/,far': fern, weit (Grimm online, Bd. 3, Sp. 1527).

[882]   „Ee": ehe, bevor.

[883]   „Reupfen": Reifen.

[884]   ,reupf': Variante von ,reif' (Grimm, Bd. 14, Sp. 625).

Zum letzten kombt sein Aigen farb, dz ist dj Weiß farb.[885] Wann also Geber spricht: So ist dz dj Aigenschaft deß Schwefls, das er gelbet, vnnd darumb ist dz gold gelb. Vnnd wann dann der Schwefl verborgen wirdt, vnd der Mercurius Auswenndig scheinet, so ist Er Weis, Vnnd also ist weis sein aigen farb, vnnd also ist Er der Rainest Mercurius.[886] Vnnd darumb spricht Rasis[887]: Die weishait vnnd Cristallische lauterigkait, die sind seine letzte Zaichen, vnnd ist allso gar eben Zumercken: Wann Mercurius aus dem Gold beginnt Zupluen[888], so ist solhe farb ain Zaichen, pluet vnnd ausgannges[889]. Wann allso dann ist dz Gold wider Zu seiner Wurtzel kommen, vnnd ist wider auf den ersten Grad[890] gebracht, durch den dz gold vorher ist kommen, vnnd ist gefeurt Zu seiner Wurtzl, gleichsamm [Bl. 461ᵛ] die wachsennde ding, vnnd dz ist als mann spricht. Das gollt, wann es gefermentirt oder der geseuert ist,[891] so wirdt es Zerbrochen, vnnd

---

[885] Das Farbenspiel spielt in der Alchemie eine wesentliche Rolle. Dabei liegen die Farbzuordnungen zu Planeten und Metallen in der Laborpraxis nicht immer beobachteten Phänomenen zugrunde, sondern auch vermeintlichen metaphysischen Beziehungen, die bestimmte Farben mit assoziierten Charakteaistika von Stoffen und/oder Operationen haben. Bestimmte Operationen – wie bspw. die Herstellung des Lapis Philosophorum – können zu unterschiedlichen Stadien des Laborierens auch bestimmte Farben zeigen, die Hinweis darauf geben, ob ein Versuch planmäßig verläuft oder misslingt. Dabei wird die erste Phase, bei der eine Materie auf ihre Urgestalt und damit Materia prima zurückgeführt wird, meistens mit der schwarzen Farbe (,Nigredo' als den schwarzen undifferenzierten Urzustand aller Stoffe) symbolisiert. Daran anschließend gibt es zahlreiche Vorschriften, die für eine Neuzusammensetzung der Materie Farben wie Weiß (,albedo'), Gelb (,Citrinitas'), Rot (,Rubedo') oder den so genannten „Pfauenschweif' angeben (Priesner, Claus (1998): Art. ,Farben'. In: Ders./Figala (Hgg.): Alchemie, S. 131-133; Schneider 1962, S. 77).
[886] Marginalie am Rand: „hic habetur Mercurius purissimus philosophorum".
[887] Abū Bakr Muḥammad ibn Zakaryā ar-Rāzī (865-925), zu Rhazes latinisiert, war persischer Arzt und Philosoph und gehörte bis ins 17. Jh. hinein sicher zu einem der wirkmächtigsten Gelehrten in den Bereichen der Medizin als auch der Alchemie. Verbreitet waren unter seinem Namen sowohl echte Werke, wie das *Kitab al-Asrār* (,Die Geheimnisse'), als auch pseudepigraphische wie das *Lumen luminum* (,Licht der Lichter'; vgl. Anm. 928) oder das Werk *De aluminibus et salibus* (,Das Buch der Alaune und Salze'). Von denen mit Rhazes Namen verbundenen Werken wird im *Tractatum de materia, forma & substantia* allein das *Lumen luminum* erwähnt. – Zu Rhazes siehe: Joly, Bernard (1998): Art. , Rhazes'. In: Priesner/Figala: Alchemie, S. 302-304.
[888] ,pluen': blühen. – Mit Blüte oder Blumen (,Flores') wurden häufig im übertragenen Sinn Kristallisationen bei diversen alchemischen Operationen bezeichnet (Schneider 1962, S.74).
[889] Einer Sache Ausgang, erwünscht zu erreichendes Ziel (Grimm online, Bd. 1, Sp. 865).
[890] ,Gradatio' im Sinne einer (alchemischen) Verbesserung von Metallen beim Weg zum Gold. Dabei müssen unedle Metalle mehrere Stufen der Gradierung durchschreiten, die aufgrund von alchem.-praktischen Arbeiten (wie Calcination, Solution, Separation, Conjunction, Putrefaction, Coagulation, Cibation, Sublimation, Fermentation, Exaltation, Augmentation, Projektion) eines Prozesses oft mit Farbänderungen (siehe Anm. 885) einhergehen (Schneider 1962, S. 77).
[891] Marginalie am Rand: „hic Aurum corrumpitur".

grunet wider pluende Zu den fruhten. Vnnd ain solher Mercurius, haisst der
meisten Philosophj opfenbanbarlih[892] Stein,[893] vnd auf den mues mann gar
grossten vleis habenn, vnd huetten, das mann allso balld, So Er ausgee, Zu der
fixation setzen, vnd Jne behallten, das Er nit hinweg fleuhet vnnd Zergee. Wann
Warumb sobald der Mercurius berait ist, vnnd mann Jne nicht fixiert, so fleuhet
Er hinweg vnd vergeet. Vnd Er ist dj Materia, daraus Kombt dj Tinctur vnd
empfahenn mag dj Creffte deß golldes, vnd das mann ye nit vorseume
Zufermentirn mit seinen Corper, das ist mit anndernn fixem golde. Wann darum
schreibet Offidius[894], von dem weisen Alltenn, der da sich wollt verneuen[895], Aus
lere der Medea.[896] Allso Er sollte sich lassen zertailen vnnd Kochen, bis Zu seiner Volkommen Kochung, vnnd nit furbas[897], dann so wurden sich dj glider
verainigen, vnd wurden Junger. Aber da der hutter[898] verschiepf[899], dj Zeit der
volkommen Zeit der Kochung, da wurden dj humores[900] aufgelust[901] Jnn ainn
Rauch, vnnd wurden nit widerumb lebendig. Diß Exempel bedeut nichts
annderst, das dj Kochung vnnd Arbait deß Goldes das wider Zebringen auf sein
Wurtzl, dz ist auf seinn Mercurium.

---

[892] ,opfennbarlih': offenbar.

[893] Zum ,Stein der Philosophen' bzw. ,Lapis Philosophorum' siehe Anm. 753.

[894] ,Offidius': römisch-antiker Dichter Publius Ovidius Naso (dt. Ovid), (43 v. Chr. - 17 n. Chr.).

[895] ,verneuen': verjüngern.

[896] Der Medea-Sage Ovids *Metamorphosen* zufolge verjüngt die zauberkundige Medea den Vater
       ihres Gemahls Iason. Beim Verjüngungszauber öffnet Medea mit dem Schwert dessen Kehle, um
       das alte Blut durch vorbereiteten Saft zu ersetzen. Aison, der Vater ihres Mannes, wird auf diese
       Weise vom Greis zum Jüngling. Andere Versionen beschreiben den Verjüngungszauber als ein
       Zerschneiden des Körpers in Stücke mit anschließendem Kochen in einem Kessel. Der Verfasser
       des *Tractatum de materia, forma & substantia* scheint an die zweite Version anzuknüpfen. Hie-
       rin wird mit der Erneuerung (Verjüngung) des Goldes, das zu seiner „Wurtzl" gekehrt werden
       soll, damit es wieder „wachsen", d.h. sich vermehren, könne, Bezug auf den Verjüngungszauber
       der Medea genommen. – Zum Verjüngungszauber der Medea siehe Publius Ovidius Naso: *Me-
       tamorphosen* (wie Anm. 638), S. 171 f.

[897] ,vurbaz': mehr, weiter (Lexer 1992, S. 302).

[898] ,Hüter': Hüter eines Gegenstands (Grimm online, Bd. 10, Sp. 1989), hier Hüter des Prozesses.

[899] ,verschiepfen': Variante von verschlafen; i.S.v. unaufmerksam sein.

[900] ,Humor': Feuchtigkeit, Saft. Begriff aus der Humoralpathologie hypokratisch-galenischer Medi-
       zin, die ein Gleichgewicht von körpereigenen Säften, ihrer Wirkkräfte und deren Menge anstrebt.
       Die vier kardinalen Körpersäfte seien Blut, gelbe Galle, schwarze Galle und Schleim. Ursache
       für Krankheit sei ein unausgewogenes Mischungsverhältnis dieser Säfte, wenn sich bspw. einer
       der Säfte absondert oder sich nicht mit den anderen vermengt. Aber auch ein Mangel oder eine
       Überfüllung kann Ursache für eine Funktionsstörung eines Körpers sein (Haage 2000, S. 25-27).
       Blanckenfeld formuliert hier einen Säftemangel („humores aufgelust") aufgrund von zu viel
       „Kochung", wodurch die Säfte sich nicht mehr miteinander vermengen können.

[901] „aufgelust": aufgelöst.

Wann der ist empfahen dj Kreffte der Geist, vnnd wann Nun derselb [Bl. 462^r]
Mercurius herwider kompt vnd Ausgezogen ist, den Mann den nit sobald fixirt
vnd hellt, sonnder Mann Jne daruber mer Kocht, vnd Nottiget, so wird Er Zu
nicht^{902} vnnd Kombt hinweg. Jsts aber das mann sein erboitet^{903} oder erwartet,
das Er Vollkommen wird, so ist es auch nit gut. Darumb so mues mann grossten
Weis^{904} habenn, Jnn der beraitung solhes Mercurij. Wann gleicher Weis als Jnn
der Natur ist. Also ist es auch Jnn der Kunst. Jst das der Mercurius ist Jnn der
Natur nicht wol berait wirdt, so wirdt daraus nit gold. Also ist Jmm auch alhier.
Jst dz Mann nit wol berait den Mercurium aus dem Golde, So wirdt daraus nicht
ain Tinctur. Auch sehen wir das ganntz Wol. Jnn der Kochung aller annder dingen. Wann die wol volkommenlich gesotten oder gekocht sind, Nimbt mann die
dann nicht von dem feuer, sonnder lasst mer, oder huefurten^{905} dabey stenn, so
verbrennen Sy vnd verderben. Kocht Mann sy aber nit gnug, so sind auch nit gut,
vnd sind Rohe.

Vnd darumb so ist es ganntz vnd gar mit hohem vleis Zumercken Jnn disem
Werck, das Volkommen Zeichen. Jnn solhem Mercurij das ist nit annderst, Wann
Er scheinet Jnn seiner Weisse, Lautter vnnd Rainigkait. Vnnd dz haissen^{906} [Bl.
462^v] dj Philosophj^{907}, dj Ersten Materia deß Stains vnd dz ist dj Erst Materia,^{908}
daraus dj Tinctur wirdt gemacht. Wann dann Nun ist dj Materia lauter vnnd
Rain, on allen Zuesatz entledigt worden vnd also dann sind dj Elementa^{909}
gesonndert vnnd Abgeschiden, das ist dz das gold ist dann auf das aller
behenndest Kommen vnd ist widerbracht Zu seiner ersten Wurtzl, damit es dann
empfahen mag vnnd Zu sich Ziehen vil annder geister vnd Crefft. Gleicherweis

---

^{902} ‚Zu nicht': zunichte, nichts.
^{903} ‚erboiten': erarbeiten.
^{904} ‚grosste Weis': ‚umfangreiche Kenntnis'.
^{905} ‚huefurten': Variante von ‚furt': ferner, weiter.
^{906} ‚heissen': ‚nennen'.
^{907} ‚Philosophj' meint hier Transmutationsalchemiker, die Anhänger merkurialer Lehren sind.
^{908} Marginalie am Rand: „Materia j" für ‚Materia prima'.
^{909} Der Terminus ‚Elementa' scheint sich hier im Rahmen einer griechisch-arabischen Vier-
      Elementen-Alchemie zu bewegen, der zufolge eine Qualitätenbesserung von Materien mithilfe
      von Scheidungs- sowie Reinigungsprozessen erwirkt werden sollte. ‚Elemanta' sind dabei zu-
      sammengesetzte Bestandteile von Materie, die veränderbar sind und reduziert als auch separiert
      werden können. Um dieser Elementenlehre zufolge ‚Feuer', ‚Wasser', ‚Luft' und ‚Erde' ineinan-
      der umzuwandeln, werden durch den Einsatz der Qualitiäten ‚heiß', ‚kalt', ‚feucht' und ‚trocken'
      neue Mischungen erzeugt und Stoffesumwandlungen ermöglicht. Um hier „gold" zu erhalten,
      das „lauter vnnd Rain, on allen Zuesatz" sein soll, müssen die ‚Elementa' auf ihr optimales Ver-
      hältnis gebracht und am reinsten verwirklicht werden.

samb[910] ain Kornn, dz da soll frucht tragen dz mues Zu seiner Wurtzl Komenn,
vermittlst der feulung Jnn der Erden.
Dann vermittlst der Erden, so ist es empfahen aus der Erden dj Crefft vnnd
Zuenemende. So es aber ganntz blibe, so Nimbt es nicht Crefft Zu Jme, auch
meret es sich nit. Also ists auch Jnn dem Gold.
Dieweil es gantz bleibt Jnn seinem Wesen, dieweil so nimbt es Kain Crafft oder
sterck, vnnd sämigkait Zu Jme. Wann also ist es nit bequem vnd geschickt
Zuempfahen solhe sterck. Aber Wann es vnnder Jnn den ersten stannd gebracht
wirdt, Auf sein aller behendeste Natur, so Nimbt es dann Zu Jmm dj Crefft, vnd
so mag es wol geleichet[911] werden den Wachsenden dingen. Vnnd darumb
spricht Halit[912]: Diser Stain geet aus sambt grunenden ding. Darum ist hie nichts
Annderst Zumerken, Dann dz mann Zu [Bl. 463ʳ] dem Ersten soll annderst werden Ain rechte, grosse Warhaffte Tinctur. So mueß mann haben ain behendte
substantia[913], deß Mercurij, der gleich berait ist, bis Zu dem Grad, Stannd vnd
Wesen Als dann dj Natur anhebet Jnn der Erden, Zugeben dj forma[914]. Also
Zugleicherweis samm[915] dj Natura, so sy auf dz allerbehenndeste berait hat den
Mercurium, dann so schöppfet sich darJnn dj forma deß Goldes.
Also muesstenn Wir auch haben ain solhen behennden Mercurium vnnd darJnn
schöppfen dj Tinctur, Etero[916] nehmen wir Jne von dem Mercurio oder vomm

---

[910]   ‚samb(t)‘/‚samm‘: Variante von ‚samt‘: zusammen, zugleich (Lexer 1992, S. 176; Grimm, Bd.
        14, Sp. 1754).
[911]   ‚gleichen‘: vergleichbar.
[912]   ‚Halid‘: kursierende Variante des Namens des Umaiyadenprinzen Ḫālid ibn Yasīd (ca. 668-704),
        latinisiert zu Calid; im *Rosarium Philosophorum* auch in der Variante „Hali". Von den Arabern
        zum ersten Alchemiker stilisiert, von den Alchemikern des lateinischen Westens seit dem 9. Jh.
        zu einer ihrer Autorität erhoben, wobei keine Schriften bekannt sind, die gesichert als die seinen
        gelten können. Gleichsam sind mehrere Schriften unter seinem Namen erschienen wie das *Liber
        secretorum alchemiae* und das *Liber trium verborum*. Beide Werke behandeln die Herstellung
        des Steins der Weisen und waren in der Frühen Neuzeit verbreitet.
[913]   Der Terminus ‚substantia‘ meint hier ‚körperliche‘ Substanz (im Gegensatz zu ‚unkörperliche‘
        Substanz wie bspw. ‚Gott‘), zu denen alle mithilfe von Kategorien definierten materiellen Körper
        gehören. Die „behendte substantia" wird hier mit einem arkanen „Mercurij" identifiziert. – Vgl.
        zu dieser seit der mittelalterlichen Scholastik entwickelten Einteilung von ‚körperlicher‘ und
        ‚unkörperlicher‘ Substanz Freedmann, Joseph S. (1988): European Academic Philosophy in the
        Late Sixteenth and Early Seventeenth Centuries. The Life, Significance an Philosophy of Cle-
        mens Timpler (1536/4-1624). 2 Bde. (= Studien und Materialien zur Geschichte der Philoso-
        phie). Hildesheim/Zürich/New York, Bd.1, S. 230-248.
[914]   Im Rahmen der Entstehung der Dinge ist es hier die „Natur", die „Jnn der Erden" Materie ihre
        „forma" gebe. – Zum ‚forma‘-Begriff siehe Anm. 898.
[915]   Siehe Anm. 910.
[916]   „Etero": entweder.

gold, vnnd von welhenn stuck Jnn der ganntzen Wellt solhe behennde Materia
herkommmet, so mues Sy ganntz subtil sein: lauter, Clar vnd Rain, vnd sein
gleichsam Zum Ersten, da die Natur Jnn sy begunet dj forma deß goldes
Zuarbaiten vnnd schöpffen.

Vnnd darumb so spricht Auch Homer[917] vber dz erste buech Stoicorum[918]: Wir
beraiten nach behenndigkait vnnser Kunst dj Materia, dz Wir mugen ausziehen
ytzlich vnd ain solh ding, dz es vor ist gewest Jnn dem beginnen oder anfang
entlediget aller widerwertigen Wanndllung, das ist das es ganntz ainlitzig[919] sy
vnnd ge-[Bl. 463ᵛ]sonndert aus den Jrtischen Wesen der Elementen, nicht das es
wer ain ding on dj Elementa, besonnder dz es auf dz aller subtilest berait sy.

Vnnd darumb spricht Platto:[920] das vnsere Wirckung ist nicht ganntz gleich der
Wirckung der Natur. Wann dj Natur macht aus vnzuhaufgesatzten[921] dingen, Als
aus den Elementen, macht sy Zuhaupfgesetzt vnnd Naturlihe ding. Aber Wir
thun gleich ganntz darwider, wann warumb, Wann wir machen aus den
Zuhaupfgesetzten dingen Ainletzige ding. Als Aus dem gold schaiden Wir Ain
behenndt ding vnnd Natur, vnd aus dem machen Wir allererst ain Zuhaupfgesezt
ding, Das ist dj Tinctur, vnd ain solh nutztlosig ding, dz haisst mann hie[922] dj
Materia vnd solhe behennd Mercurius ist dz ding, dz dj Natur nicht volbracht
hat. Wann sy daraus nit hat gemacht ain Tinctur,[923] besonnder sy hat Jme allain
ain forma gegeben deß Goldes.[924] Vnd hat es nit weiter höher noch verner bringen Auf dj Tinctur, Wann sy hat nit vermöcht Zuezesetzen Jnn sain forma, dj da

---

[917]   Der griechische Dichter und Verfasser der Ilias sowie der Odysse Homer (8./7. Jh. v. Chr.) zählt
zu den „magistri" der Alchemie, was sich in einem „Fortleben mythologischen Erbes in der
Alchemieliteratur" zeigt (Telle, Joachim (2013j): Ein Rätselgedicht „Vom Stein der Weisen" von
Georg Klet. In: Ders.: Alchemie und Poesie (wie Anm. 12), S. 351).

[918]   Über Liber 1 von *Ciceros Paradoxa Stoicorum* (Universitätsbibliothek Heidelberg (Hg.): Die
Codices Palatini germanici in der Universitätsbibliothek Heidelberg (Cod. Pal. germ. 304-495).
Wiesbaden, S. 511).

[919]   ,eintlizig': ,einzeln', ,für sich'.

[920]   Der griechische Philosoph Plato (428-348 v. Ch.) galt seit griechisch-alexandrinischer Zeit als
einer der Begründer der Alchemie. Der von Plato verfasste *Timaios* hatte eine gewisse Strahl-
kraft auf manche alchemische Lehre über die Entstehung der Welt und des Weltgeistes, der Elemente und ihrer Beschaffenheit, sowie über die Bildung von Metallen. Darüber hinaus wurden
ihm diverse Alchemica zugeschrieben, von denen er keine verfasst hat (Joly, Bernhard (1998):
Art. ,Plato(n)'. In: Priesner/Figala (Hgg.): Alchemie, S. 279).

[921]   ,Unzuhaufgesetzt': ,Unszusammengesetzt' (vgl. Grimm online, Bd. 32, Sp. 452).

[922]   ,hie': ,hier'.

[923]   Der Alchemiker ist derjenige, der die Prozesse der Natur beschleunigt und sie zur
Vervollkommnung bringt.

[924]   Die Natur vermag nicht die Form, die sie gibt, zu zersetzen.

gehört zu der Tinctur. Sonnder di Gnad hat Got dem Mensch verliehen vermitlst der Kunst[925] vnd dz haist auch dj recht Luna[926] dj da vorgeet [Bl. 464ʳ] dem gold. Wann solhe Luna, dz ist solher Mercurius, mues gezieret werden, vnnd formiret, mit dem golde Als hienach auch kurtzlich berureet wirdt, Wo gold ist ain seel, desselben Mercurij, vnd dauon schreibt Senior, sprechend: Die Sonn ist ausgannngen Jnn dem Wachsennden Mann vnd ain solher Mercurius der thotenn Cörper, der wider mues lebendig werden durch den Zuesatz seiner seele. Vnnd das ist das Weib,[927] der Mann[928] ainn Man[929] soll geben vnn dauon schreibt Rasis Jnn dem buech der Liechter[930] sprechende: Der Rote Knecht hat genommen ain weisses weib, vnnd es ist vor Zuwissenn dz ain ding vil behennder vnd subtiler wirdt, Wann Jme sein forma wirdt gegeben, so es gantz geainiget ist, vnd subtil gemacht, von aller Jrrischait. Dann wann es Jrrischait[931]. Dann Wann es Irrishait bey Jme het, vnd allso ist es Jme auch alhinn.

Wann Nun daz gold auf solhen behenndten Mercurium gebracht wirdt,Vnnd Mann gibt Jme seinn forma, so wirdt es Zumal behennde, durchgeend[932] vnd subtil, vnnd dz ist nun geredt von Ainem tail, Als von der Materia der Tinctur.

---

[925] Gnadenakt Gottes bestehe darin, dem Menschen die alchemische Kunst zu vermitteln.

[926] „Luna" in zahlreichen Alchemica eine Allegorie für arkanen Mercurius.

[927] Unkonventioneller Weise wird an dieser Stelle „Mercurius" als „Mann" mit „Cörper" identifiziert, während „Gold" – hier als Kontrahent des Mercurius – „Weib" und „seele" repräsentiert, die dem „thotenn Cörper" des „Mercurius" zugesetzt werden müssen, womit eine rein prozesshafte Beschreibung einer Vereinigung ('Coniunctio') metaphorisiert wird. Gleichzeitig ist das Gold „ain seel, desselben Mercurij" und damit bereits in ihm enthalten. – Konventionellen Vorstellungen auf der Grundlage metallogenetischer Lehren repräsentierte ,Schwefel' ein aktives, männliches Prinzip, die Seele oder Decknamen bzw. Sinnbilder wie bspw. ,Löwe' oder ,Sol' (wobei ,Sol' – wie man hier deutlich erkennen kann – auch für das Metall Gold metaphorisch gebraucht wurde), während man mit ,Quecksilber' konventionsgemäß Charakteristika wie ein passives, weibliches Prinzip, den Körper oder entsprechende Decknamen bzw. Sinnbilder wie z.B. ,Adler' oder ,Luna' (,Luna' konnte aber auch Deckname für Silber sein) verband (siehe dazu Telle (2013b): Das pseudoparacelsische Adler/Löwe-Sinnbild (wie Anm. 143), S. 913). Hier sieht man, dass Konventionen durchaus durchbrochen wurden, um gängige Bilder eigenen Vorstellungen anzupassen.

[928] ,Mann': hier ist das Pronomen ,man' gemeint.

[929] ,Man': hier ist das Substantiv ,Mann' gemeint.

[930] *Lumen luminum* ('Licht der Lichter'): Ein im Mittelalter Rhazes (vgl. Anm. 887) zugeschriebenes Werk, deren arabische Manuskripte nicht gefunden wurden. Den Titel „Lumen luminum" führten im Spätmittelalter mehrere Alchemica.

[931] ,Jrrischait': Variante von Irdischheit. Die ,Jrrischeit' scheint die Eigenschaft von Materie zu sein, mit deren Hilfe sie in der Erde durch die Vereinigung von „Cörper" und „seel" (siehe Anm. 927) Form empfängt.

[932] ,durchgeend': durchgänglich.

Vnnd dz haist mann den Rechten Mercurium Philosophorum,[933] der da ain Mitl ist, Zuhaupfenn fuegennde[934] dj Tinctur, von dem Zumal vil schreibt der Konig Geber Jnn seiner Sumen: Vnd Wann man den [Bl. 464ᵛ] Mercurium hat, so ist zumal leicht dz Werch Zuvollennden, Vnnd diß haisst mann den opfenbarn[935] Stain der Philosophj.

Nun ist volgend zu sagen von dem verborgenen Stain, den mann haisst sein forma vnnd Seel.

Gottlicher obgeschribner Mercurius ist nun worden fluchtig, hierumb so mues Mann Jm wider fixirnn vnnd bestenndig machen. Jtem der Mercurius ist nun thot, vnnd beraubet seiner Seel. Auch wissend: Er ist dj Materia, hierumb so mues mann Jme nun geben sein form vnd seel, die Jne wider bestenndig vnnd lebendig macht. Vnnd darumb spricht Platto: Die Materia fluß vnzellige ding. Es sy dann sach das dj forma verhellt vnnd steuert Jrmm fluß, vnd darumb so mueß mann solher Materia nun zuesetzen sein forma. Vnd es ist Zuwissen dz solhe forma nicht anndes ist dann golldt vnd wiewol dz dj obgeschribne Materia gegen dem Gollde billich sollt gehaisen Werden ain forma vnd Seel, vnd dz gold ann Ime selbst sollt haissten ain Materia vnd Cörper. [Bl. 465ʳ] Wann solhe Materia behennder ist worden, dann dz gold an Jmm selber ist. Yedoch so haisst mann dj behennde Materia den Corpus, oder dj Materia vnnd den Corpus des Goldes, haisst Mann dj seel vnnd dj forma. Wann es spricht Rasis, dz der Cörper ist dj forma vnnd der geist ist dj Materia vnnd der Cörper. Vnnd er redt gar recht. Wann allso dj Materia hat Jr Wesen[936] nicht anndes dann von der forma, Allso hat auch diße behennde Materia nicht Jr bleibnen vnnd Wesen, dann von dem Corper deß goldes. Vnd darumb so ist der Corper vnnd dz golde gleich ain bannd vnnd forma der obgeschriben Materia. Vnnd darumb spricht Hermes: Es mag on

---

[933] Der ‚Mercurius Philosophorum‘ sei das „Mitl“, die gewünschte „Tinctur“ zu erlangen, „dz Werch Zuvollennden“ sowie Gold zu vermehren. – Vgl. hierzu auch Anm. 867.

[934] ‚zuhaupfen fuegennde‘: ‚zusammenfügende‘.

[935] ‚opfenbarn‘ Variante von ‚offenbaren‘.

[936] Aus der Antike ererbter Begriff, der in naturkundlichen Schriften der Frühen Neuzeit meist als ‚(primum) Ens‘ begegnet und im Allgemeinen sich weniger auf das ‚Was-Sein‘ im Sinne von ‚etwas‘ bzw. ‚res‘ als vielmehr auf das ‚Dass-Sein‘ und damit den Aktcharakter des ‚Etwas-Seienden‘ zu beziehen scheint. Das „Wesen“ bzw. (primum) Ens ist in einem ‚Etwas‘, das bereits ist, vorhanden und das eigentlich Strebende darin. Das Ziel des Strebens kann die Vervollkommnung der primordial angelegten Entfaltungen oder auch die Erfüllung des Zwecks dieses Seienden sein. Hier erhält die „Materia“ das „Wesen“ als das eigentlich Strebende und Lebendige in der „Materia“ von der „forma“ des Goldes (siehe dazu auch Kapitel 2.6 über Ens primum).

den Roten s[t]ain[937] kain rechte tinctur werden. Vnd Allso spricht auch Geber[938]: Kain Metall erdrincket Jnn dem Mercurio, dann das Gold. Als Er sollt sprechen: Jn dem Mercurio mues dz gold erdrincken vnnd Zergeen, soll ain Tinctur daraus werden. Geber spricht auch imm Anndern Capitl seiner summen[939]: Mit dem gold werden vermischt dj Gaister vnnd fixiret, dardurch vermitelst behennder Kunst. Es spricht auch Origenes[940]: Es kombt nicht Zum Ennde deß Werk, bis dz das gold vnnd silber Zuhaupf komb.Vnnd bey dem silber vermaint[941] Er den obgeschriben [Bl. 465ᵛ] Mercurium, das maint auch Rasis, sprechende: Der Roter Knecht hat genommen ain Weisses Weib vnnd das Maint Virgilius in sexto Eneide in ainer fabl[942]: Da Er setzt, wo Eneas mit Sibilla gienng Zubrinn[943] gulden Zweig. Vnd Wann mann dann denselben halb abgebracht[944], so wuchse Er allweg wider. Das ist auch der gulden fluß[945], den da verbirget Offidius vnd vil Nachuolgende Poeten, verborgen haben. Jnn Jren reden, solhe Kunst vnd solh gold, das haisst ain firment[946], dz da Volkommen macht dj Tinktur. Vnnd furwar daran seet verborgen[947] dj ganntz Kunst, vnd furwar es ist dj Ganntz Kunst, vnnd Er ist der Corper, der da hollt dj Seel. Vnnd gleicherweis, Als dj Seele nicht erzaigen mag Jr Crafft, Es sy dann mit dem Leichnam. Es mag auch nicht werden diß Tinctur, one den Zuesatz solhes Corpus. Vnd darumb also bald solhe Materia ausgezogen vnnd ausganngen ist, vnnd erscheinet, so mues mann sy

---

[937] Wahrscheinlich handelt es sich hier um einen Schreibfehler. Es muss ‚stein' heißen.
[938] Geber latinus: *Summa perfectionis*, Kapitel 2. – Allgemeines zu Geber siehe Anm. 872.
[939] Siehe Anm. 872.
[940] Nicht nachvollziehbahr, weswegen hier der griechisch-christliche Theologe und Gelehrte Origines (185-ca. 254) angeführt wird. In der Überlieferung von Linden (1794, S. 277) steht an dieser Stelle die wahrscheinlichere Quellenangabe „Morienes". Dieser ist aus einem Prosadialog mit Ḫālid ibn Yasīd (Calid, vgl. Anm. 912) bereits seit dem 13. Jh. aus mehreren kursierenden lat. Fassungen, die in der Frühen Neuzeit vielfach gedruckt worden sind, bekannt.
[941] ‚vermeinen': fest im Sinn haben (Grimm online, Bd. 25, Sp. 852).
[942] Ortsangabe.
[943] Publius Vergilius Maro (70 v. Chr.-19 n. Chr.) war römischer Dichter und Epiker und galt Alchemikern vornehmlich wegen seiner Erzählung vom *Goldenen Zweig* in der *Aeneis* als römisch-antiker Repräsentant der Alchmie. Unter Naturkundlern kursierte die Vorstellung, Vergil habe alchemisch-natrukundliches Wissen in Figuren verhüllt (siehe Telle 1992, S. 247f.).
[944] „abgebracht": abgebrochen.
[945] Ähnlich wie auch schon bei der Erzählung vom *Goldenen Zweig* des Vergil sahen diverse Alchemiker auch in der Sage vom *Goldenen Vließ* des Homer (Odysse 12, 70) naturkundlich relaevantes Wissen bzw. relevante Erkenntnisse (vgl. auch Anm. 917).
[946] „firment": Ferment, das „„was die Gärung befördert', z.B. der Sauerteig" (Schneider 1962, S. 74).
[947] Üblicher antithetischer Topos in naturkundlichen Schriften (der Frühen Neuzeit), bei dem man das Verborgene sehen bzw. erkennen solle („seet verborgen").

Zuefuegen solhen Corper vnd firment. Wann damit behellt vnnd fixirt mann es, das es nit hinweg geet, vnd dz Will auch Platto: Jnn dem 4 buech Stoicorum[948], Da er spricht: dj Seel soll mann Zuefuegen dem ersten Corper, dauon [Bl. 466ʳ] sy ist, vnnd nicht mit ainn anndern Corper vermischt, dann sy kann nicht gehabenn dz leben, Es sy dann mit Jrmm aigen Corper.

Gleicherweis als ain Taig, nit geseuert will sein, mit aimm frembden ding, sonnder mit seiner aigen Natur vnnd Materia, dz ist der behennde Mercurius, nit firmentirt werden, dann mit seinn Corper. Vnnd darumb spricht Hermes: Also ist dz firment deß goldes nicht annderst dann gold, vnd wiewol dz dj erste Materia Weis ist, ydoch so ist sy der Natur des Goldes, Wann Sy von dem Gold herkomen ist vnnd wirdt, so an dem gewanndlt Jnn sapfran Rot[949], Wann mann Jnn Zuesetzt sein firment, vnd dz sind dj .2. Element dj Mann Zuhaupf fuegt, Als das feucht vnnd dz drucken.[950] Das feucht ist der behennde Mercurius, der da ist ausgezogen von dem Gold, vnd der da ist fliessennd worden, vnnd fluchtig, vnnd diß geschicht Jnn der ersten Wirckung. Das drucken[951] ist nun der Corper vnnd dz firment, vermitlst den wir nun fixirnn, einsetzen, fahen[952] vnd behalten den obgeschriben Mercurius, vnnd dasselb Corpus wirdt gehaissen der verborgen Stain. Wann warumb es konndt sehen kain Philosophus [Bl. 466ᵛ] das verwundern, wouon das kains, dz der obgeschriben fluchtig Mercurius Zu Jnn Zeuhet[953] vnnd auch fluchtig macht den Corper, den Mann Jnn Zuesetzt. Vnnd widerumb der fixe Corper Zu Jme Zeuhet den fluchtigen Mercurium, vnd behellt Jne ewiglich, so mann sy Zuhaupf setzt, vnd so sy doch ainer Natur sind, vnnd darumb haisst dz der verborgen Stain, wann Er hat Jnn Jme allain ain solhe verborgne Crefften vnnd behenndigkait, vnnd dj Jnn Jme treget, die mann mit den synnen nit begreipfen mag. Sonnder allain dj fahen, die mit dem obgeschriben ausgezogen rainen Mercurium, den Mann Jnen fursetzt.

---

[948] Plato: *Liber Soicorum*, Lib. 4. Hier über Liber 1 von Ciceros Paradoxa Stoicorum (Universitätsbibliothek Heidelberg (Hg.): Die Codices Palatini germanici in der Universitätsbibliothek Heidelberg (Cod. Pal. germ. 304-495). Wiesbaden, S. 511).

[949] ‚Safran' ist ein gängiges Synonym für ‚Crocus' (Schneider 1962, S. 129). Aufgrund der roten Farbe wurden auch diverse alchemische Zubereitungen ‚Crocus' bzw. ‚Safran' genannt.

[950] Hier sind die Aristotelischen Elemente ‚feucht' und ‚trocken' gemeint, die zusammengefügt werden sollen.

[951] „drucken": Variante von ‚trocken'.

[952] ‚fahen': ‚fangen' (Grimm, Bd. 3, Sp. 1236).

[953] „Zeuhet": ziehet.

Vnd darumb spricht Geber: Es kann der Mercurius kain gelbe farb gewinnen es
sy dann mit vermischung deß dings Jntingirt[954] welhs allain bekannt ist der Natur, damit Er maint dz gold, dz Jnn Jmm gar verborgen besleust[955] dj Natur.
Darumb spricht Er auch ann dem andern ende: Gold ist ain Ware Tinctur vnd
dasselb spricht auch Hermes das ist auch der Gotliche Stain aus deß vermischung
mit den opfennbaren Stainen, dz Jst mit dem obgeschriben Mercurio ganntz
verderbet dj Tinctur.

Vnd derselb gotlich Stain. Ist ain hertz formm vnnd [Bl. 467ʳ] Tinctur deß gol-
des, dj da suechen alle Philosophj dauon schreibet Hermes: Es ist not dz amm
Ende dieser Wellt, himel vnd Erden Zuhaupfen kommen. Die 2 obgeschribne
Stuck, vnd Allso hat diß werch zwen thail, das erst ist dj beraitung des Mercurij.
Das Ander ist ßein behalltung vnnd fixirung, vnd firmentirung desselbigen
Mercurj, vnnd dasselb geschicht dann die rechte Zuhaupfsetzung der Element[956],
vnnd so ist recht Zuhaupfkommen,[957] das wirckennde vnnd das leidende ding,
die dann sich verainigen. Vnd darumb wann nun solh ding Zuhaupf gesetzt sind,
vnd recht berait, Als sich das geburt, vnd zusamen gefuegt Jnn dem glaß. Zu der
bequemen hitze, Also wircket dann dj Natur selbst, vnd also die Natur Jnn den
Naturlichen Materia Jnn der Erden Wircket die forma. Allso Wircket Sy auch hie
Jnn dem glas Jnn der Materia, die da der Materia furgesetzt vnnd berait ist. Dann
dj Materia sind, sy ist ain grund der geburt.

Hierumb Wo Sy Jnn aller Wellt wol geschickt Wirdt, so ist Sy emfahenn dj
Wircklichait vnnd dj forma deß dinges, darzue dj Materia geordinirt ist vnnd
geschickt. Allso das da Allwegen gegenwertig sein, dj einfluß vnnd Wirckung
der gestirnen.[958] Vnd darumb so ist dj Kunst allain ain beraiterin der Materien
vnd ain schickerin, besonnder dj Natur arbait dann forrt [Bl. 467ᵛ] solhe Materia
vnd wirckt daraus ain forma, Als sich dz geburt.

Vnd also wirdt Mercurius nun aus den Zwaien obgeschribnen stuck allain ain
substantia,[959] die da Tingirt dj Metalla Jnn gold. Also dz solhe substantia wirdt

---

[954] Vgl. Anm. 866 zu ,tingere' (färben).
[955] ,besleusen': ,beschließen'.
[956] Das Problem dieses/eines solchen eklektischen Textes zeigt sich beispielsweise an dem
       ,Element'-Begriff: Es scheint nicht immer dasselbe mit ,Element' gemeint zu sein: hier wohl
       „das wirckennde vnnd das leidende ding" („gold" und „Mercurius"), die sich „Jnn dem glaß"
       vermischen sollen.
[957] Marginalie am Rand: „hic sit vera composita".
[958] Marginalie am Rand: „Astra bene inclinat sed no necessitat".
[959] Marginalie am Rand: „hic habetur quid sit substantia".

gehaissen ain rechte forma vnnd sele des goldes, vnnd dz was auch not, dz Platto
setzt Etliche besonndere formen damit Maint Er dise forma Jnn der Alhimey die
Mann Zuefuegen sollt Jrer Materien, das ist dj behenndeste Materia, die da sind
Jnn den vnvolkommen Metallen, vnnd also Nimbt dieselbe forma nicht dj
Metalla mit nichten ganntz vnnd gar an sich besonnder allain dj behenndesten
vnnd Rainsten Materien dj da angehordt dem golde, vnd lesst dj anndern
verbrennlichen Materien faren. vnd darumb so ist dz nicht dj Maynung der
Alhimisten dz Sy gold wollen machen,[960] besonnder Sy wellen allein ain Höher
ding machen dann Gold, Als Nemlich ain Tinctur, dj sich Hat gleich sain ain
forma deß goldes, vnd solhe forma wird auch gehaissen ain firment[961] gegen[962]
den vnuolkommen Metallen, Wiewol dz Corpus, dz ist das gold ain firment ist
gegen dem ausgezognen Mercurium, als obgeschrieben ist. vnd derselbig
Mercurius vnd sein Firment, dj sind gleich ainer Natur. Wann das Corpus
durchgeet[963] den Mercurium vnd wirdt mit Jme ains. Also dz dz firment wirdt
gleich geistlich [Bl. 468ʳ] subtil vnd behenndt. samm[964] der Mercurius, vnd
weren ains gleichsamm Wasser vermischt mit Wasser. Allso dz das verborgen ist
Jnn dem Cörper, vnnd dz wirdt opfennbar, vnnd dz opfenbar wirdt verborgenn,
gleicherweis. Als ain flussig Wasser ist ains mit dem harten Wachse. Vnnd
widerumb dz harte Wachs, ist ains mit dem flussigen Wasser, vnnd als aus den
zwaien ist ain Coagulum worden, vnd gleicherweis, alß dz Coagulum Jnn der
Milch Coaguliert allain Jnn dem Keß[965], dj tail der Milch, die deß Keß Natur am
Jme haben, vnnd Coaguliert nicht die milh gar Zu ain Keß, besonder etlich thail,
vnnd dj andern thail lasst es faren vnnd steenn. Allso Coaguliert auch nicht dj
Tinctur alle thail der vnuolkommen Metallen, besonnder allain dj thail dj Zu dem
gold geschickt sain. Vnd also hat dj Natur berait dj Materia Jnn den
vnuolkomnen Metallen, dj Zu dem Gold gehört. dieselbig Tingirt sich auf gold,
vnd nicht andere. Vnd dz mueß sein lauter Mercurius. Es ist zuwissen wo allain
yner lauter Mercurius ist Coaguliert dz ist Gold, vnnd ain volkomnen Methall,
aber Wo schwefl allain ist, dz ist ganntz thot, aber Wo Schwefl vnnd Mercurius
miteinander ist vnd sainn, dz ist vnuolkomen. [Bl. 468ᵛ] Nun hin, Schwefl der

960 Nicht alle Alchemiker haben Goldgewinnung zum Ziel, bzw. seien Goldmacher.
961 Marginalie am Rand: „Ecce hic dicut q[uo]d sit firmento".
962 ,gegen': ,gegenüber'.
963 ,durchgehen': ,durchdringen' (Grimm online, Bd. 2, Sp. 1616).
964 ,sam': ,gleichwie', ,gleichsam' (Grimm online, Bd. 14, Sp. 1725).
965 „Keß": Käse.

mueß den vnuolkomnen Metallenn benommen werden. sollen sy gold werden, vnd so nun dj Natur solhen Schwefl absonndert von den vnuolkomnen Metallen Jnn Jrmm Mineren oder flussen oder genngen[966] Jm Erdtrich, Jnn gar lannger Zeit. Also thuet es dj Kunst durch dj Tinctur Jnn ainer kurtzen frisst, sind dem alle Vun dj vnuolkomne Metall allso nahen sind dem gold, als sichs wol erzaiget Jnn etlichen Aigenschafften. Jnn deß Sy vber ein draten[967] mit dem gold. Wann also dz gold schmeidig ist, vnnd sich lasst hamern[968] vnd auch giessen, Also thun auch dj vnuolkomne Metallen.

Das Zu ainem Zaichen, das sy gar nahen sind dem golde. Auch ye Nehner[969] die ding vbereinkommen, ye lieber sy sich miteinannder verainigen, vermischt vnd Annemen. So ist dz opfennbarlich, dz sich dj Metalla Gar wol anlassen[970] mit dem gollde. Auch Zuhaupfen, das dann andere ding, als stain vnd höltzer nicht thun.[971]

Diß ist alles ain Zaichen der Nahen[972] des goldes Natur. Vnd darumb so leret auch dj Kunst, dj vnuolkomenliche Metalla Verwanndlnn Jnn dz golt, vnd nicht anndere ding, Als Holtz, Kreuter oder Stain, vmb der grossen Vnnderschaid willen, vnd herren Zwitracht dj Sy haben von der Natur des goldes. Vnnd dz mueß gar ain grosse Verwandlung Jnn Jme geschehen, sollt mann sy Zu solher Natur bringen [Bl. 469ʳ] vnnd Materj, dj da empfindlich weren der Natur vnnd formen deß goldes.

Vnnd wo mann solhe Materia nicht funde berait von der Natur Jnn den vnuolkomnen Metallen, so were dj Kunst Vnutz, falsch vnnd umb sonnst. Aber seid wir solhe Materia finden berait von der Natur, Jnn den vnuolkomnen Metallen, so ist dj Kunst wol muglich, auch vermitelst der Natur darzue beraiten ain formen Zu solher Materien etliche Gaiste dj Metallische Crefte Jnn Jme haben. Inmassen[973] wie obsteet geschrieben.

---

[966] ,genngen': ,Gänge' (unter Tage).

[967] „vber ein draten": ,übereintreten', ,übereinkommen': ,zusammenfallen', ,eins werden' (Grimm online, Bd. 23, Sp. 192; Bd. 23, Sp. 183).

[968] ,hämmern'.

[969] Eventuell Schreibfehler, eher ,Neher'. – In der Überlieferung von Linden: „naeher".

[970] ,anlassen': ,einlassen'.

[971] Metalle vereinigen sich im Gegensatz zu Steinen und Hölzern bzw. lassen sich (durch Erhitzung) vereinigen.

[972] Womöglich ist mit „Nahen" die Anziehungskraft des Goldes gegenüber anderen Metallen gemeint (Steine, Kräuter und Hölzer sind von dieser Anziehungskraft ausgenommen).

[973] ,Inmassen': ,in der Art', ,desgleichen', ,so wie' (Grimm online, Bd. 10, Sp. 2122).

Vnd sy gesatzt vnd geschriben Jnn ainer gemainn lere. Den behennden vnnd recht Warhafftigen Alhimisten dj durch Jr behenndigkait mit Versuchung diser Kunst an diser wirckung wol werden erfinden[974] on allen Zweifl, Jst dz sy diese vorschriben Articl vnd puncten woluerstenn,vnd dj ganntz tiepf[975] Zu hertz Ziehen werden.[976] Hierumb aber Welher Ainfelltiger getreuer Arbaiter diser Kunst, sich durch solhe obgeschribne ding uben thut vnnd Nachgolgenn wirdt, Vngezweiflt. Er wirdt auch erfinden grossen Nutz vnnd frommen[977], Welhes Er nicht glaubet. Von Kurtze wegen sich solhes nit gebraucht oder erfaren hat, dj thun gleich dem Han, der da Nimbt ainn Regen Wurmb fur ain fuder Gerbin[978] Deß-[Bl. 469ᵛ] gleich Ich auch offtmals hab gethan vnnd mir auch noch heutigs tags noch etwas anhenngig.

---

[974] ‚erfinden‘ hier: i. s.v. ‚finden‘, ‚entdecken‘ (Grimm online, Bd. 3, Sp. 798).
[975] „tiepf": Variante von ‚tief‘.
[976] An dieser Stelle endet die Überlieferung des Traktats bei Linden.
[977] ‚frommen‘: ‚nützen‘, ‚helfen‘ (Grimm online, Bd. 4, Sp. 246-247).
[978] „fuder Gerbin": ‚Futtergerbel‘, gemeint ist ein kleines Futterbündel.

The manufacturer's authorised representative in the EU is Springer
Nature Customer Service Centre GmbH, Europaplatz 3, 69115 Heidelberg,
Germany. If you have any concerns regarding our products, please
contact ProductSafety@springernature.com

Printed and bound by CPI Group (UK) Ltd, Croydon, CR0 4YY
27/04/2026
02097659-0001